CHINA: THROUGH THE LOOKING GLASS

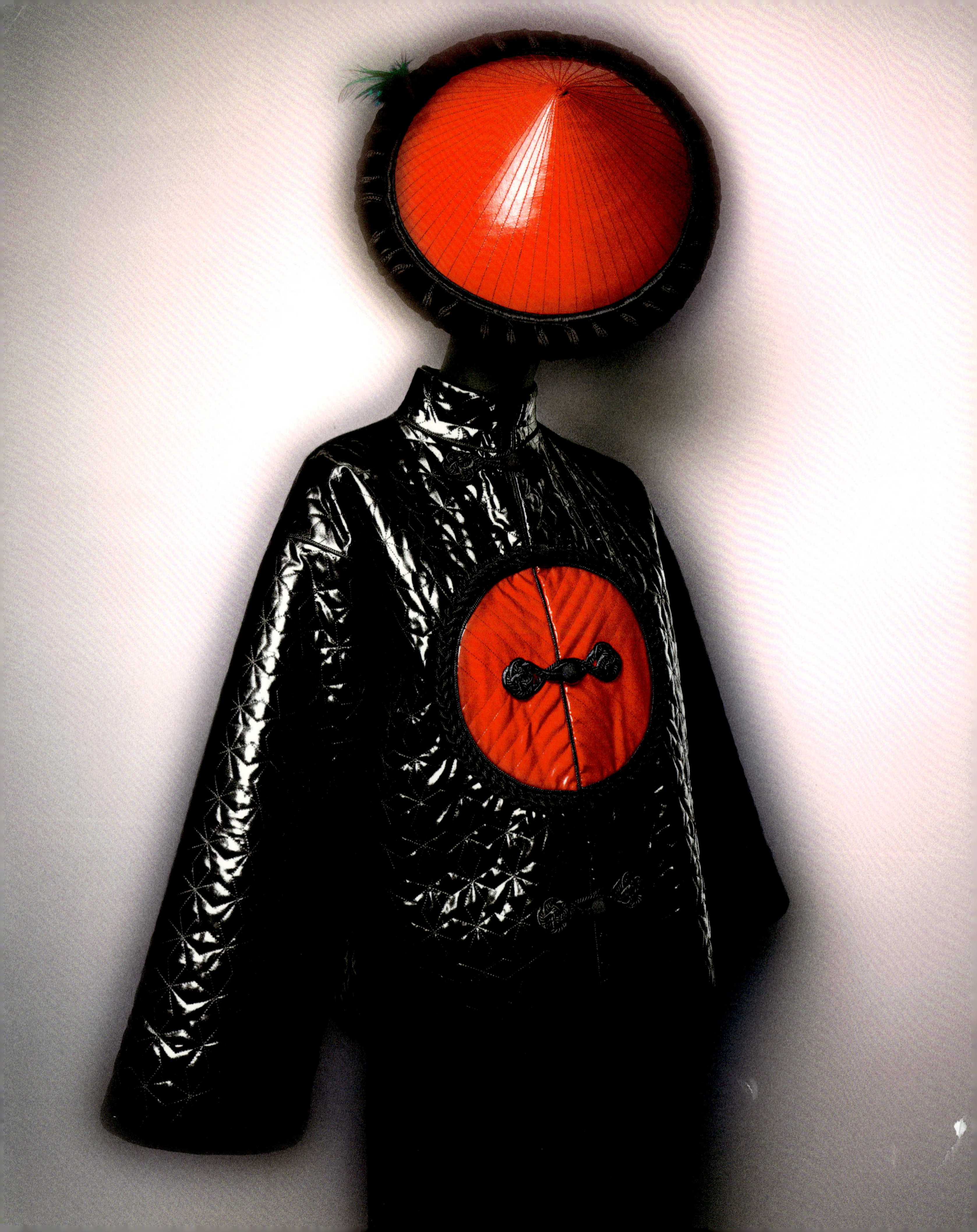

镜花水月
西方时尚里的中国风
CHINA: THROUGH THE LOOKING GLASS

［英］安德鲁·博尔顿（Andrew Bolton）编著　胡杨 译

湖南美术出版社

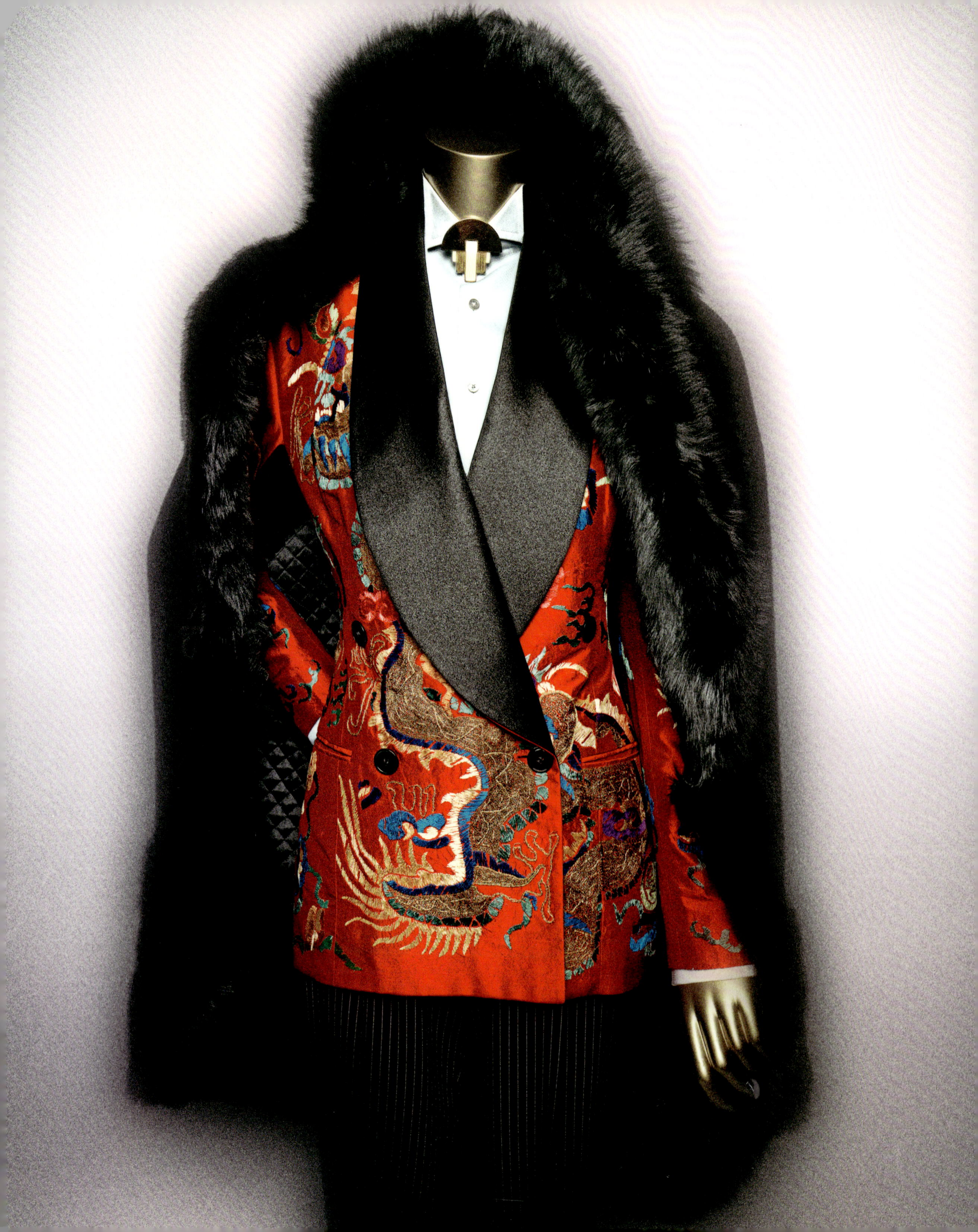

6
赞助商声明

8
馆长序

10
小谈电影与时尚 / 王家卫

13
东方与西方的对话 / 何慕文

17
走向表面美学 / 安德鲁·博尔顿

23
一室私语 / 亚当·盖齐

31
在时尚中塑造中国 / 哈罗德·科达

41
中国服装意象 / 梅玫

57
电影中的虚拟中国 / 金和美

73
从皇帝到平民

帝制中国
民国时期的中国
中华人民共和国

133
符号帝国

神秘的形体
神秘的空间
神秘的物品

225
采访、资料来源与版权

约翰·加利亚诺与安德鲁·博尔顿的对话
图片列表
参考文献及电影作品年表
致　谢
图片版权及撰稿人名单

赞助商声明

  雅虎很荣幸能够赞助时装学院（The Costume Institute）这次在大都会艺术博物馆（The Metropolitan Museum of Art）举办的 2015 年春季展览"中国：镜花水月"（*China: Through the Looking Glass*）。此次精美的展览将高级时装和具有历史意义的中国服装、电影和其他艺术品并列展出，从而探寻西方设计师们长久以来对中国意象的迷恋。

  探索时尚界是一种大众喜爱的娱乐方式，而大都会艺术博物馆时装学院一向以它能够从全新的角度向世人展示那些不论是已经久负盛名的，还是初露头角的设计师们的艺术天分和才能而闻名。同样的，雅虎公司也在通过电子杂志《雅虎时尚》（*Yahoo Style*），为我们全球的读者带来精致、新鲜的时尚观点，其深入的报道既能满足时尚狂热者的需求，也为业余爱好者提供消遣。就像《雅虎时尚》的总编乔·西（Joe Zee）所说："时尚的关键在于其背后的故事，而《雅虎时尚》则致力于成为那些伟大的、具有风格的故事的必达之地。"

  在雅虎，我们专注于启发并取悦我们的读者，每天提供与他们的生活最息息相关的内容，包括新闻、美妆、旅行和娱乐，当然还包括时尚。所以对于能够赞助此次标志性的展览，让更多人欣赏到这些极具天分的设计师的成就，我们感到非常高兴和荣幸。

玛丽莎·迈耶
主席及首席执行官
雅虎

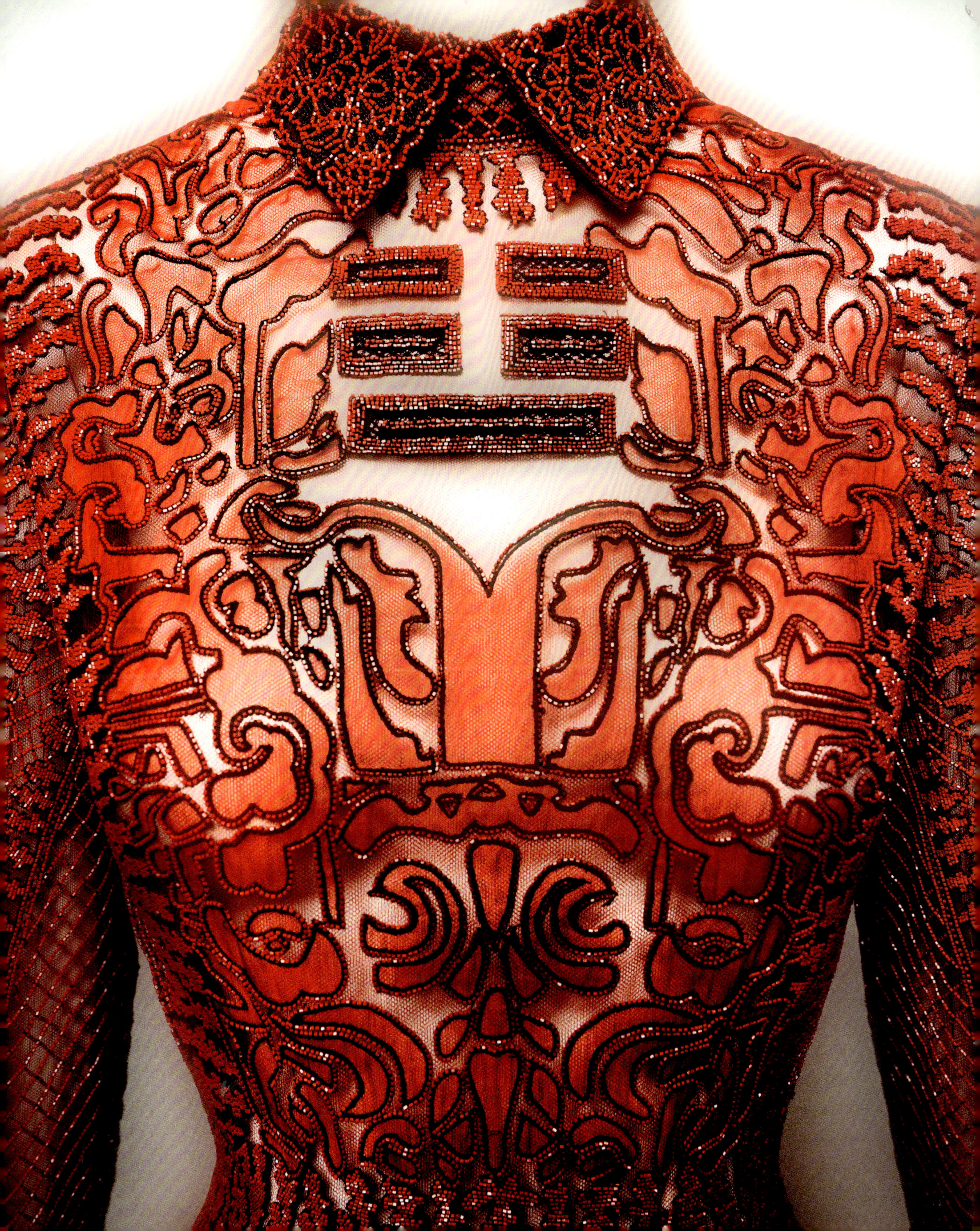

馆长序

"中国：镜花水月"汇聚了大都会艺术博物馆的两个最具有创新精神的部门的力量。时装学院策展人安德鲁·博尔顿（Andrew Bolton），联手亚洲艺术部道格拉斯·狄龙（Douglas Dillon）主任何慕文（Maxwell K. Hearn），向世人呈现了一场从安娜·温图尔时装中心（Anna Wintour Costume Center）的莉齐和乔纳森·蒂施展厅（Lizzie and Jonathan Tisch Gallery）、卡尔和艾里斯·巴雷尔·阿普费尔展厅（Carl and Iris Barrel Apfel Gallery）到大都会艺术博物馆中国艺术展厅的一场盛大展览。他们对于展览规模和主题的勃勃雄心，成就了一场令人震撼的、具有电影效果的时尚艺术之旅：在旅程中，你会看到华丽的高级定制时装与先锋成衣和多样的中国艺术杰作——从玉器、青铜器，到漆器、瓷器——共同展出。

如此史诗般的艺术展览只能在大都会艺术博物馆得以实现，而展览本身也显示出了大都会艺术博物馆在亚洲艺术和时装的收藏与研究上的无与伦比的实力。尽管此次展览主要依赖于大都会艺术博物馆在西方时装和中国艺术领域包罗万象的丰富藏品，我们也不能忽视欧洲的几家龙头时装公司，以及中国最重要的几所博物馆——包括故宫博物院、中国丝绸博物馆和香港历史博物馆——为了丰富此次展览而向我们出借了重要展品，这让此次展览成为一次独特的、真正意义上的跨文化合作。

我们很高兴这次能够请来广受赞誉的电影导演王家卫先生——他和安德鲁·博尔顿一起担当此次展览的艺术总监，以及享有同样声望的美术指导内森·克劳利（Nathan Crowley）作为展览的艺术指导。另外，著名摄影师普拉顿（Platon）为展览中的时装和艺术品拍摄了充满诗意的、非凡的影像，你将会在这本书中欣赏到它们。

如果没有我们的赞助商雅虎公司及其首席执行官玛丽莎·迈耶的鼎力相助，此次展览不可能成为现实。我们还要感谢康泰纳仕出版公司（Condé Nast）为此次展览投入的额外支持以及它与博物馆时装学院的持久合作。同样的，我们也非常感谢邓文迪女士、曹颖惠女士以及其他几位非常慷慨的中国捐赠者对此次展览的付出。最后，我想表达我对于博物馆理事安娜·温图尔女士一直持续不断的指导和投入的感激。年复一年，安娜对于时装学院的贡献以及对于这些展览的热情有目共睹，我们非常感谢能一直受惠于她的远见卓识和大力支持。

托马斯·P·坎贝尔
馆长
大都会艺术博物馆

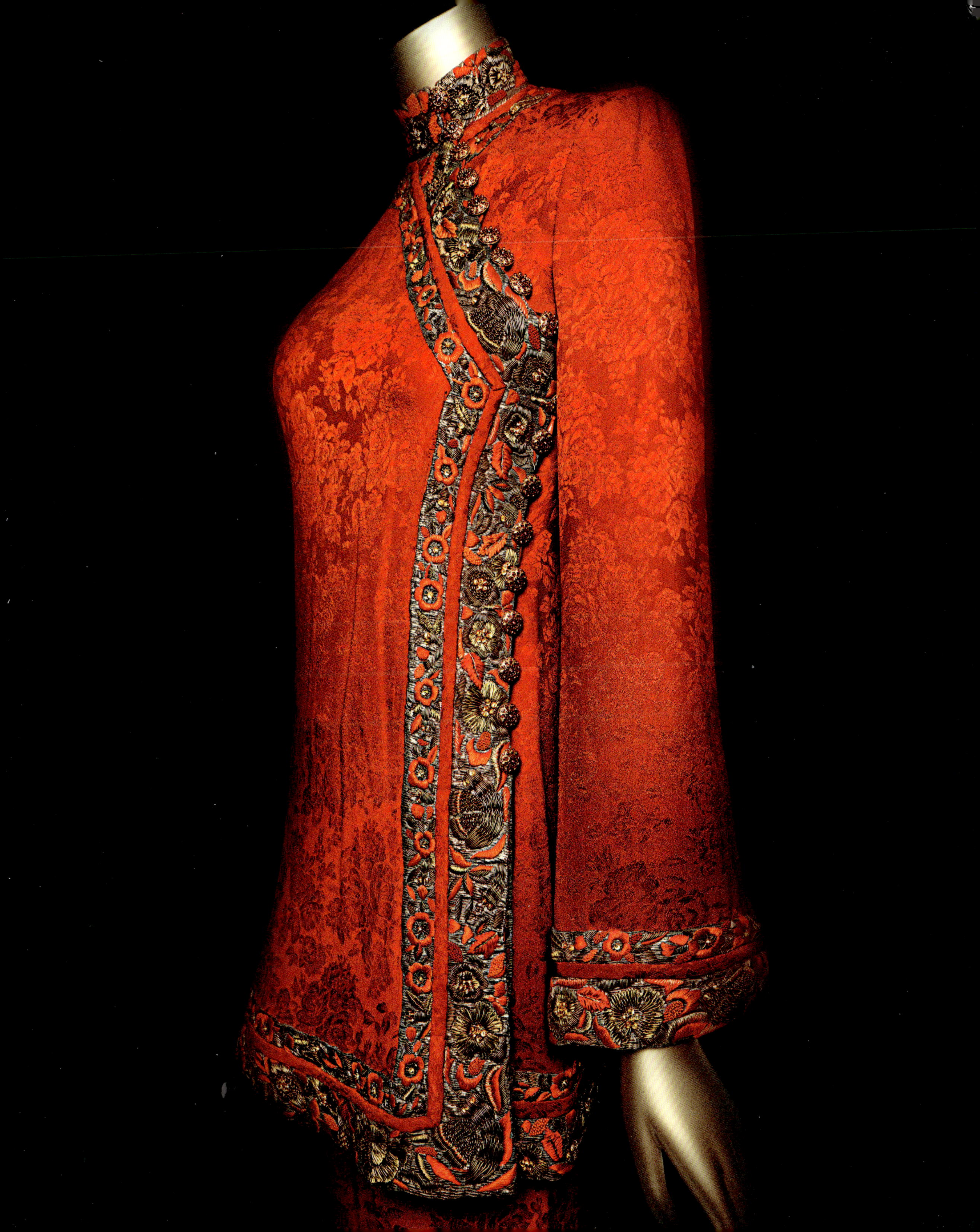

小谈电影与时尚

王家卫

  我很荣幸能受大都会艺术博物馆之邀，作为这次"中国：镜花水月"展览的艺术总监。作为一名电影导演，我高兴地发现我和我的同行们的一些电影为这次展览以及这本图录中的多件时尚单品提供了创作灵感。在展厅中展映的那些电影片段，以及在本书中出现的剧照，都反映出中国电影启发了西方设计师的想象力。

  "镜花水月"，此次展览的中文标题，包含了在中国艺术和文学中反复出现的象征符号，它代表了投射、倒影和幻境般的魅力。就像唐代诗人裴休在公元9世纪写的那样，"水月镜像，无心去来"。这一诗句正好巧妙地揭示了那细微的，却又足以区分不同文化的微妙差别——就好比东方之明月投射在西方水面上的倒影，呈现出来的不一定是现实，也可能会带来不一样的审美体验。

  然而，加布丽埃勒·"可可"·香奈儿（Gabrielle "Coco" Chanel）说过的一句话让我意识到东西方的哲学意识在某种层面上可以非常接近。她说："时尚不只存在于裙子之上，它存在于天空中，在大街上，时尚和我们的思想、我们生活的方式以及正在发生的事情都息息相关。"当我们照镜子时，我们只能看到自己，但当这面镜子转向了一扇窗户，我们便能看到我们周围的世界。与策展人安德鲁·博尔顿一起，我希望"中国：镜花水月"中的艺术品、电影以及时装能够作为一扇扇窗户，让观展者以及这本书的读者们都能够更近距离地认识中国的审美与文化传统。

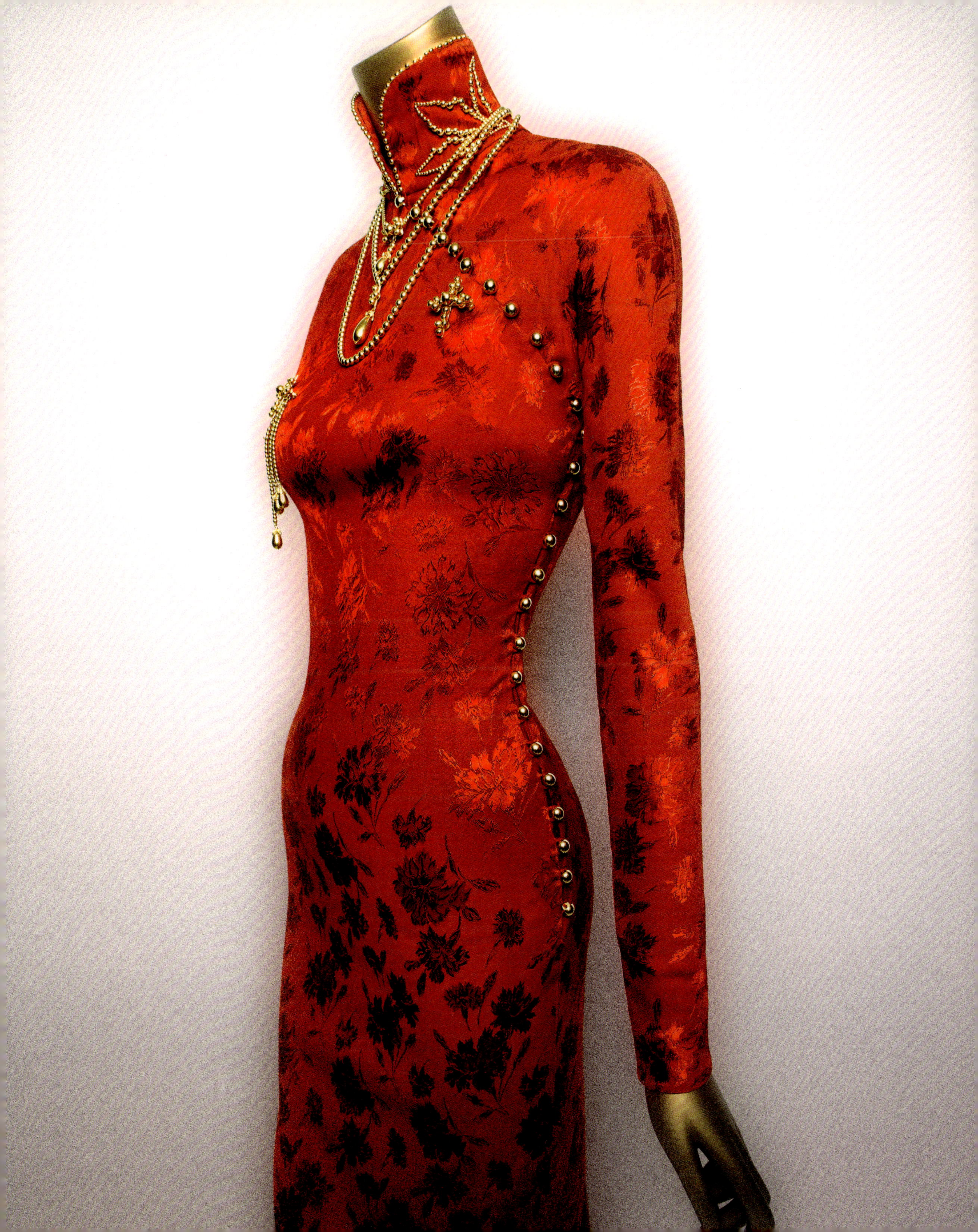

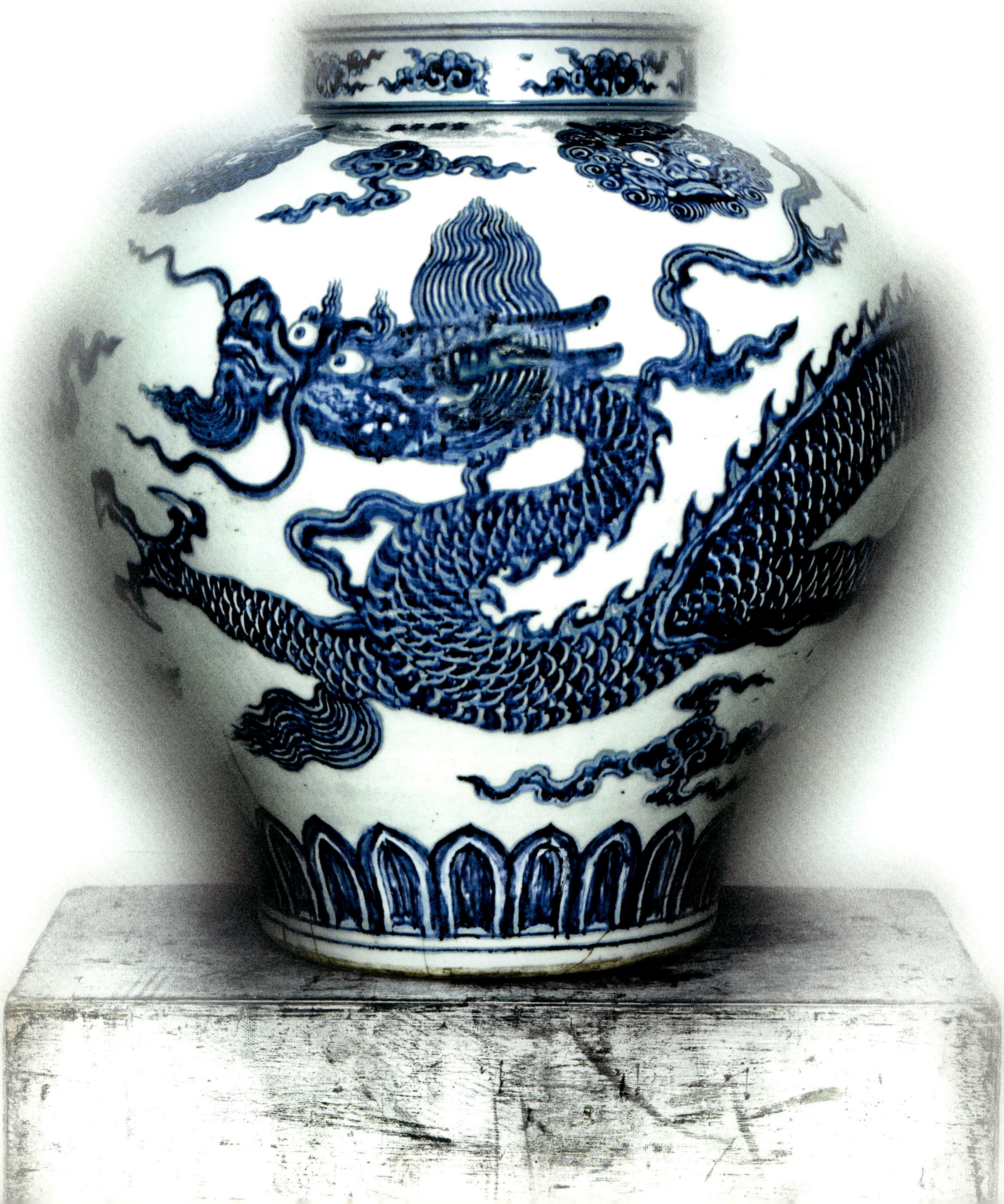

东方与西方的对话

何慕文

《镜花水月：西方时尚里的中国风》一书伴随着此次主题展览，充分利用了大都会艺术博物馆包罗万象的丰富藏品来探索中国与西方之间漫长的文化交流史。在此书中以及博物馆的展厅里，我们可以看到高级定制时装与中国艺术品并列展出，这鲜活地体现了西方时装设计界中一些最富有创造性的设计师是怎样从中国意象和美学中得到启发和灵感的。

自从亚洲与罗马帝国之间的丝绸贸易得以繁荣以来，对于西方世界来说，中国就成了一个时尚灵感的来源。丝绸这种面料在当时的罗马受到了极大的欢迎，元老院甚至发布了禁止穿着丝质衣装的禁令，但其效果并不理想。在当时的罗马，丝绸进口导致了大量的黄金流出，而穿着丝绸制作的衣装也被看作是不道德的。"虽然它们能遮盖住女人的身体，但同时（它们）也能展示出她们赤裸的魅力。"老普林尼（Pliny the Elder，23—79年）在《自然史》（The Natural History，第11卷第26章）一书中说道。

另一波中国热在文艺复兴早期达到了顶峰，马可·波罗（Marco Polo，1254—1324年）以及其他探险家口中的那些关于神秘东方的精彩故事点燃了欧洲人的想象力。随后的航海贸易使得中国货品的出口呈指数增长，特别是香料、茶叶、纺织品和陶瓷，这也成就了17世纪在欧洲兴起的对"中国风"（以中国为主题的意象）的持久喜爱。

如今，中国仍旧持续影响着西方，她过去的艺术成就——从古老的陶器、玉器和青铜器等工艺品到清代的瓷器，还有绘画、书法以及早期佛教雕塑——仍旧在塑造着当代的艺术表达，正如《镜花水月：西方时尚里的中国风》用丰富的资料所展示的那样。此次在大都会艺术博物馆陈列传统中国艺术作品的展厅（以及安娜·温图尔时装中心）举办西方时装展，不仅强调了这些时装的灵感来源，更着重展现了现代视角是如何不同于那些古老源头的。

2013年，大都会艺术博物馆的首次中国现代艺术展也采取了相似的设计。"水墨"（Ink Art: Past as Present in Contemporary China）一展将当代中国艺术家的作品引进了展示传统中国艺术的永久展厅，并且将其中大部分直接放在古代作品旁边，以此来突显中国现代艺术中的某些趋势是如何受到早期艺术表达模型和形式的启发的。

类似的，在此次展览中，西方时尚与中国文化的碰撞以一系列高级定制时装与标志性的中国艺术品——从大都会艺术博物馆自己的藏品到来自北京故宫博物院的重要借展作品——之间的对话形式表现出来。

这样一来，当观展者看到一件华丽的刺绣龙袍、一扇朱红色的屏风、一只蓝白相间的瓷瓶，或者是一件温润的翡翠摆件，再看到在它们旁边同时展出的西方时装，便能从时装的材质、花纹，或者是颜色中，看到它们与艺术品的联系，并了解到服装设计灵感的来源。

除了这些特殊的艺术作品，表演艺术也通过戏剧和电影中的极具力量的真实感，提供了丰富且重要的意象来源。此次展览包含了电影影像及戏剧布景，说明我们对于中国的认知常常更多地依赖关于东方异域风情的浪漫化概念，而不是第一手资料。

不管服装的设计灵感从何而来，每一件被展出的服装都在讲述一个故事，或表现一个角色：龙夫人（dragon lady）、荷花、嫦娥，或者"红小兵"等。而它们讲述的这些故事是否能被准确地传达给观众，就要看观展者能否解读展品背后那些赋予设计师灵感的母题以及他们引用的风格类型。这时，大都会艺术博物馆的中国美术及装饰艺术藏品便能帮助我们更好地欣赏和领会，在这些服装设计中，哪些是设计师的创新，哪些又是对古典艺术的传承。将时装与传统艺术搭配展出的点子来自本次展览的策展人——安德鲁·博尔顿——的特别的艺术禀赋，是他的独特眼光，成就了此次古今艺术间富有启发意义的对话。传统艺术、电影影像以及时尚设计的并列展出，让我们看到艺术创作过程本身的变革能力，这个过程大胆地将"中国"，一个多维度、蕴含复杂含义的词汇，简化至一个个图形符号——不是照搬原件的复制品，而是对原型的隐喻。

两位曾从中国汲取灵感的著名艺术家用他们的作品更清楚地说明了这个过程。大卫·霍克尼（David Hockney，生于1937年）常常将中国手卷中所谓的"移动视点"加以自己的解读和利用，从而使他的风景画逃脱单点透视的空间限制。布莱斯·马登（Brice Marden，生于1928年）则在他对创造抽象线性艺术形式的追寻中，从中国书法中汲取了灵感。这两位艺术家都并非想要通过精通中国绘画或是书法艺术来达到他们的目的，而是将这两种艺术形式的某些方面进行创造性的应用，来解决自己的艺术领域中的某个难题，从而实现他们个人的艺术愿景。

此次展出的时装也一样，它们虽然都明显借鉴了中国意象，但它们并不是精确的复制品。事实上，某些艺术母题和形式所蕴含的原始功能或者含义都有可能被错误地解读，或者在翻译过程中失去了原有的意境，但按照原样复制从来都不是这些设计的目的，所以要是有人把某件展品贴上"误解"的标签，那他并没有抓住这次展览的重点。那些中国艺术原作更多的是作为出发点，启发了艺术家和设计师们对其令人振奋的、具有创造性的再演绎，这也展现了艺术是如何可以轻易跨越时间、空间和文化语言的障碍而服务于自己的目的。

这里展出的所有艺术品都揭示了一个潜在的事实：中国极其深远和多样的文化传统直到现在仍然持续不断地向全世界的艺术家们提供丰富的创新资源。艺术确实提供了一面镜子，让我们能够透过它对于共同的遗产进行反思，并一起展望全新的创造的可能性。

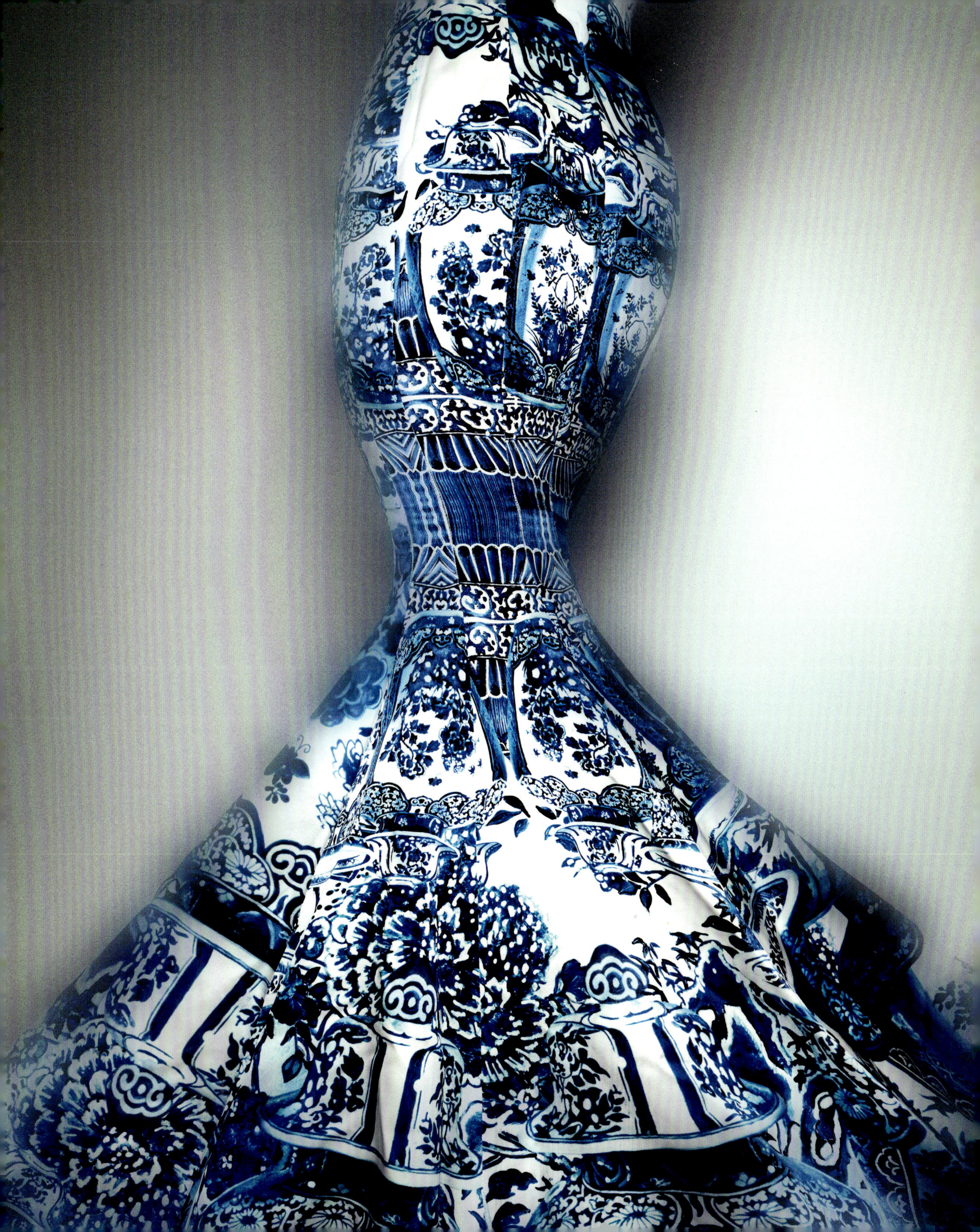

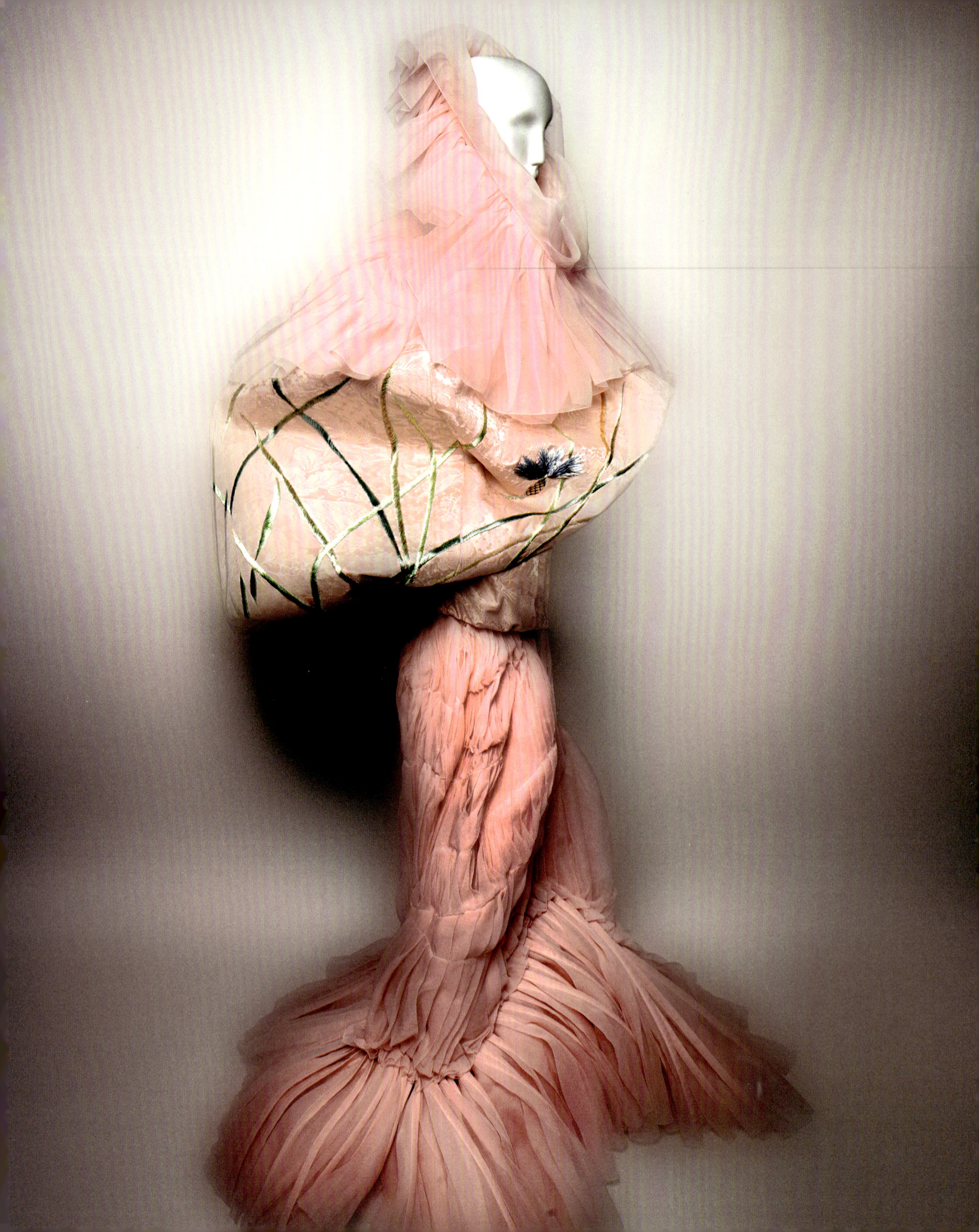

走向表面美学

安德鲁·博尔顿

在刘易斯·卡罗尔（Lewis Carroll）的《爱丽丝镜中奇遇记》（Through the Looking-Glass, and What Alice Found There，1871年）中，女主角爱丽丝通过爬进家里的一面镜子，进入了想象中的另一个世界。这个世界是一个真实世界的倒影，在这里，一切都是前后颠倒的。在她真实生活中的一切基本原理和行为准则都被反了过来。蛋糕在被切之前就被送上桌了，人们只有倒立的时候才能更好地思考，而目的地是要往相反方向走才能到达。不难理解，小爱丽丝在这个颠倒的世界里感到无助又迷惑，她对于时间、空间，甚至是自我的认知都被动摇了。

就像爱丽丝的虚幻世界一样，这本书中以及这次展览中的高级定制时装和先锋成衣所反映出的中国只是一个虚构的、美妙的创作品，它向人们展示了梦一般不合逻辑的另一个世界。在这里，新奇的意象结合了中西双方的风格元素，属于"中国风"的传统和惯例。"中国风"这一风格在17世纪后期兴起，在18世纪中期达到了顶峰。在"中国风"的传统和发展轨迹之中，可以看到在历史的进程中那些不断更替的恐惧和欲望都被投射在了中国这块土地上。作为一种风格，"中国风"可被划分到更广泛的"东方主义"（Orientalism）的传统和惯例中去。自1978年爱德华·萨义德（Edward Said）出版了他影响深远的著作《东方主义》之后，这个词语便成了带有贬义的西方霸权和排他主义的同义词。在核心意义上，萨义德将"东方主义"解释为一种以欧洲为中心的偏见，它把东方民族和文化整体概括成一个"他者"。

在并不贬损或是怀疑萨义德提出的"从属的他者"（subordinated otherness）的概念的同时，《镜花水月：西方时尚里的中国风》尝试把"东方主义"作为一个集中了无限的不受拘束的创造力的中心点，用一种政治意味更弱、实证意义更强的方式对其进行考察。通过这种精心设计的、将西方时装和中国古代服装及装饰艺术并列展出的方式，这本书呈现了对于"东方主义"的重新思考，即一种当西方与东方邂逅时产生的带有欣赏色彩的文化反馈。这本书中所展示出的东西方艺术的对照，证明了中国一直以来都在为西方时尚设计提供持续不断的灵感，并注入新鲜的再生活力。西方的设计师们完全没有对中国的民族和服装有任何轻视或者不尊重，恰恰相反，他们一直都对中国怀有敬意，并对她的艺术和文化传统进行学习。这本书将"东方主义"与文化交流和互相理解的理念而非权力与知识的模式联系了起来。

西方时装与中国古代服装及装饰艺术的共同展出

带来了增益效果：东西方艺术互相激发、互相启迪，形成了视觉或审美上的对话。这种展览形式激励了一种新的解读方式，即更基于主观而非客观的评价的对于艺术上模仿和引用的理解。作为观展者和主动参与者，我们必须要开发我们的想象力，因为在我们眼前展开的中国是一个"镜花水月"般的中国，一个在文化和历史上脱离了语境的中国。从环境、过去与当下中脱离出来，这次被展出的艺术品们开始为自己发声，并互相交流起来。它们打开了一个叙事空间，而观展者可以通过自由联想不断地将这个空间重组。艺术品背后的意义可以被无限地讨论和再讨论。仿佛被施了魔法一般，东方与西方之间的心理距离，即那些常常被认为是截然相反的两种世界观之间的距离，在艺术中被拉近了。同样被减弱的，还有那种被加于东方与自然的、真实的，西方与文化的、表象的之间的联系。随着这些二元对立观点的逐渐削弱和瓦解，"东方主义"的概念从它旧有的西方统治和歧视之内涵中脱离了出来，它的目的不再是使另一方缄默，而是成就双方积极、动态的交流，成为促进跨文化交流和展示的解放力量。

电影经常在这种东西方的互相交流中担任沟通渠道的角色。它可以说是当代设计师邂逅中国意象最主要的，当然也是最具冲击力和诱惑力的方式，这本书也在探索中国电影是如何影响和塑造设计师们的想象力的。当然，电影中的中国是一个魔幻世界，在那里有无尽的可能性，存在着虚构的角色，发生着虚构的故事。哪怕是根据真实人物、事件改编的电影，也不免掺杂了创作者个人的观点（和偏见）。这个虚构的、想象中的中国不只是好莱坞的专利品。中国的导演们，尤其是那些所谓的"第五代"导演，比如陈凯歌和张艺谋，将这个国家描绘得既虚幻又模糊。面向国际性的观众群体，他们在影片中进行了关于中国的一种内部/内向性的观点（理想化的国家历史）与另一种外部/外向性的观点（异域化的国家历史）之间的谈判。在这一意义上来说，这些电影可以被解读为18世纪到19世纪时期中国出口艺术的一种延伸。因此，本书中的高级定制时装和先锋成衣所映绘出的那个中国，其实是双重脱离于实在和现实的。

以这类影像的呈现作为媒介，《镜花水月：西方时尚里的中国风》一书尝试着用对话的形式建立关于东西方之间关系的新构想，这种关系不是单方面的模仿或挪用，而更多的是一系列多层次的深入交流。总体来说，本书中的对话可以大致分为两类。第一类以中国最后一个皇帝、宣统帝爱新觉罗·溥仪在1964年出版的自传命名，称作"从皇帝到平民"。贝尔纳多·贝托鲁奇（Bernardo Bertolucci）在1987年拍摄了传记片《末代皇帝》（*The Last Emperor*），其剧本就是以溥仪的这本回忆录为蓝本的，这部电影赋予了中国历史一抹浓重的美学和感情色彩。也许恰恰是因为这个原因，这部电影对西方的时尚想象力有着巨大且持久的影响力。像这部电影一样，书中"从皇帝到平民"这一系列的内容跨越了中国历史上的三个时期：清朝（1644—1911年）、民国时期（1912—1949年），以及中华人民共和国时期（1949年至今）。当设计师们从中国悠久且丰富的历史中汲取灵感时，他们都不约而同地被这三个纪元吸引，或者更具体地说，被这三个时期流行的时尚风格所吸引：满族长袍、现代旗袍，还有中山装[以孙中山命名，但在西方通常被称作以毛泽东命名的"毛装"（Mao suit）]。反过来，这三种服装风格也展现了西方裁剪技巧是如何逐渐被引进中国，并越来越多地影响着中国制衣传统的，这再次突出了跨文化交流的相互性。

对于西方设计师来说，这三种服装的引人之处在于它们的文化特性和历史决定性。它们就像是一本用针线书写的速记簿，记录了中华民族——不管多么多样和不同——共同经历的社会、政治动荡以及随之而来的身份变化。在满族长袍中，设计师们大多会被龙袍上色彩华丽和寓意丰富的意象性纹饰所吸引：五彩云纹、浪花纹、山石纹，特别还有龙纹，它象征着对至高皇权的沉思。旗袍则是设计师特别偏爱的心头好，尤其是它的多变性和可塑性带给设计师无限的灵感。

旗袍兴起于后王朝的民国时期，它不但在时间上处于旧中国与新中国、传统主义与世界主义的间隙中，其形式和象征意义上的特质也处于20世纪20年代的衬裙式连衣裙（chemise dress）和30年代的斜裁式礼服（bias-cut gown）之间。如果说量体裁衣的旗袍之魅力在于它华丽又诱惑的吸引力（也许还有一种颓废的性感），那么中山装的魅力则在于它符合道德标准的实用性。它的统一性看上去解放并模糊了阶级和性别差异，实则暗示了一种理想主义和乌托邦主义。

这三种具有象征意义的服装让西方的设计师们可以对这个与他们所在环境有着极大差异的东方社会，进行哪怕只是假设性的思考。通过整合满族长袍、旗袍和中山装的特征，设计师们创造出一种浪漫化的"东方主义"，它着重强调了穿着服装作为一种表演行为的俏皮角色——一种通过文化多元性来展示自我的方式。设计师们用他们的服装，就像18世纪和19世纪"东方主义"油画中描绘的那样，通过自我换位的方式塑造了一个第二重身份。后殖民话语认为这样带有"东方主义"色彩的装扮暗示了一种权力的不平衡，但是设计师们的意图通常不在这种理性认知范畴之中。他们更多地被时尚的而不是政治的逻辑所驱使，去追求一种表面的美学，而不是被文化语境所制约的某种本质。

这种表面的美学形成了书中第二类对话的基础，这一章节以《符号帝国》（Empire des signes）一书命名，这本书是1970年罗兰·巴特（Roland Barthes）由一次日本旅行所启发的关于符号学的著作。在这本由短篇文章构成的著作中，作者表达了他对于在日本的独特文化中各种形式的符号表达的思考。在巴特看来，日本的符号语言本身就是那么的令人陶醉和满足，以至于他都不觉得有必要去深究它们背后的含义。这种在"意符/能指"和"意指/所指"之间的断裂构成了本书"符号帝国"一章的基础，而本章又分为了"神秘的形体""神秘的空间"和"神秘的物品"三部分。像巴特一样，参与到这些神秘意符的对话中的设计师们并不觉得有必要去深究表面之外的东西。犹如日本之于巴特，中国之于设计师们是一个充满可自由活动的符号的国家（毕竟，符号在被释放到世界中之后就拥有了自己的生命）。在时尚界，中国是后现代性找到它可以获得自然表达的地方。

在"神秘的物品"一节中出现的多件工艺品都反映出了"东方主义"以多种方式和渠道影响着东方与西方之间的艺术和审美，其中最具有说服力的例子大概就是青花瓷了。在中国的景德镇，青花瓷在元代（1271—1368年）兴起、发展，在16世纪被出口至欧洲。随着17世纪至18世纪"中国风"的日渐流行，青花瓷也越来越受欢迎，以至于荷兰（代夫特）、德国（麦森）和英国（伍斯特）的陶艺工人们也开始对其进行模仿、制作。最被熟知的图案之一便是柳树图案，典型的这种图案描绘了一幅围绕着一棵柳树的山水画，柳树旁是一座宝塔以及一座小桥，桥上有三人，分别拿着不同的物件。柳树图案由英国陶艺家托马斯·明顿（Thomas Minton）——英国斯塔福德郡斯托克市的托马斯·明顿公司创始人——创造并使其闻名于世，最终在欧洲以转移印花方法（transfer printing）大量生产。中国的手工艺人看到柳树图案在西方如此流行，便也开始自己制作手绘的柳树图案瓷器以出口国外。所以，这种看起来典型的中国式的图案设计，其实是东西方多方面文化交流的产物。

巴特在《符号帝国》一书的开始就提醒他的读者们，他笔下的这个国家并不是"真正的"或者"实际上的"日本，而更像是他自己发明出来的一个虚拟国家（也许这就是为什么"日本"一词并没有出现在书名中）。从这个意义上来说，他的书与乔纳森·斯威夫特的《格列佛游记》（1726年）、伏尔泰的《憨第德》（1759年），以及巴特自己也曾指出的亨利·米修（Henri Michaux）的《在大加拉巴尼的旅行》（Voyage en Grande Garabagne，1936年）属于同一类型。确实，在旅途中巴特一直把自己当作一名游客——从各种意义上来说，他都保持着一个"外来者"的身份。同样，这本书中的设计师们就像是在另外一个国家旅行的游客，他们把这个国家的艺术和文化传统看作他们自身传统的一种异域化的延伸。他们的中国是一个他们自己制造出来的中国，一个神话般的、虚构的、空想的中国。不管是引用中国的工艺品还是服装，这些设计师们追求的并不是完美的复制或是精确的临摹，而是通过一种看上去矛盾的后现代的建构方式来对它们进行重新的塑造和解读。他们的设计所呈现出的中国，将无法相互协调的风格元素——这些综合体中各部分的鲜明特性让这种不协调更加明显——结合并置成令人惊异的集锦。这个多国集市并列展示着时代错乱的物品，但它们被一种近乎妄想的逻辑融合为一体。

《镜花水月：西方时尚里的中国风》表现的并不是中国本身，而是一个存在于集体幻想中的中国。它所表现的是一种文化交流，而通过这种交流，一些图像和物品跨越了地理的界限。这本书指出，探究我们对于文化进行想象的产物在美学上极为重要。对于非西方文化的描绘并不是完全准确的，本书并没有对此进行严密审查，但也没有忽视这些问题。它主张以相对应的专门语言来对这些形式各异的作品进行研究，从人们向其注入想象力伊始便欣赏它们，并且在这个意义已经消失或变化的复杂对话中，发现一种以共享的符号形式存在的共同语言。

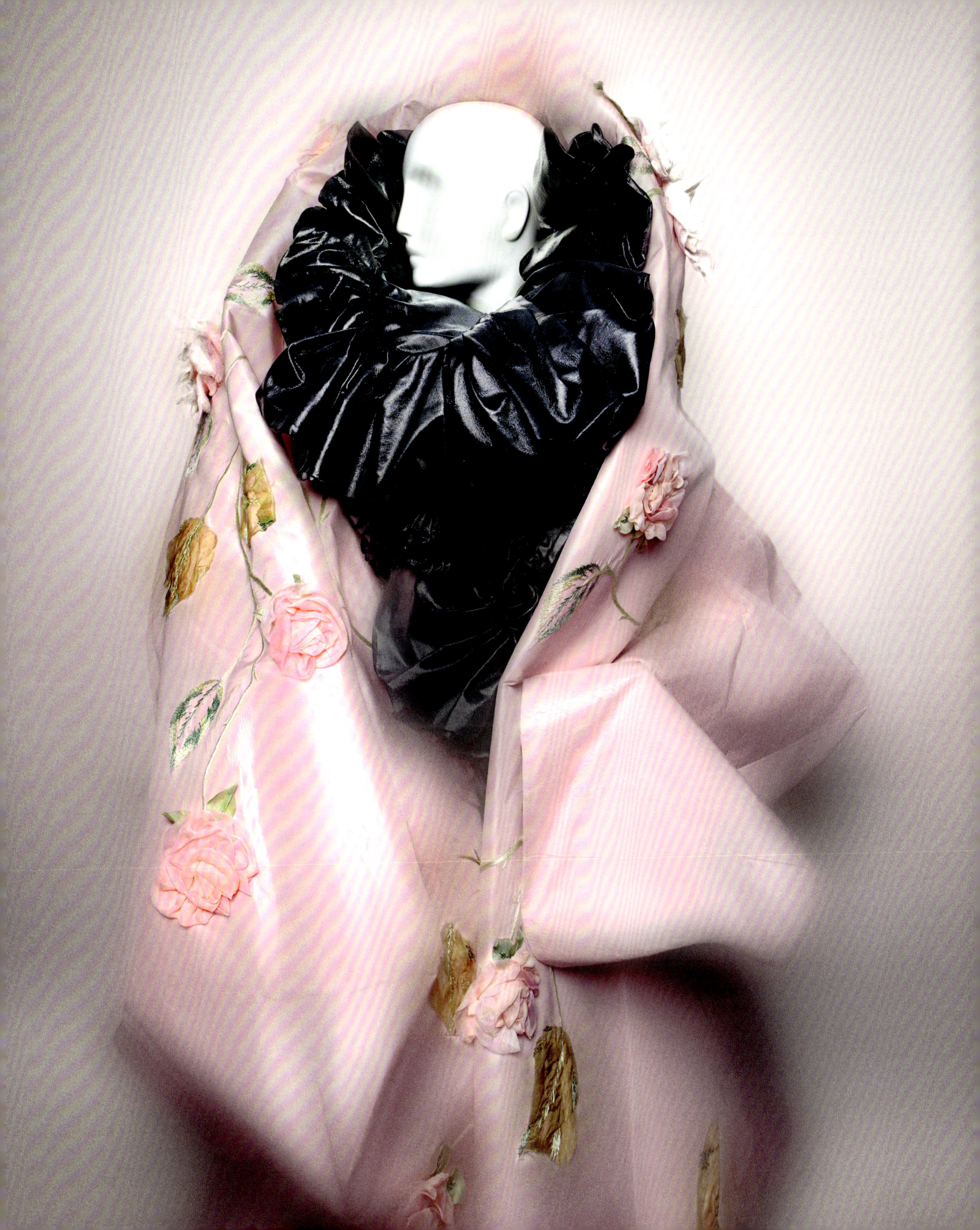

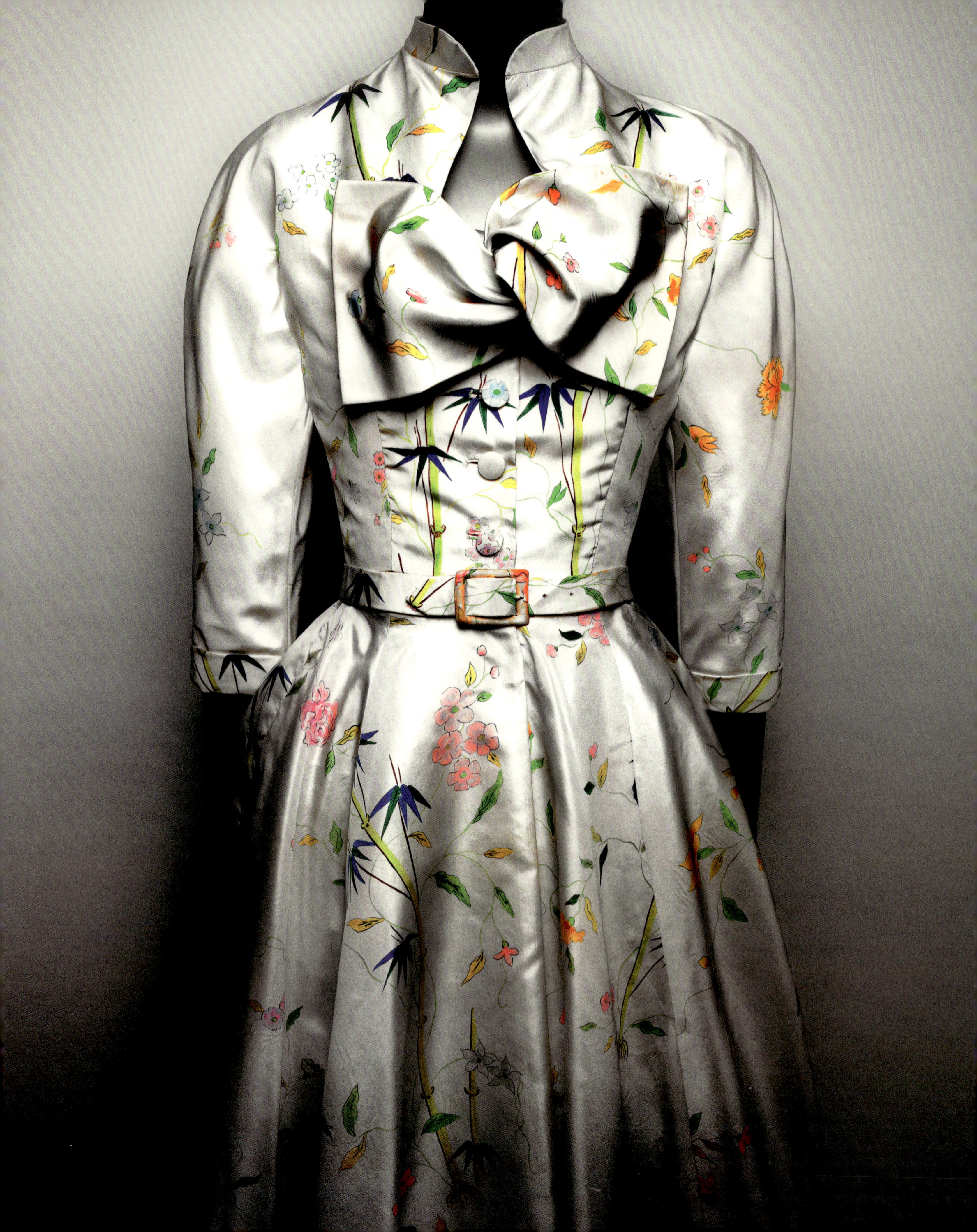

一室私语

亚当·盖齐

The jewelled steps are already quite white with dew,
It is so late that the dew soaks my gauze stockings,
And I let down the crystal curtain
And watch the moon through the clear autumn.

——庞德译李白《玉阶怨》

玉階怨 李白

玉階生白露
夜久侵羅襪
却下水晶簾
玲瓏望秋月

也许用一位不同寻常的诗人的故事才能最好地说明中国美学和文化对于西方的影响是如何曲折繁复，并演化至今的。当埃兹拉·庞德（Ezra Pound）在1915年出版了他翻译的中国古诗集《神州集》（*Cathay*①）时，他受到的评价毫无疑问是正面的。T.S.艾略特（T. S. Eliot）、威廉·卡洛斯·威廉姆斯（William Carlos Williams）和其他几位名声显赫的诗人都表示出了对这本诗集热情的、甚至是溢于言表的赞美。但庞德并不是一位汉学家，事实上，当他刚开始走上中国诗词之路时，他甚至连一个中国字都不认识。当时和现在的评论家和语言学家们都认为，恰恰是这种对于中国文化的不了解，结合庞德直觉上的天赋，促成了这本诗集的成功。

庞德为其译作选择的书名也巧妙地反映出了这本书的野心以及不足，因为"Cathay"一词已逐渐意味着"西方视野中的中国"。"Cathay"大约起源自公元10世纪，随后演变成了现在的"China"，所以对这个词的使用是特意取其鼓动性和比喻性，来预示此书中的译诗是如何将暗示和添写与事实相混合的。在诗集封面上，庞德更是用副标题来告诫读者："本书内容大部分译自中国诗人李白（Rihaku）的诗歌、已故学者欧内斯特·费诺罗萨（Ernest Fenollosa）的笔记，还有森槐南（Mori Kainan）、有贺长雄（Ariga Nagao）教授的解释。"②这看起来可谓是一部集智者大成之作，但开始的"大部分"一词又不得不使人怀疑。因为被庞德大量参考的费诺罗萨的笔记是基于日语译文之上的，这本身就与原文相隔一层，并在很多处都不准确，因此这些译诗其实已经多重脱离了李白的原诗。庞德曾把李白的

---

① "Cathay"一词意为古语、诗歌用语中的"中国"，源自"契丹"（Khitan）一词。——译者注
② 庞德的译文其实双重脱离了李白的原文，因为它们是基于日本而不是中国学者的研究来翻译的。"Rihaku"就是按"李白"在日语里的发音拼写的罗马字。

两首诗合并为了一首（《河之曲》，River Song）。①在那些更为愤慨的对于"东方主义"的批判性分析中，类似这样的例子被简单地看作为某种被西方视角所塑造的对于东方文化的利用，因而被直接遗漏了。尽管庞德的译作的确属于无数个沉迷于异国情调的范例之一，但是其结果——得益于其失真和虚构性——是积极的，并且在这里真正起作用的便是虚构的概念。当以创作为目的时，谎言和虚假通常能够提供新的想象和见解，而这些特质正是"东方"倾向于剥夺的。因为在探讨东方主义的多曲径影响时通常不仅只有一种思路，并且这些思路往往都不是简单直接的，所以我曾提出"跨东方主义"（transorientalism②）一词，来试图对这个问题进行讨论。这是一个更加实用的术语，在承认文化挪用在伦理层面上存在争议的同时，也支持被植入在东方主义观点中的那些不可否认的交流互换、重新翻译和再想象的情境，还有那种直至今日也不曾减弱的动态的存在。

自从爱德华·萨义德出版了他的经典著作《东方主义》之后，"东方主义"一词便承担起了西方帝国主义最恶劣的一面。萨义德的观察结论极具说服力且发人深省："东方主义"不仅反映了西方霸权统治，而且它本身恰恰就是霸权统治方式的一个重要维度，它会向它打算赋予刻板印象的国家灌输使其衰弱的意识形态。诚然，无论是在当时还是现在，"东方"一直是一个非常易变且模糊的概念，意指在北非、中东和亚洲的其他地区（包括东南亚和波利尼西亚）的民族、地理和文化。它所涵盖的文化广度意味着某种包罗万象的概念是毫无意义的，而另外一种说法则是，这个概念更像是一种对于一般的他者的贬低倾向的说明。萨义德的论点产生于一场政治理论修正主义的浪潮中，在当时其他形式的理论还包括女权主义。他的理论是有必要的改进作用的，但就像随后的学者提出的，在整体上具有局限性：首先从他的取证来源来说，萨义德的理论根据几乎都来自著名的19世纪法国作家——比如热拉尔·德·奈瓦尔（Gérard de Nerval）和古斯塔夫·福楼拜（Gustave Flaubert）——所撰写的游记。萨义德在随后的《文化与帝国主义》（Culture and Imperialism，1993年）中略微缓和了他的批判，但仍旧坚持认为"东方主义"是一种具有偏见的西方帝国主义的副产品，并认定文明社会的"帝国主义包袱"是一个合理的，并且仍有主导性的问题。萨义德的理论让西方进一步地从自我怀疑和自我批评的角度思考，同时，它的短期影响是让西方停顿下来反思，例如它引发了对后殖民时代的负罪感。就拿一个英国短语"中国耳语"（Chinese whispers）来举例，它用来表示一种传话游戏，之后则被认为带有贬低意味而从政治正确及严肃的发言中被去除了。虽然类似这样相对无伤大雅的措辞到现在还是会被偶尔提及，不过值得庆幸的是，其他影响更加恶劣的词汇，例如"印第安送礼者"（Indian giver），已经被更彻底地抹去了。

拥有巴勒斯坦背景的萨义德在当时并没有过多地关注中国。如今回顾，这大概是一个比原先所认为的还要大的疏忽。此外，作为一个文学理论家，萨义德的主要研究对象并不是装饰艺术和服装。不过，假如他当时用艺术与服装来作为其理论的检验标准，那么他很有可能就会动摇这个乍一看上去无懈可击的理论大厦。实际上，此次展览及这本图录的目的之一就是说明：文化挪用，尤其涉及中国时，大多不是一件单

---

① 《玉阶怨》译文和副标题，参见 Ezra Pound, *Poems and Translations*, edited by Richard Sieburth ([New York]: The Library of America, 2003), pp. 252, 247.《河之曲》，参见 Ming Xie, "Pound as Translator," in *The Cambridge Companion to Ezra Pound*, edited by Ira B. Nadel (Cambridge and New York: Cambridge University Press, 1999), pp. 209-10.

② Adam Geczy, *Fashion and Orientalism: Dress, Textiles and Culture from the 17th to the 21st Century* (London and New York: BloomsburyAcademic, 2013).

方面的事情。休·昂纳（Hugh Honour）在他1961年的《中国风：中国幻想》（*Chinoiserie: The Vision of Cathay*）中，首次概述了盛行几个世纪的"中国风"对于现代的影响。法语中的后缀"-erie"类似于英语"medievalizing[①]"中的"-izing"，表达了一种已经脱离了原点的，但是仍伴随着一系列公认的指认符号的爱好、品味或者样式风格。关键的是，"中国风"虽与中国相关，但绝不仅由中国独有，就如现在的中国也会制作许多具有民族特色的外国纪念品一样。尽管令人十分惊讶，但昂纳是在萨义德的文化理论形成之前的时代进行写作的，而他的书展现了"中国风"在其鼎盛时期——17世纪晚期到18世纪——已经成了一种人们幻想的寄托。因为当时的中国，或者"Cathay"，确实是"东方主义"存在的必要条件：一种混合了事实和幻想的、被中国人自己主动地捕捉并且利用的产物。而16世纪到17世纪的欧洲——正值其帝国主义前夕，"中国风"则刚刚兴起——并没有占据任何统治、操纵或者文化倨傲的地位。恰恰相反，"中国风"来源于对一个并非"原始"的，但其系统、语言、规则和形象都明显异于欧洲的文化的着迷和了解。在16世纪的这种认识大概可以等同于我们现在的科幻小说中表现的对于火星生命的幻想。

在"中国风"开始流行时的一段重要插曲能够帮助说明这一点。1686年法国国王路易十四接见了一队来自暹罗（也就是现在的泰国）的使者。当时的法国正在经历大多数欧洲其他国家的孤立，希望在更远的地方寻找新的拥趸和联盟。在那之后，暹罗印花布（la siamoise，一种条纹棉布或麻布）在法国时兴了一阵，但其长期影响却是更加深入地巩固了"中国风"在法国文化想象中的地位。促使这件事发生的并不是中国，而是一个更小的国家暹罗。而且，为了庆祝使者来访，国王自己当时还盛装打扮，穿上了一件"半波斯，半中式"（moitié à la persienne, moitié à la chinoise）的礼服。不仅有一种文化，这里则共同上演了三种文化所表现的美学。这次活动还只是后续一系列中国式（à la chinoise）豪华舞会的开始，包括国王和公主在内的许多扮演者都参与其中。[②]

"中国风"毋庸置疑为扮演提供了一种美学上的可能性。值得铭记的是，不管背负了多少不真实的指控（借用、删减、抄袭、修改），装扮给人提供了一种表达方式来做一些在平日里难以完成的事——通过这种自愿的伪装，一个人可以更进一步地彰显自我。与扮演的联系以及渗透了"中国风"的舶来品所具有的表达潜力促进了各种各样的物件的生产，从家具到可作为纪念品、护身符或者奖章来佩戴的小型装饰物，生产量之大让人越来越难以辨别这些物品到底来自中国还是欧洲。这种对于"中国风"的渴望之情，即法国人对中国的狂热崇拜，被赋予了一个新名字"lachinage"——直译过来就是"中国人化"（la Chîne-age）。这是一种时尚界和装饰艺术领域中的趋势，它在音乐界也已经成为风尚。就好像巴赫对于维瓦尔第乐曲的即兴重复或者后来莫扎特对于土耳其主题乐曲的即兴重复一样，17世纪晚期与18世纪初的装饰艺术大量地对"中国"的主题即兴重复着。

路易十四的多场"中国风"化装舞会和主题舞会也有助于让人们审视"中国风"与一种出现在意大利的即兴喜剧（commedia dell'arte）中的、样式主义的角色扮演之间的颇受忽视的联系。自古希腊罗马时期开始，人们在仪式和戏剧场合都会着装打扮，而即兴喜剧标志着一个节点，某些泛型（generic type）被作为一种戏剧语

[①]　（使）中世纪化。——译者注
[②]　Hugh Honour, *Chinoiserie: The Vision of Cathay* (London: John Murray, 1961), pp. 62-63, and Dawn Jacobson, *Chinoiserie* (London: Phaidon Press, 1993), p. 31.

言来被使用和观察，每个人物类型都成了一种特定的，但仍然可变的表达形式。现代初期，也就是"中国风"进化、爆发的时期，是一个充斥着个性以及随之而来的差异的时代。（在17世纪晚期有多部以穿着东方服装的丑角为特色的戏剧，这些角色中包括扮演"一个中国医生"①的。）自我反省的一种方式就是探索新的表达途径，这也意味着新的文化。后者有利于人们用一种不同的眼光看待世界，并且提供令人意外的、不同的见解。于是，不管是本地制造的还是来自海外的，"中国风"都成了获得这种洞察力的重要途径。虽然具有一般性（就像即兴喜剧里的角色一样），但它的装饰性外表容许它以无限种新形式存在。那些直接被传承的恰恰是事物中某种不可见的、看上去不属于任何人独有的存在，它反而能使广大的视野和潜力成为可能。

正是对于这种复杂性的认识，文化理论家们能够重新定义"东方主义"，并承认这是一个远比之前理解的要微妙的概念，特别是"东方人"（此处仅为了区别于西方而使用）其实正是自身文化价值的贪婪消费者，不管是在习俗、时尚还是饮食上，其中很多方面已经经历了不同程度的变更。在当代的论述中，"统治"一词已经被"交流"所代替，因为它能更准确地反映出当时文化再译的方式，也表现出东方与西方之间的往来互动其实并不是对等的，更多的是一种不规则但持续不断的震荡摆动。如果你告诉一个匈牙利人他们那具有国家代表性的烹调食材红辣椒来自墨西哥，或者告诉一个荷兰人郁金香来源于中国，再或者告诉一个普罗旺斯或意大利的当地居民西红柿产于南美安第斯山脉地区，那么回应你的大概会是惊诧，甚至是愤慨。虽然西班牙海鲜饭里的藏红花并不来自格拉纳达，西式餐厅里的印度菜却的确是由印度移民带到英国的。如果我们静下来仔细思考就能发现这些例子不仅能作为有趣的谈资，它们也是展示文化身份是怎样通过多种方式构建的切实案例。

时尚和服装可能是着手处理这个概念的最佳场所。"时尚"在这里作为一个涵盖性术语，包含了全身穿戴的所有元素，包括首饰、纹身和发型等。批判地说，时尚是一种我们传递自身身份及归属（和不归属）的方式。时尚向我们展示了归属感不仅是精神上的，同样也是在物质上真实存在的。土耳其毡帽的命运便是一个典型的例子。土耳其毡帽又被称为"苏巴拉"（subara），起源于北非，经受了一些阻力后，最终在1828年作为一种标准的军事头饰被采用。在随后的几十年中（1839—1876年），土耳其经历了一项被称为"坦志麦特"（Tanzimat）或"整顿"的改革，这项改革致力于将土耳其的社会和经济情况提升至与更富饶的西欧相等的水平。土耳其毡帽的地位在20世纪早期的凯末尔主义（Kemalism）改革中达到了最高处，但随后在1924年却被定为非法服装。由于已被引进了近百年，土耳其毡帽一遭禁止便引起了人们极大的情感上的不满，以至于许多土耳其男人都表达出这简直是一种民族阉割。在不到一个世纪的时间里，土耳其毡帽就从一个外来品，变身成为几乎可以代表国家民族的一种象征。我们可以看到，这种极具象征性价值的，且被看作地理、文化和历史上的真实表现的事物其实只有并不长的一段历史。

在土耳其毡帽正式成为土耳其军队和公民的配饰四十年之后，日本向世界打开了大门。明治时代（1868—1912年）也同样见证了一场激动人心的文化改革。这场改革扭转了江户时代（1615—1868年）的被认为停滞不前的局面，那时日本被西方工业发展的前进步伐甩在身后。西方初次得以一品日本艺术与文化的风采是在1851年，当时几件日本艺术品在伦敦艾伯特亲王的水晶宫博览会的中国展厅展出，它们获得了极大的关注。在这次转变中，最具有文化标志性的物品之一便是和服，它被许多人看作日本服装的精髓。就像苏格兰短裙一样，它尽管是一个19世纪的概念，但用

---

① Adam Geczy, *Fashion and Orientalism*, p. 38.

安妮·霍兰德（Anne Hollander）的话来说，它仍然能够"唤起遥远的时代"①。日本在明治时代前的服装一直都没什么太大变化，一套服装中包含几件颜色中性的外衣，裹着一件主要设计了领口的杂色丝质内衣。日本衣装自古以来都是相对中性的，随后彩色内衣逐渐成为女性的专属并演变为可独立穿着的衣装，而男性则开始穿西式套装。通过一种可被称为文化营销活动的策略，日本从内部将自我"再东方主义化"，一边强调什么是最具有辨识性的，一边也确保那些与文化外部群体结交的人能够以一种能保证其灵活性的方式着装。这样一来，日本就做到了将自身的文化审美加以改造从而符合西方人的消费习惯。直至今日，日本已经把这一变化高度内化了，以至于如果你前去参观横滨或者京都的历史古迹，很有可能会看到穿着休闲的日本人与全身上下都打扮得十分精致的艺妓们合影。②

这两个是文化实施的例子，另外还存在文化重叠或文化交叉，其例证便是在17世纪中期流行起来的"生命树"（Tree of Life）图案。在英国都铎王朝时期（1485—1603年）出现了一种叫作"中国时尚"的新事物，它逐渐指代所有形式的花卉纺织图案。这些图案设计与摩擦轧光印花布（chintz）有着抹不去的联系，它们虽起始于英国但却是在印度印染的，并且随后被印度的纺织手工艺人所改良，印度人在其中加入了自己的传统视觉元素。为了满足英国人的需求，"生命树"作为又一个印度的传统视觉元素获得了广泛的欢迎，它后来在中国也流行了起来，中国人在18世纪开始制作带有这种母题的产品。这一过程概括起来就是：所谓"中国式"的设计其实是在英国被发明，然后在印度被修改，最后才被中国人所采用的。这令人啼笑皆非却千真万确的例子能更准确地说明"东方主义"是如何被"编造"出来的。寻找一处起源就好比寻找一间布满了镜子的房间，或者更好的比喻是寻找一间充满了窃窃私语的房间，因为这些声音的不确定性为进一步的虚构提供了更多的空间，就好像印度的织物设计师对来自苏格兰小镇佩斯利（Paisley）的图案所做的一样，而这些图案本身也是对"布塔"（buta）——这种著名母题的另一个鲜为人知的名字——的剽窃。

这种存在于镜面和私语中的动态能量——一种涉及文化挪用、再造和重塑的持续介入过程，是理解"跨东方主义"的基础。这个概念包含三个方面，或三层含义。第一个方面是东方的自我"东方主义化"和"再东方主义化"。简单来说，这其实是一种为了与西方进行贸易往来的经济上的行为。在17世纪开始流行的中国扇子不管是在"中国风"装饰风格的选择上还是在扇子本身的种类上，都是按照在欧洲开发的模型进行制作的。如今被视作与中国紧密相关的折扇（brisé fan），其实是在12世纪从日本被进口到中国的，并与本土样式单一的产品产生竞争。另一个例子则是旗袍，一种丝质窄裙，当代中国时尚界重新赋予它生命，让它承载了某种民族象征，尽管它起源于20世纪20年代的上海。考虑到国际市场的性质、对于多样性的需求还有旅游产业的发展，这些案例并不令人反感；相反，它们是完全合理的，就好像罗马尼亚把布朗城堡（Bran Castle）变成了德拉库拉（Dracula）吸血鬼主题公园，尽管"穿刺公"弗拉德（Vlad the Impaler）——德拉库拉吸血鬼的原型——仅在那里居住了很短的一段时间。所以说，对于文化真实性的声张不仅是一种对自我文化真实性的信仰的表达，也同样受益于市场的回报。我们已经看到这种真实性是建立在多种基础上的，而其中大多是被构造、想象和缝合在一起的。由于信念和私利相混合，最开始作为虚构和幻象的存在如魔法般变幻为一种实体。

---

① Anne Hollander, "Kimono," in *Feeding the Eye: Essays* (New York: Farrar, Straus and Giroux, 1999), p. 129.
② 图例参见 Adam Geczy, *Fashion and Orientalism*, p. 129.

"跨东方主义"的第二个方面则是在以前的东方的不同区域的恶劣的工作环境。从在危险的血汗工厂工作的孟加拉国人，到被强制签署禁止自杀协议的电子零件制作工人；从被隐藏在纪录片之外的大批中国各省工人，到生活在一种强制奴役下的迪拜移民，对于这些数以百万计的默默无言的人来说，"东方主义"或其衍生品并不能引起他们太大的兴趣。没有人为这些人记述，他们也没有可以停下来喘息的片刻去担心一个词语、母题、风格或者意象的政治正确性。但是如果我们移步至这个有利位置之外，我们便很容易看清所有的"东方主义"道路都起始并终止于中国。17世纪时，中国只是一个指代那些存在于欧洲之外的比喻性构想，是一个存在于已知现实边缘的、神秘而几乎不可企及的地方；而如今的中国——纺织业只构建了其庞大经济体的壁垒之一——再次被世界敬畏，不仅因为它的经济，也又一次因为其政府的果断。

"跨东方主义"的最后一个方面是"东方主义"造型上的随意性，这主要体现在时尚界。这一部分适用于那些有意地将"东方主义"符号设计在一件衣装或整个服装系列之中的国际设计师们，这样做的首例大概是保罗·普瓦雷（Paul Poiret，又译作保罗·波烈），他在1911年举办的"一千零二夜"盛大派对上展出了他的服装系列，而他自己当时也装扮成奥斯曼帝国的苏丹苏莱曼大帝。普瓦雷的服装系列展轰动一时，这主要由于几个原因。第一便是因为它例示了被当今时尚界美其名曰为"灵感"的设计：他的圈环裙和哈伦裤并不旨在引起他人复制的兴趣或需求，而是作为对一种主题的变奏，对一种风格的仿效。换句话说，它们是基于某种想象之上的发明。它们与"现实"之间的联系十分重要，但同样重要的是这种联系是松散的。相比之下，19世纪的"东方主义"款式则是一种比喻，或是一种强调——佩戴一把土耳其长剑或穿着一件"中国风"风格的马甲，又或者是对其真实性（现在读者能够理解这个词在这里自由和相对的用法）的自我吹嘘，就像羊绒披肩上的标识一样。在效果上，普瓦雷提取了"中国风"款式之奢华并将其汇于一体，只是这一次带着些奥斯曼风情。就像大都会艺术博物馆的此次展览充分展示的那样，但凡涉及"中国风"，一切意识形态便都被置于门外，这里没有待塑造的真相，只有实验和视觉幻想的空间。正如许多纺织品和手工艺品所示，对于中国人来说，他们很愿意从他们的西方伙伴停步的地方接手，并对于人们对此的兴趣程度之高感到荣幸和兴奋。如今，在香港的任何一位居民都会告诉你，中国是西方时尚——其中大部分都在中国制造——的最大消费者，从大陆涌进的旅客们在阿玛尼（Armani）、缪缪（Miu Miu）等奢侈品牌店门口排起长龙，为自己购置最新潮的时髦装备。

那么这种"跨东方主义"模式是否就绝缘于批判了呢？首先，我们必须承认穿着一件佩斯利花纹的衬衫或裙子（多半是中国制造的）并不会煽动起对于文化不敏感的批评。在某种程度上来说，文化礼仪仍然存在于艺术界，但在时尚领域中几乎已经消失了。在这里，对于波卡（burqa）与希贾布（hijab）的争吵和担心并不适用，因为在伊斯兰文化中，它们并不只是单纯的服装风格，而是与信仰紧密联系在一起的，对于个人的宗教生命至关重要，而非穆斯林正是因为不能共享这种宗教信念，所以才认为这种装扮侵犯了自己的生活方式。在为受1997年中国恢复行使香港主权事件启发，于1999年举办的展览"中国时尚"（China Chic）的同名图书所撰写的文章中，瓦莱丽·斯蒂尔（Valerie Steele）和约翰·S·梅杰（John S. Major）公开地承认文化窃用不是没有道德风险和隐患的，但他们也警示世人不要假设人类学和政治学会与时尚发生冲突，因为显而易见，时装设计师既不是传统意义上的理论家也不是人类学家。[①]时尚与服装的历史是一段充满了所有可想象形式的借用和重塑的历史。随着正规化、标准化和统一化

---

① Valerie Steele and John S. Major, *China Chic, East Meets West* (New Haven and London: Yale University Press, 1999), p. 70.

的全球化压力，重新构思、想象文化身份的需求和以往一样迫切。

哲学家、文化理论家斯拉沃热·齐泽克（Slavoj Žižek）在他最近的一本书中解释了各种遭受过殖民压迫的国家的民族复兴与真实的历史的联系不大（这样的国家包括中国，尽管它从未完全沦为殖民地，但也曾遭受到不止来自欧洲的殖民压迫）。他的参考点是印度：

> 当然在遗失之前存在着某些东西——对于印度来说是一种庞大而复杂的传统，但这种被遗失的传统实际上多是杂乱无章的糟粕，它们并不是之后的民族复兴想要恢复的东西。这也适用于其他所有号称要"回归原点"的国家：自19世纪以来，当新的民族国家在中欧和东欧接连成立时，他们所谓的回归"古老的种族根源"其实是重新生成这些根源，从而产生了一种马克思主义历史学家艾瑞克·霍布斯鲍姆（Eric Hobsbawm）口中的"被发明的传统"。[①]

这并不是说这些传统——包括"再东方主义化"式的复兴——将会被嘲讽和愚弄。因为尽管这些"东方主义"可能是被发明出来的，但它们并不是伪造品。倒不如说它们的延续是为了在社会中站稳脚跟，在地域文化中稳固地位。"中国风"展示出文化身份被臆造出来的程度，并且这种"臆造"反而比一系列未经打磨且乏善可陈的事实具有更加长久的影响力，而且更能适应环境并安全存活下来。

这又将我们带回，或者说，绕回到作为中文翻译家的庞德。由于庞德给予自己极高的自由度，他的译诗被普遍认为是最具创见性的翻译之一。不被教条所拘束，他允许自己在翻译中赋予诗句创造性。不过也正是因为这些新颖、大胆的发明，通向神秘中国的精髓的大门才得以向以英语为母语的人开放，他们也才能通过来自远方的轻声私语，体验到美妙的外面的世界。

---

① Slavoj Žižek, *Event: A Philosophical Journey through a Concept* (Brooklyn and London: Melville House, 2014), p. 44.

塔亚特（Thayaht，意大利，1893—1959年）。《一件玛德琳·维奥内的晚礼服》（*Une Robe du Soir, de Madeleine Vionnet*）。摘自《高贵品味》（*La Gazette du Bon Ton*），第一期（1923年），图版47。艾琳·路易森时装参考图书馆（The Irene Lewisohn Costume Reference Library），时装学院，大都会艺术博物馆

在时尚中塑造中国

哈罗德·科达

塞缪尔·泰勒·柯勒律治（Samuel Taylor Coleridge）在1797年创作的《忽必烈汗》（Kublai Khan）一诗中对中国进行了多方面的想象［传言这首诗是柯勒律治在读完塞缪尔·珀切斯（Samuel Purchas）的《珀切斯的朝圣之旅》（Purchas his Pilgrimes，1625年）中描写元上都的一文后，在一个鸦片酊引发的梦境中获得灵感而写下的］，这仅是基于那些曾穿过中国城墙的拜访者的证词。但是柯勒律治以及他人所依赖的目击者们对于"真实"中国的这些描述，其实就像记者报道的故事或是寓言一样，充斥着谬见、误差以及文化偏见。就像马可·波罗一样，珀切斯对于中国的记录是一种对于实际的和半真半假的事实加以丰富的幻想加工后的描述。几个世纪以来（也许现在仍然如此），西方对于中国的认知一直都被包裹在想象和虚构中。而中国自己其实也辅助造成了这种模糊的误解，例如它在专为出口所制造的产品中加入了对西方的喜好的迎合（以及对于这些喜好的假设）。商品的来源和消费者之间的关系是复杂且微妙的，而制造商通常会为出口市场选择一些那种被简化了的形象，它们有时甚至达到在文化内部都不真实的程度，但同时又无不保留一种畅销的异国风情和中国特性。

贯穿中欧贸易史，中国的遥不可及和难以捉摸——遥远的地理距离和帝国有意的与外隔绝——造就了中国符号和象征在西方的影响力。16世纪中期，当明朝嘉靖皇帝（1521—1567年在位）与在澳门的葡萄牙人重新签署贸易协议时，瓷器和丝绸以及其他外销品开始大量地流出。商品的稀缺，加上关于制造这些商品的国家的碎片化信息，使得中国的形象被认定为一片被神秘和幻想笼罩的富饶之地。

一件从那个时期留存下来的中国的丝绒制作的男童披风被大都会艺术博物馆时装学院所收藏（06.941）。学者们指出这件披风可能曾经被法国国王亨利三世（1574—1589年在位）的一个男侍者穿过。就像许多其他价值连城的面料一样，这种丝绒面料——用金丝包裹的橙红色丝线织成的织物上立着焦橙色的真丝绒面（中国纺织品的典型）——被应用到了一件仅需要被最小限度地裁剪和造型的衣服上。它十分稀有和贵重，在过去足以相称于出身显贵，甚至出身王室的后代，当大都会艺术博物馆获得这件披风时，它被认为曾属于几近一个世纪后的年轻的路易十四。它是时装学院所藏的年代最早的一件用到了中国纺织品的西方服装。

在将近两百年间，使用昂贵的进口面料制作西方服装一直是"中国风"式美学的切入点，这从19世纪50年代的英国居家长袍就能看出来（见201页）。宽

图1 《今日衣着与科布伦茨大道上的中国人》（*Le Goût du Jour ou Des Chinois du Boulevard Coblentz*），摘自《巴黎漫画》（*Caricatures Parisiennes*），约1815年。手工上色蚀刻版画，15.5cm × 23.7cm。大都会艺术博物馆，伊莱沙·惠特尔西收藏（Elisha Whittelsey Collection），伊莱沙·惠特尔西基金（Elisha Whittelsey Fund），1971年（1971.564.121）

大的宝塔袖、上半身的紧身衣，加上钟形的巨大裙摆，构成了一件非常简约的裙装。唯一的装饰便是绣于奢华的绛红色丝绸面料上的低调但精妙的圆形盘龙纹。正如那件16世纪的披风，这件长袍的光彩完全得益于它的丝绸材质和明确表示它起源于遥远的中国的图案。在这两个例子中，衣服的面料和图案种类都并没有和中国本土市场的产品相差太远，但一经被应用在西方服装上，它们便传达了一种全球影响力和帝国的（甚至可能是殖民的）强权。

一种存在于中国与其西方市场之间的更复杂的礼尚往来可以在时装学院收藏的18世纪手绘丝质礼服中看到。有一部分丝织物上的图案明显就是专门针对出口市场所制，比如一件绘有条纹和树枝图案的礼服，便是有意模仿一种法式风格的（C.I.54.70 a, b）。在这里，一种起源于法国的设计在中国被仿效，然后被添上作为珍稀进口商品的光环，又从中国被出口"回"了法国。并且，由于这些丝织物耗费相当高额的费用，它们在西方也被进行复制生产，就像在19世纪印度披肩在苏格兰和法国的工厂被复制了一样。时装学院拥有的一件曾经被认为是中国制造商制作的藏品就完全无异于它所模仿的中国织物，直至近几年的技术分析才揭示出它的欧洲血统（见161页）。

西方在18世纪开始迅速吸纳中国意象，但是，正如柯勒律治的诗歌一样，这些形象的真实性令人怀疑。拿手绘丝织品的例子来说，有些设计和图案是由中国人开发并按照欧洲人的喜好加以修改的。在其他情况下，欧洲制造商则从关于中国的不准确的，甚至是完全虚构的图像和描述中摘取或断章取义地采用象征符号。一件华丽的织锦宫廷礼服［一件法式长袍（robe à la française）］符合18世纪服装的最奢华的标准，其

图2 《中国式着装》（*La Toilette Chinoise*），摘自《美妙风尚》（*Le Bon Genre*），1813年12月，图版63。手工上色蚀刻版画，20.2cm × 27.1cm。大英博物馆（The British Museum），1866年

异域情调的母题——一小片有着棕榈树和东方宝塔的景观——呼应了当时对于"中国风"风格的装饰艺术的偏好，从而彰显了穿着者的文雅和时髦（见213页）。不过这个母题大概综合了中东和远东的风格。

19世纪早期，尽管富有奇特意象的昂贵商品继续向欧洲和美国市场涌入，但对于新古典主义以及它所仿效的古希腊罗马古物的拥护，很大程度上抑制了18世纪盛行的对于异域风情的偏好。但是哪怕在古典"自然主义"的鼎盛时期，来自中国的诱人的异质性仍持续存在于小的装饰细节和配饰中。"中国风"不再被局限于某种进口面料或图案中，关于中国的隐喻现在已被运用于衣装设计当中。有着尖角的反向扇形衣褶以及有着宝塔轮廓的阳伞都被看作是中国式美学的迷人表现，它们的风行一时也让它们成了当时讽刺画的主题（图1、图2）。

19世纪之前，中国与奥斯曼帝国成为"东方主义化"影响的主要来源（后者几乎和前者有同样的影响力）。而到19世纪中期，日本和西方之间建立的贸易往来已使中国丧失了作为远东的象征和意象资源库所具有的首要地位。时尚学者们甚至提出，日本和服对于19世纪晚期流行的紧身衣向20世纪早期柔和下垂的直筒型服装的进化起到了关键作用。但是，尽管日本的新鲜事物可能使"中国风"的魅力暗淡了些许，来自这两个文化的形象却经常在建筑和装饰艺术中被结合并置，日本的出口商品，尤其是那些模仿其中国原型的瓷器和刺绣织品，使两者的区别更加的模糊。

1900年后"中国风"重新掀起潮流，这种狂热一部分源自被广为宣传的对敦煌莫高窟的考古发掘。在中国民族主义独立运动受到镇压和日欧联盟在义和团运动中对自己的权力进行宣张之后，人们可以联系当

图3 乔治·巴尔比耶（法国，1882—1932年）。《家中的斯皮内利小姐》(Mademoiselle Spinelly chez elle)，摘自《当日乐闻；或优雅时尚》(Le Bonheur du jour; ou, Les graces à la mode)，1924年。镂花模板画，32cm × 45cm。大都会艺术博物馆，艾琳·路易森时装参考图书馆特藏，购进，保罗·D·舒格特基金会基金（Paul D. Schurgot Foundantion Fund），2002年（2002.10o）

时日渐失衡的政治势力去理解这种被重新点燃的兴趣。如果说17世纪和18世纪的中国对于西方曾是一个美妙的幻境，那么自那之后其文化地位则逐渐衰落了，西方工业革命促成的经济、社会和文化的高速发展使它慢慢地被世界忽视了。尽管中国的裁剪特色仍继续被应用于最时髦的时装设计中，中国却越来越受到刻板印象的恶性影响，并愈加向西方纤尊降贵。

然而，设计师保罗·普瓦雷——当时就职于受人尊敬但风格保守的女式时装店沃斯时装屋（House of Worth）——却在1903年因为推出了一件具有戏剧性的、受中式风格影响的衣服而失去了他的工作：这件"孔子"（Confucius）外套有着宽大的和服式设计，可以完全遮盖住身体的轮廓。贯穿其职业生涯，对于异域风情有着先锋性兴趣的普瓦雷一直都在引用中国装饰性的意象。例如这件外套的后期变体被绣上了中国寿纹，其窄小的领子还采用了一块来自满族长袍的缂丝料（见152页后的插页）。普瓦雷在20世纪20年代设计的带有中式领、不对称开襟的束腰外衣和风琴褶半裙这样的日常服装则显然是中国式的。他的设计不仅引起人们对满族宫廷服装的回忆，同时也反映了当时中国的时尚：廓形变成流线型的女士短上衣不再那么模糊身体曲线，它们通常与长裤或过膝裙搭配，有时裙子还套在长裤外面。普瓦雷的重要性在于，他在创造真正吸收中国思想的设计时（这在结构和裁剪上都有所体现），也赋予了衣装强烈的巴黎风格。

不过，他对中国的着迷仍然是基于一套出于想象的、多少被简化了的符号系统之上的。普瓦雷是首位创造了自己的香水系列的女装设计师，系列中有好几

图4 乔治·巴尔比耶（法国，1882—1932年）。《在大烟馆中》（*Chez la Marchande de Pavots*），摘自《当日乐闻；或优雅时尚》，1924年。镂花模板画，32cm × 45cm。大都会艺术博物馆，艾琳·路易森时装参考图书馆特藏，购进，保罗·D·舒格特基金会基金，2002年（2002.101）

款的灵感都取自中国。但是他的包装和香水瓶都采用了一种明显的，甚至有些肤浅的中式异域风情的设计，直接取材自中国的意象；相比之下，他的服装设计则趋于进一步消化、解读其中国原型的技术和结构原理。

在20世纪初期的20年间，乔治·巴尔比耶（George Barbier）在他的时尚插图中经常将未必是中式风格的当代礼服置于摆着漆木桌子、屏风、香炉和佛像的背景之中（图3）。到了20世纪20年代，他已经开始为时尚出版物创作纯虚构的画作，并为时尚界制作限量版画册了。在这些画中，慵懒无力的鸦片吸食者或裸着身体，或穿着睡衣，斜倚在床榻上（图4）。巴尔比耶笔下带有中性色彩的颓废者促成了人们将丝质裤装套服作为家常便服和沙滩衣，这就像满族上衣和日本和服有可能在之前被作为贴身和居家的服装一样。西方通常将被认为是"他者"的服装挪用为非正式服装，即为了营造表面上开放的社会氛围而开发极具地域性特点的服装的那种未经裁剪的特性。哪怕是搭配着合身的上衣和大喇叭裙的北非和中东式外套，都会被西方的穿戴者认作睡袍或是晨衣，而不是男士穿着的长礼服。

20世纪20年代的"装饰艺术运动"将中国的符号整合到其美学中，这尤其能在小配饰和装饰艺术中看到：书法（不管是真实的还是伪造的）、中国狮子狗、牡丹和莲花、佛像，以及由观音像装饰的手提晚装包、香烟盒和高级珠宝。当时的时尚界对于中式风格的喜好也可以在好几家时装屋的设计上得以体现，尤其是卡洛姐妹（Callots Soeurs）和让娜·浪凡（Jeanne Lanvin）的设计。卡洛姐妹设计了一系列有着奢华刺绣

图5　霍斯特·P·霍斯特（Horst P. Horst，美国，1906—1999年）。穿着梅因布彻设计的服装的温莎公爵夫人，1943年。《时尚》（*Vogue*），1943年7月15日，26页

的丝绸晚礼服，它们还带有扇形的中式云领。当时的刺绣图案大多直接引用了中国出口披肩上的鸟、蝴蝶和花朵的母题，而卡洛姐妹则用他们那以浅黄绿色、冰蓝和柔美的淡粉红为代表的生动色彩修饰了这种审美传统（见84—85页）。浪凡则通过服装设计师艺术性的刺绣技巧，向由中国官员品级的标识演变来的母题注入了一种特别的法式感觉（见198—199页）。在随后的十年中，浪凡继续探索着中国服装（包括盔甲）上的意象。甚至加布丽埃勒·"可可"·香奈儿、爱德华·莫利纳（Edward H. Molyneux）和让·帕图（Jean

图 6 霍斯特·P·霍斯特（美国，1906—1999 年）。黄蕙兰（前顾维钧夫人）。《时尚》，1943 年 1 月 1 日，31 页

Patou），这三位以流线型廓形和不加装饰的现代主义设计而闻名的设计师，也曾经受到中式图案具有的装饰可能性的影响。他们重新诠释了中国纺织品中的母题，将此体现在自己的印花、贴花绣（appliqués）和刺绣中，就像普莱美（Premet）、德雷科尔（Drecoll）、沃斯及其他设计公司一样。

20 世纪 30 年代中期，美国时装设计师梅因布彻（Mainbocher）开始为当时处于丑闻和恶名的风口浪尖的沃利斯·辛普森（Wallis Simpson）——也就是后来的温莎公爵夫人（Duchess of Windsor）——设计着

装。当社会摄影家塞西尔·比顿（Cecil Beaton）第一次见到辛普森太太时，他认为她"健壮又瘦削"，而一年之后他则在日记（《漂泊岁月》，The Wandering Years，1961年）中提到她"改善了她的外表，时髦……整洁、优雅"，她的"头发非常顺滑，都有可能被当作中国人了"——这个隐喻不仅指她如漆器一般精美的外表，也指她曾经在中国度过的一段时间，这段短暂的逗留曾引起耸人听闻的传言，说她是去学习东方诱人神秘的欢爱秘技的。在辛普森太太的数张照片中她都穿着中式的服装，在一幅著名的由霍斯特拍摄的肖像中，她就穿着一件梅因布彻设计的旗袍（图5）。用珊瑚色和浅绿玉色的丝带给旗袍上边，设计师在细节中展现了中式风格，但又用法式蝴蝶结代替了中式的盘扣。随着设计师对于文化和历史参照物有意的融合贯通，他已超越了简单的挪用。

20世纪20年代，旗袍已经变成中国的一个服装代表符号。作为一种后王朝时期的服装形式，它处在中国不同风格服装的交叉点上，一边是受传统束缚的古代服装，另一边则是拥抱国际化风格的先进服装。随着时代的发展，旗袍的廓形也逐渐进化，并参照了西方，尤其是巴黎的时尚美学：20世纪20年代直筒、修身的廓形是爵士时代摩登女郎所推崇的无袖筒状裙的一种窄版表现，而到30年代旗袍的廓形又变得凹凸有致，与当时高级定制女装的斜裁式礼服相似。这种人们眼中的国民服装的一种贵族版本在这个时期，即两次世界大战之间，通过蒋介石的夫人宋美龄，以及出现在无数照片中的时尚偶像、中国著名外交官顾维钧的夫人黄蕙兰的图像被发扬光大。在顾维钧的任职期间，顾太太随其丈夫居住在伦敦和巴黎，是高级定制时装的常客，但不管是在霍斯特的照片中还是在奥利弗·佩尔（Olive Pell）的画像中，她最令人难忘的形象便是当她穿着她的一件精美的刺绣旗袍时（见图6及110页后的插页）。

电影中出现的旗袍则表现出一种更放荡的意味，就像在好莱坞电影中，首位美籍华人影星黄柳霜（Anna May Wong）所扮演的角色表现出的那种对蛇蝎美人的带有种族偏见的刻板印象。有些自相矛盾的是"龙夫人"这种虚拟人物，一个深谙两性之道、感情上冷漠无情而又野心勃勃的女性角色，与另外一种对于东方女性的幻想——夸大的柔弱、极度的谦逊和沉默的顺从——共存。

"东方主义"幻想的诱惑力之强大，以至于连梅因布彻，一位以低调的高雅而闻名，甚至其设计作品看上去都是在批判那些粗俗的时尚潮流的设计师，都默默地接纳了印度纱丽和中国丝绸的华美。尽管如此，这位设计师在20世纪50年代重新设计温斯顿·格斯特（Winston Guest）在中国为其夫人C.Z.购买的满族裙装时，仍然把它们裁改成为当时流行的收身的"新风貌"（New Look[①]）廓形，完全舍弃了它们的丰满感，并配以美国北岸海军的简约风格的紧身上衣来平衡面料上奢华的装饰花纹（见106—107页）。

同样的，20世纪四五十年代期间，中国风格也逐渐被美国设计师运用到了运动休闲服装中，这些设计师主要以他们实用主义的现代性而闻名。卡罗琳·施努勒（Carolyn Schnurer）、克莱尔·麦卡德尔（Claire McCardell）和邦妮·卡欣（Bonnie Cashin）均开始采用中国的面料、立领（或中式领）、盘扣来代替纽扣和不对称的斜裁领口，他们甚至从普通中国工人的工作服中获取灵感，并体现在他们的设计中。在中国1949年的共产主义革命之后，香港和台湾便成了这些纺织面料及意象的来源。来自香港的重缎和织锦缎旗袍物美价廉，在西方风靡一时，暗示着这种高脚杯柄状、勾画身体轮廓的女式紧身裙装已经作为当时广为流行的克里斯汀·迪奥式"新风貌"裙子的替代品而兴起了。

[①] 一种以束腰、突出臀部和胸部线条为特征的钟形廓形，由时装设计师克里斯汀·迪奥（Christian Dior）创造。——译者注

到了20世纪60年代，时尚风格主要向一种太空时代的风格发展，而60年代末，怀旧的田园风和对手工艺的狂热又卷土重来。这一阵反工业风潮和对于技术乌托邦幻想的排斥，可以从当时流行的由印度纱衣、阿富汗山羊皮背心、摩洛哥首饰以及其他非西方服装元素组成的文化大杂烩中反映出来。同时，军事制服，特别是迷彩服，作为专门代表反文化、反主流的符号被重新设计使用。试图用一种中性制服来消灭等级制度的中国在当时推出了一种新式的中式服装，这种服装在西方被广称为"毛装"。在当时的国际政治、文化剧变中，它受到了（特别是在欧洲的）"左"倾知识分子的欢迎。

尽管中国一直作为西方时装设计师的灵感来源，其影响力从未完全消失过，但最能展现其锋芒和华彩的则是1977年伊夫·圣罗兰（Yves Saint Laurent）的秋冬高级定制时装秀。在一系列戏剧性的中国装饰元素中，圣罗兰重现了中国王朝时代的华丽服装和华美幻境。就像他在此前一年以俄罗斯为灵感设计的时装系列一样，这一场时装秀是一场充满真实、虚幻和想象的狂热之梦。拼接的扇形图案、宝塔肩、盘扣和流苏扣、七分裤和圆锥形帽，搭配朱砂和翡翠首饰，向人们传达了一种奢华、魅惑的中式风尚印象，就像20世纪20年代巴尔比耶笔下的一样华丽（见146—151页）。与这一时装系列同时推出的是圣罗兰的香水"鸦片"（Opium），它有着一个哪怕是在崇尚享乐主义的70年代都备受争议的名字。这个代表了种族主义的刻板印象和社会禁忌的挑衅性的名字恰恰说明了当时的时尚市场战略，那就是进行越界的挑战。

圣罗兰的俄罗斯与中国主题时装系列是高级定制时装史上的一个转折点。在"后现代"一词出现之前，时尚界一直都偏爱充满叙事性的服装。但是到了20世纪80年代，对于具有历史性和文化性的裁剪符号的收集和使用成了若干具有影响力的时装设计公司的创意战略，并且这种战略实践一直持续了数十年。最早期，也是最基础的"中国风"形式——将中国纺织面料运用到西方服装中——又重新出现了。由中国的刺绣和织锦缎演变而来的装饰性图案（通常来自与清朝皇宫及满族朝廷相关的母题）又一次被直接复制或经过巧妙处理，然后被转移到印花织物上。有着显眼的花卉刺绣、深色边穗和多彩颜色的出口披肩，启发了高级定制与先锋成衣的设计。不同风格的设计师们，从拉夫·西蒙斯（Raf Simons）到马丁·马吉拉（Martin Margiela），都采用了传统中国服装中的元素，就像当年的梅因布彻将满族裙装重新裁剪一样（见256页）。对于装饰艺术的借鉴，特别是青花瓷、景泰蓝、朱砂以及其他漆器，不仅能在高级定制时装屋中见到——特别是香奈儿和华伦天奴（Valentino），也可见于成衣系列中。而对于旗袍、黄柳霜的电影戏服，以及"毛装"的引用，则扩展了人们所熟悉的对中国的隐喻的集合。

对充满活力的新廓形和与历史无关的立体裁剪结构的创造，还有对中国图像的使用——就像我们可以在约翰·加利亚诺（John Galliano）、克雷格·格林（Craig Green）和亚历山大·麦昆（Alexander McQueen）的作品中看到的那样，意味着创造性的自由被一个没有被西方准确理解的"他者"所释放了。20世纪后期被设计师们表达出来的中国，像从前一样，是对几个世纪以来在贸易和外交中的交换、神话和错觉间积累的概念的一个响应。但最近，对于帝国王朝时期元素的引用也开始在当代中国设计师的作品中出现。中国和西方时装品牌共同对于同样的被出口、编纂的母题和风格的使用，暗示了一种后现代无边界"中国风"的进化。矛盾的是，"中国风"被先天规定的、相对有限的美学词汇，不管是被中国人还是非中国人使用，都直接与它的强大的沟通能力相联系。正是由于在这个简化的符号系统里出现的遗漏和省略，时尚才得以如此有力地向世界传达中国庞大而复杂的现实。

蒂利·凯特尔（Tilly Kettle，英国，约 1735—1786 年）。《耶茨夫人在〈中国孤儿〉中饰演芒达妮》（*Mrs Yates as Mandane in "The Orphan of China"*），约 1765 年。布画油画，192.4cm × 129.5cm。泰特不列颠美术馆（Tate Britain），伦敦，由泰特美术馆之友（Friends of the Tate Gallery）资助购买，1982 年

中国服装意象

梅玫

传统中国服装，一个背后浮现了神秘国土和久远时代的概念，长久以来都激发着西方的想象力，并赋予了现代中国魔法般的魅力。但是，所谓"中国的"或者带有如此标签的服装的风格却很模糊，超越了时间和空间的束缚。作为一种视觉性和物质性的符号，中国服装被注入了不断变化的故事和意义，就像我们看到中国服装在过去的几个世纪中的跨文化艺术中所表现出的那样。

在 19 世纪中期以前，欧洲对于中国服装的艺术表现大约可分为两种：第一种是西方人的图像，画中的人们穿着中国风格的、通常充满了异域风情的服装；第二种是对于中国人的描绘，它们力求展现一个不同的国家的生活方式和习俗，这通常被一种强烈的人种学的和文化上的兴趣所影响，尽管这些画面经常倾向于把历史的细节和想象元素混合在一起。

约翰尼斯·尼霍夫（Johannes Nieuhof，1618—1672 年）对于荷兰首次出使中国的图文描述（于 1665 年第一次出版）是第二类型中最早、最有影响力的作品之一。他在《东印度公司派遣的使团》（*An Embassy from the East-India Company*）一书中绘制的大量插图构建了欧洲艺术史中一种全新的用于描绘中国人的视觉词汇。尼霍夫所绘制的这些图像虽然基于第一手的观察，但却充满了夸张的，甚至彻底虚构的细节。例如在其中一幅插画中，一个"乞讨的牧师"盘腿坐在地上，穿着一件奇怪的宽袖条纹衫和紧身裤（图 1）。他的鞋尖顽皮地朝上弯曲，他可笑的帽子装饰着像翅膀一样长的羽毛，声称是用来"遮挡……阳光和风雨"的。配图的说明中还强调了他的"打扮简直奇怪之极"[①]。可能就是这样滑稽的描绘促使风格奇异的"中国风"小雕像在 18 世纪流行了起来。

尽管安东尼·华托（Antoine Watteau，1684—1721 年）从未到过中国，但他曾经画过一系列描绘了从事不同职业的、来自不同地区的中国人的装饰壁画，用来装饰巴黎郊外的米埃特城堡（Château de la

---

① Johannes Nieuhof, *An Embassy from the East-India Company of the United Provinces, to the Grand Tartar Cham, Emperor of China* (London: John Ogilby, 1673), p. 190.

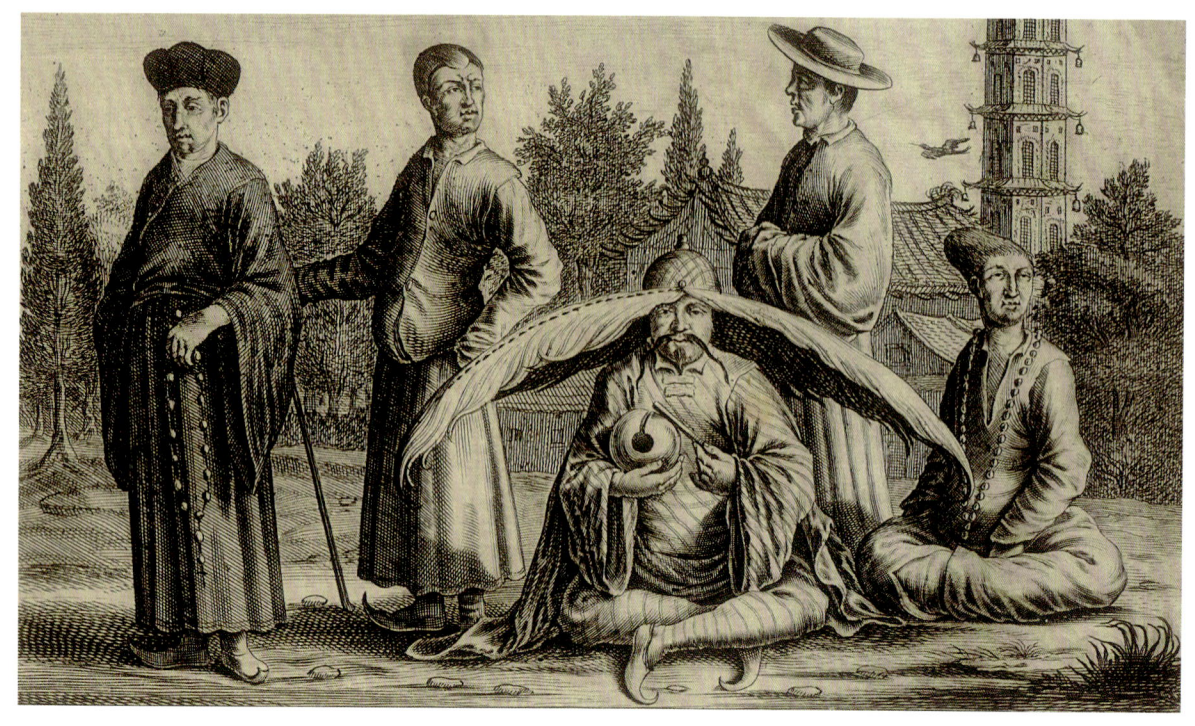

图1 约翰尼斯·尼霍夫（荷兰，1618—1672年）。中国牧师和僧侣的雕版画。摘自《尼德兰联邦东印度公司向中国皇帝——伟大的鞑靼王——派遣使团》[*An Embassy from the East-India Company of the United Provinces, to the Grand Tartar Cham, Emperor of China* (London: John Ogilby, 1673)]，190页

Muette）。① 华托综合了多种素材来源，包括关于中国的游记和亚洲出口的商品，他将一种浪漫幻想赋予了他眼中的中国和中国人：那些煞费苦心转写的中国文字和再造的人种学细节，与华托典型的"雅宴画"（fêtes galantes，描绘在田园乡村环境中，盛装的人们聚会宴享的画作）的田园和顽皮风格相结合。一个包含了三十幅华托作品的系列在1731年出版。在其中一幅作品中，一位女神从一簇如波浪般的中国奇石中升起，像杂技演员一样用一面扇子和一根带皮毛的权杖保持着平衡（图2）。她身穿仿造的中国服装，包括一件裹身V领的露肩女式衬衣和一条受奥斯曼服装启发的蓬松裤子。在她左边跪拜的人物戴着泰式的圆锥形帽，像是一个在版画《暹罗国王使者于1686年9月1日在凡尔赛宫受到接见》（*The Audience Given to the Ambassadors of the King of Siam on 1st September, 1686 at the Château of Versailles*②）中出现的暹罗使者。

欧洲艺术中对于中国服装最具创意和不拘一格的再现可以说是在各类化装舞会、歌剧、戏剧和芭蕾表

---

① 华托的版画由埃德姆·若拉（Edme Jeaurat）、弗朗索瓦·布歇（François Boucher）和米歇尔·奥贝尔（Michel Aubert）雕版，并出版为 *Diverses figures chinoises et tartares, peintes par Watteau, peintre du Roy, en son Academie Royale de Peinture et Sculpture tirée du cabinet de sa Majesté* (Paris: Chéreau et Caillou, 1731). 关于对这个系列的更多讨论，参见 Martin Eidelberg and Seth A. Gopin, "Watteau's Chinoiseries at la Muette," *Gazette des Beaux-Arts* 130 (July–August 1997), pp. 19–46.

② 参见 Bibliothèque Nationale de France, Département des Estampes et de la Photographie, Rés. Fol. QB-201 (63-fol).

图2　安东尼·华托（法国，1684—1721年）。《海南岛上的特修女神》（*La Déesse Thvo Chvu dans l'Isle d'Hainane*），约1731年。蚀刻版画，32.2cm × 41.2cm。大英博物馆，1838年

演中出现的服装设计中。这种"中国性"（Chinese-ness）会通过含有中国的，或者一种一般的"东方"意味的零碎细节表现出来，这些细节被置于服装上，以符合戏剧人物的角色类型与当时的时尚风俗。在让·贝兰（Jean Berain，1640—1711年）于1700年为勃艮第公爵设计的一件奇异的化装舞会服装"清朝官服"（habit d'un Mandarin chinois）中，夹克上醒目的方格图案让人想起即兴喜剧中阿莱基诺（Arlecchino）滑稽的戏服。在他帽子上悬挂的铃铛——从荷兰访华使臣尼霍夫所绘的南京大报恩寺一图中得到的灵感——代表了中国，而伊斯兰教的新月和条纹——一种代表异域风情的通用符号——则加强了这套服装的东方风格。

1759年，亚瑟·墨菲（Arthur Murphy）的悲剧《中国孤儿》在大卫·加里克（David Garrick）的伦敦皇家剧院（Theatre Royal）首演，并且大获成功。基于伏尔泰的《中国孤儿》（*L'Orphelin de la Chine*，1755年），这部话剧根据元（1271—1368年）杂剧《赵氏孤儿》改编，是一则充满了政治阴谋、爱国主义精神和母子亲情的道德寓言。这部精美的戏剧有着绚丽的"中国风"舞台场景和服装设计，让戏中扮演母亲芒达妮的演员玛丽·安·耶茨（Mary Ann Yates，1728—1787年）成了当红女星。她的舞台服装很快便影响了时尚潮流，当时"很大一部分的女性观众似乎都嫉妒她的成功表演，并且把这种成功全部归功于她的装扮上"[①]。耶茨真人

[①] *An Account of the New Tragedy "An Orphan of China" and Its Representation* (London: J. Coote, 1759), p. 12.

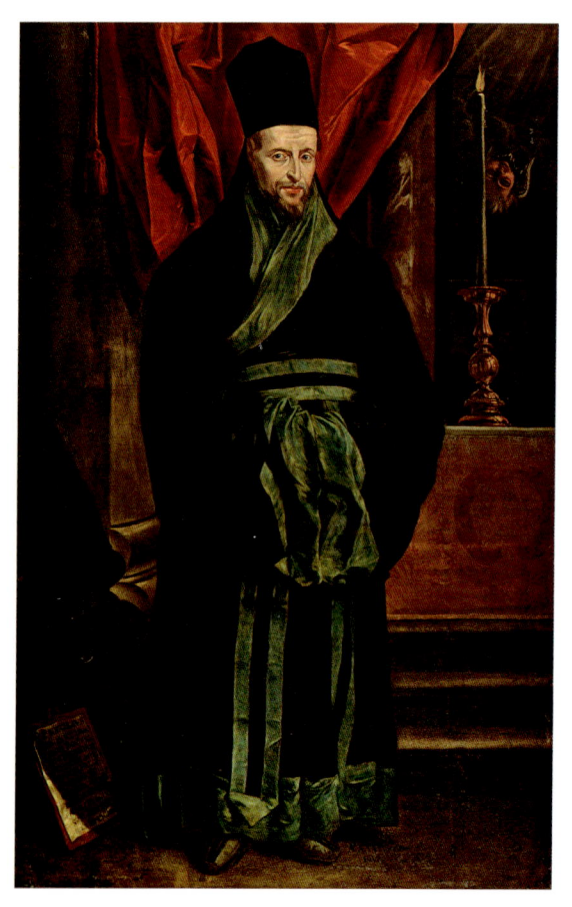

图3 彼得·保罗·鲁本斯工作室（佛兰德斯，1577—1640年）。《金尼阁像》（*Portrait of Nicolas Trigault*），约1616年。布画油画，220cm × 136cm。加尔都西会博物馆（Musée de la Chartreuse），法国杜埃

尺寸的角色肖像绘于1765年，可以让人从中一瞥她那轰动一时的中式裙装大概长什么样子（见40页）。其廓形符合当时的时尚潮流，但更为收身的款式却是一种创新。交叠的领口、敞开的宝塔袖还有腰间的流苏带子，甚至黑粉相间的鲜明色彩的运用（令人想起中国漆器），都散发出一种"中国"的氛围。在戏剧和时尚的交叉口，耶茨的服装将她的身份永远和芒达妮融合在了一起。

尽管在19世纪中期之前，真实的中式服装在欧洲艺术中被描绘得很少，但也并不是完全不存在。大多数情况下，它们出现在移居中国的欧洲人——传教士、商人或者官员——的肖像中，这些人与中国的积极接触让他们能够更多地了解中国的现实，而不只是停留在异域情调的幻想中。在他们的肖像中出现的中国服装通常都是他们在中国入乡随俗所穿的日常衣装，或者是来自旅行途中的纪念品，而当它们被放在一个新的语境中，被新的观众所观赏时，这样的服装就能够将东方作为一个理想化的桃源世界展现出来。

在一幅由彼得·保罗·鲁本斯工作室（Workshop of Peter Paul Rubens）在大约1616年为金尼阁神父（Father Nicolas Trigault，1577—1628年）所绘的肖像中，

图4 戈弗雷·内勒（德国，1646—1723年）。沈福宗（？—1691年），《中国皈依者》（"The Chinese Convert"），1687年。布画油画，212.2cm × 147.6cm。皇家收藏信托（Royal Collection Trust），英国

这位由佛兰德斯游至中国的耶稣会传教士身穿一件威严的中国长袍，并戴着一顶方帽（图3）。当时在中国的欧洲传教士通过穿着这样的服装来进入上层名流社会，这种策略对于成功劝说他人改宗十分关键。① 正像在他的肖像中所记录的，在1613年至1618年间，金尼阁在其著名的以招募传教士，募集基金为目的的欧洲之行中，同样穿着这件衣服。他华丽而庄严的中式服装展示出了古老中国的高度文明，表明了他在宗教上做出的奉献，也显示出他在中国成功宣传了耶稣会的成就。② 不管是在中国还是欧洲，他的中式服装作为两个文化之间的媒介，成了两者互相接近对方的途径。

在19世纪中期以前，欧洲鲜有中国人到访，更不

---

① Stephanie Schrader, "Implicit Understanding: Rubens and the Representation of the Jesuit Missions in Asia," in *Looking East: Rubens's Encounter with Asia,* edited by Stephanie Schrader, exh. cat.(Los Angeles: The J. Paul Getty Museum, 2013), p. 40.
② 同上书，pp. 44-46.

图 5 亨利·考特尼·塞卢斯〔英国，1803—1890 年〕。《1851 年 5 月 1 日维多利亚女王为伦敦万国工业博览会开幕剪彩》（*The Opening of the Great Exhibition by Queen Victoria on 1 May 1851*），1851—1852 年。布画油画，169.5cm × 241.9cm。维多利亚与艾伯特博物馆（The Victoria and Albert Museum），伦敦，沃伦·W·德拉鲁（Warren W. de la Rue）赠

易看到身穿正宗中式服装的中国人。但来自中国南京的年轻的耶稣会士沈福宗（逝于 1691 年）是一个例外，17 世纪 80 年代，他随比利时耶稣会士柏应理（Philippe Couplet，1623—1693 年）在欧洲的几个国家游历，引起了皇室的极大兴趣。1684 年 9 月，他拜访了凡尔赛宫的国王路易十四，当时的法国时尚期刊《风流信使》（*Mercure Galant*）这样报道："（他穿着）一件宽松的外套，蓝色的面料上绣有金色的刺绣，每只袖子上还绣有龙纹和一张长相凶恶的脸。在外套之下，他穿着一件绿色丝绸制作的束腰长袍。"① 《风流信使》还记录了路易十四的弟弟奥尔良公爵菲利普（Philippe d'Orléans）好奇地研究了沈福宗的着装，沈福宗甚至还冒昧地提出要将自己的衣服送给他，但公爵拒绝了他的礼物，反而将一件华丽的法国宫廷礼服送给了沈福宗。② 公爵所做出的反应揭露了一种矛盾，它处在对于异域着装的着迷与对于褪去自己的民族和文化身份而真正穿上这种服装的恐惧之间，同化并收藏则是更安全地占有这种异国风情的方式。1678 年，英国国王詹姆斯二世特别委任皇家肖像画师、准男爵戈弗雷·内勒（Sir Godfrey Kneller，1646—1723 年）来为沈福宗画像，沈福宗身穿中国耶稣会的服装，手中拿着一柄十字架（图 4）。就像沈福宗的宗教性姿态和肖像的标题——《中国皈依者》——所暗示的那样，沈福宗作为代表着欧洲在中国传教成功的成果而被赞美和

---

① *Mercure Galant* (September 1684), pp. 149–50.

② *Mercure Galant* (October 1684), pp. 127–28.

图6　《1851年5月1日维多利亚女王为伦敦万国工业博览会开幕剪彩》（局部）

宣扬，而他的穿着也表明了基督教的普世权威可以跨越所有的地理和文化屏障。沈福宗的这幅肖像被挂在詹姆斯二世的会客厅中，象征着国王自己"以罗马天主教的至高权力来收复他失去的王国"[1]的野心。

在身着中式服装的沈福宗邂逅了仅仅几个欧洲君主和宫廷官员的两百年后，另外一位中国人意外地出现在了1851年伦敦万国工业博览会的开幕典礼上，引起了大众极大的好奇，并由此开启了中国服装在西方逐渐流行的时代。尽管并不被此次活动的主办方认识，这位神秘的外来者希生（Hee Sing）成了众人的焦点。当时博览会的执行委员会成员莱昂·普莱费尔（Lyon Playfair，1818—1898年）回忆，"一位身穿华丽长袍的中国人突然从人群中出现，并拜倒在王座前。没有人知道他是谁。甚至有可能是中国皇帝来秘密参加典礼"[2]。被希生的服装所误导，主办方将他当作了一位贵宾，并把他安排在坎特伯雷大主教和惠灵顿公爵中间。"他在这个尊贵的位置上随着人群穿过建筑，令旁观者们兴奋而惊喜。"[3] 在亨利·考特尼·塞卢斯（Henry Courtney Selous，1803—1890年）所绘的记录当时盛事的大幅情景油画中，希生被栩栩如生地描绘出来，而这

---

[1] Glenn Timmermans, "Michael Shen Fuzong's Journey to the West: A Chinese Christian Painted at the Court of James II," in *Culture, Art, Religion: Wu Li (1632–1718) and His Inner Journey: International Symposium Organised by the Macau Ricci Institute, Macao, November 27th–29th 2003* (Macao: Macau Ricci Institute, 2006), pp. 192–93.

[2] Lyon Playfair and T. Wemyss Reid, *Memoirs and Correspondence of Lyon Playfair: First Lord Playfair of St. Andrews* (New York and London: Harper and Brothers, 1899), p. 120.

[3] 同上书。

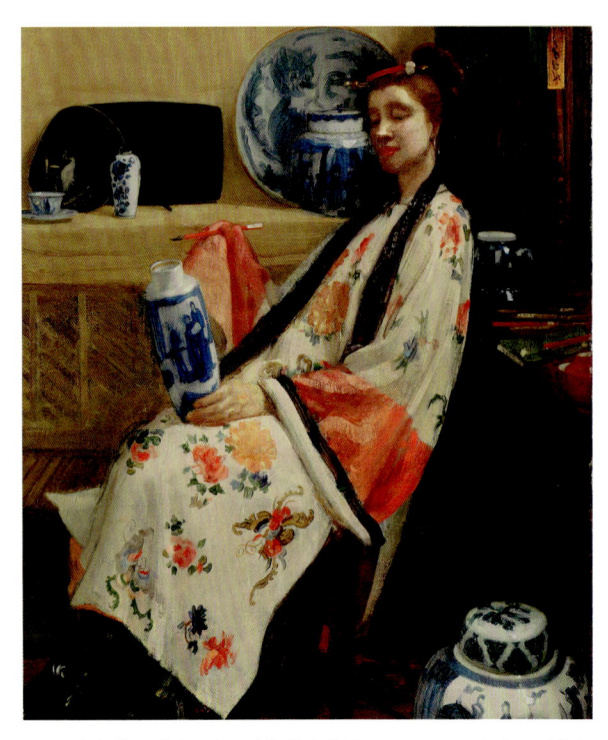

图7 詹姆斯·麦克尼尔·惠斯勒（美国，1834—1903年）。《紫色和玫瑰色：带有六字款识的青花瓷》（局部），1864年。布画油画，93.3cm × 61.3cm。费城艺术博物馆（Philadelphia Museum of Art），约翰·G·强生收藏（John G. Johnson Collection），1917年

幅画随后也被多次复制和传播（图5、图6）。这幅油画的中间是皇室家族，在他们两边站着的则是重要的宾客，包括坎特伯雷大主教、牧师、外国高官和地方长官。但是没有人像希生一样突出，他的服装——一件带有官员品级标识的朝服，和一顶以红丝穗和羽翎装饰的官帽——与周围维多利亚式的西装革履格格不入。

人们后来才发现希生是一名中国帆船队的看守员，当时恰巧随船队抵达了泰晤士河边，参加博览会的开幕典礼则纯属是一次意外。① 尽管身穿朝服，他其实并没有任何官职，也完全不足以代表中国访问团。这一令人发笑的事件中的戏剧性因素——希生巧遇典礼，因为衣着而被误解，中国的神秘感以及它所引发的"兴奋和惊喜"——其实在某种程度上表现出在当时的欧洲，中国服装开始被接纳和挪用了。

从19世纪中期开始，中国服装便被大量引进欧洲以及美国。随着中国连续两次在鸦片战争（1839—1842年，1856—1860年）中落败，中国的十六座沿海和内陆城市成为通商口岸。西方商人和旅客们可以在中国更随意地行动，从而也就前所未有地有了获得中式服装——大多是昂贵的丝缎所制，并带有精致刺绣的清朝长袍

---

① Lyon Playfair and T. Wemyss Reid, *Memoirs and Correspondence of Lyon Playfair: First Lord Playfair of St. Andrews*, p. 120.

图8 威廉·麦格雷戈·帕克斯顿（美国，1869—1941年）。《新项链》（*The New Necklace*，局部），1910年。布画油画，91.8cm×73cm。波士顿美术馆（Museum of Fine Arts, Boston），佐伊·奥利弗·谢尔曼收藏（Zoe Oliver Sherman Collection），1922年

——的机会，不管是将它们作为商品还是纪念品。正如维里蒂·威尔逊（Verity Wilson）指出，这些有着蟒纹或者龙纹母题的朝服与代表品级的外褂，并不由朝廷提供，而是由中国官员自己购买获得的。所以市场上有很多这样的服装，甚至外国人也可以不受限制地进行购买。① 在英法联军于1860年洗劫颐和园，以及英国随后在北京战役（1900年）中带领多国联军袭击中国之后，清朝皇室服装也是他们带回西方的重要战利品。世界博览会（在19世纪下半叶的欧洲和北美极为流行）提供了另外一个能够观赏和购买中国商品的地方，这些商品中当然也包括服装。精美的清朝服装被呈给了欧洲王室和贵族，被分配到士兵和旅者的家人和朋友手中，并且在公开拍卖、古董商店和百货商店中现身。随着越来越多的人——从贵族到中产阶级，从知识分子和艺术家到演员和交际花——得以接触到中式长袍，艺术领域中对于中国服装的新式展现手法也逐渐出现了。在实验性油画和处于萌芽的摄影作品中，中式长袍成了一种万能的视觉元素和可塑的象征

---

① Verity Wilson, "Studio and Soirée: Chinese Textiles in Europe and America, 1850 to the Present," in *Unpacking Culture: Art and Commodity in Colonial and Postcolonial Worlds*, edited by Ruth B. Phillips and Christopher B. Steiner (Berkeley and Los Angeles: University of California Press, 1999), pp. 230–33.

符号，被挪用来创造新的图像风格、具有变革性的审美概念或者另类的叙事手法。

詹姆斯·麦克尼尔·惠斯勒（James McNeill Whistler，1834—1903年）的《紫色和玫瑰色：带有六字款识的青花瓷》（Purple and Rose: The Lange Leizen of the Six Marks）就是最早通过中国意象来探索新的艺术视角的画作之一（图7）。标题中的"lange leizen"（意为"身材修长的人"的荷兰短语）和"six marks"（六字款识）暗示了作品的母题和康熙年间的青花瓷器上的款识。[①] 在这幅画中，一名爱尔兰模特穿着中式长袍倚在椅子上，手中用画笔描画着一只瓷瓶。画中她斜倚的身体沿对角线延伸，她的长袍则处于画作的中心。画中的模特有着模糊不清的脸和几乎不能捉摸的体型，好像她只是一个人体模型，其存在只是为了展示这件休闲的乳白色绸缎长袍的垂感，它的袖子上装饰着粉色的宽边，衣服上有着精美的粉色、绿色和棕色的刺绣装饰。它流线型的款式和丰富的色彩赋予了惠斯勒充分的协调光线、质感和色调的可能性。相对之前更朦胧和更宽的笔触——对于惠斯勒来说是在作品中做出的新的尝试——抽象和简化了细节，使得局部元素服从于整体的视觉印象。著名的美学家但丁·加布里埃尔·罗塞蒂（Dante Gabriel Rossetti，1828—1882年）评论这幅作品为"最令人欣喜的一幅彩色作品"，并赞美"它具有十足的艺术的和谐力量"[②]。

这幅作品恰巧成了惠斯勒艺术创作生涯中的转折点，他脱离了现实主义而逐渐靠向唯美主义，在艺术中追求一种脱离主体和功能的理想化的美。[③] 这幅画也同时标志了惠斯勒开始对于远东艺术与设计原理的同化吸收，而这也很快促使他步入了其多产的"日本风"（Japanism）时期。在这一初期阶段，中式服装独特的物质性和视觉形式启迪了惠斯勒的美学理想，并促使他培养了全新的绘画技巧。对于惠斯勒来说，中式长袍体现了他所寻找的那种形式美的普遍原理。

从19世纪中期到20世纪早期，清朝服装便一直是受到西方人钟爱的作为别致时装、茶会礼服（女主人接待客人时所穿的半正式飘逸长裙）和居家长袍的选择之一。由于它所具有的异域风情，中式服装完美地满足了人们想要表现创新性和艺术性才华的愿望，并且常常出现在肖像和室内场景绘画中。

许多在20世纪之初的作品，尤其是那些波士顿画派（Boston School）的美国艺术家们，例如威廉·麦格雷戈·帕克斯顿（William McGregor Paxton，1869—1941年）、约瑟夫·罗迪弗·德坎普（Joseph Rodefer DeCamp，1858—1923年）的画作，都描绘了穿着中式风格长袍的白人女性在室内闲适的姿态，她们或是在阅读、刺绣、插花和对镜梳妆，或者仅仅是在做着美妙的白日梦（图8）。中式长袍赋予了这些女性一种慵懒的光晕，让她们成了一种审美对象，并象征着当时布尔乔亚概念下优雅柔美的女性以及艺术化的家庭生活。在这些作品中，中式长袍显示了一种宁静、从容的"东方"生活方式，使得画中的人物以及室内装潢能够以柔和的力量反抗当时快节奏的工业世界。

将中国看作缓解现代社会浮躁风气的一剂良方是当时一种流行和影响持久的观点。在英国1929年的一期《时尚》杂志中刊载了一张奥利弗·洛克-兰普森夫人（Mrs. Oliver Locker-Lampson，一位国会议员的妻子）穿着一件清朝刺绣长袍的照片，这张照片的配文则是一篇题为《速度——新恶习》（Speed—The New Vice）的文章，由法国现代作家保罗·莫朗（Paul Morand，1888—1976年）撰写。莫朗在文章中猛烈地抨击了当时人们对于速度的狂热追求，并通过一个虚拟的人物

---

① Linda Merrill, "Whistler and the 'Lange Lijzen,'" *The Burlington Magazine* 136, no. 1099 (October 1994), p. 683.
② William Michael Rossetti, *Fine Art, Chiefly Contemporary: Notices Re-printed, with Revisions* (London: Macmillan, 1867), p. 274.
③ Linda Merrill, "Whistler and the 'Lange Lijzen,'" p. 683.

角色——一个"体验过东方生活的闲适节奏"的人——来谴责它是"一种诅咒"，一种"巨大的假象"①。照片中的洛克-兰普森夫人像中国僧侣一样盘腿坐着，双手在胸前合十并拿着一枝花，这种高度程式化的姿势让她将那种"东方式的生活节奏"实际表现了出来。

在其他作品中，中式长袍的出现则促使了当时对于女性的一种更大胆、复杂的幻想的形成，而这种幻想通常充满了情色的或者出格的寓意。在西方的想象中，"东方"一直以来都和感官享受、颓废与更宽松的道德约束相联系。卡斯蒂廖内伯爵夫人（Countess de Castiglione，1837—1899 年），一位曾经短暂地当过法国皇帝拿破仑三世情妇的意大利贵族，当时就在法国摄影师皮埃尔-路易·皮尔逊（Pierre-Louis Pierson，1822—1913 年）为她拍摄的肖像照片中大胆地探索了这个主题。在 19 世纪 60 年代所拍的三张照片中，这位伯爵夫人穿着清朝皇贵妃的吉服袍摆出造型。前两张照片中，她端庄地站着，双手握放在身前，双脚则呈丁字形摆放，好像在模仿她想象中的中国女性的保守姿势。而在第三张照片中，她则呈现出一种挑逗性的姿势，斜躺在地板上，并露出了长袍之下的腿（见 98—99 页）。她直视镜头，目光冷漠而挑衅，好像混合了引诱、无聊和蔑视的情感，这是蛇蝎美人的经典特点。她裸露的双腿——取自当时色情作品中的肖像特征②——突出了她这种自我塑造的时尚形象的道德的不可靠性。她宽松的长袍随意地落在地板上，布满褶皱的帷帐作为背景，这不由让人联想到 18 世纪情色主题的绘画作品中经常出现的隐喻"美妙的杂乱"（beau désordre）。

伯爵夫人看上去也被中式长袍的中性特征所吸引。男性长袍与女性长袍的区别其实在中国是十分明显的，但是它对于西方人来说却不是那么明显，所以当中国服装流入欧洲时，龙纹长袍以及官服外褂反而经常被女性所穿着。它们宽松和直筒的款式造就了一种扁平的轮廓，与当时西方理想中的女性的沙漏型身材形成了鲜明的对比。有趣的是，这位伯爵夫人在她的照片下面题名"Chinois"，即法语"中国的"的阳性用法。显然，如此穿着满足了这位伯爵夫人对于扮演一名中国男子的幻想，也给予了她一种跨越性别和种族的快感。

中式长袍同样也走进了西方男士们的衣橱中，为他们提供了一种展示另一面，或是内在的自我的渠道。在法国小说《追忆似水年华》中，马塞尔·普鲁斯特（1871—1922 年）描述了穿着"中式睡袍"的傲慢的花花公子夏吕斯男爵企图引诱男主人公的场景。③ 作为一件重要的道具，叙事者通过中式睡袍揭露了夏吕斯的真实自我和隐秘欲望。它说出了角色"不可说"的内容，并将这种越界的行为加以缓和。男爵穿着他的中式睡袍，展现出一种放纵的姿势，"脖颈裸露着，躺在长椅上"，这与他旁边放着的一顶西服高礼帽——一个象征着他具有男性气概的公开身份的符号——形成了戏剧性的对比。④

另外一件类似的将男性私密与公开身份并列展示的作品则是欧仁·德拉克洛瓦（Eugène Delacroix，1798—1863 年）在 1832 年描绘查尔斯·德·莫尔奈伯爵（Count Charles de Mornay）与阿那托尔·德米多夫伯爵（Count Anatole Demidoff）的一幅双人肖像，这也是一件罕见的早期表现法国贵族穿着中式服装的

---

① *Vogue* (British edition) (July 24, 1929), p. 37.
② Abigail Solomon-Godeau, "The Legs of the Countess," *October* 39 (Winter 1986), pp. 65–108.
③ Marcel Proust, *À la recherche du temps perdu*, vol. 2, *Le Côté de Guermantes* (1920; Paris: Gallimard, Bibliothèque de la Pléiade, 1988), p. 842; Marcel Proust, *In Search of Lost Time*, vol. 3, *The Guermantes Way*, translated by C. K. Scott Moncrieff and Terence Kilmartin, revised by D. J. Enright (London: Chatto and Windus, 1992), p. 640.
④ 同上书。

图9 张爱玲肖像，1944年。摘自《对照记》(台北：皇冠文学，1994年)，68页

作品。① 莫尔奈绣有水纹和龙纹的睡袍由一件清朝长袍改成，经改动的领口和添加的腰带让它符合当时的欧洲风格。只不过这幅油画在1914年就遭到了破坏，现在仅存一幅质量欠佳的黑白复制品，但是根据1873年的目录记载可以得知这件睡袍是"粉色的"②。因为粉色从未在当时的中国男装中被使用过，莫尔奈的睡袍极有可能是由一件清朝女式长袍或是戏服修改而成的。不同于代表当时男性的大众时尚形象的深色长礼服外套和窄腿长裤（德米多夫伯爵的穿着），莫尔奈华丽、鲜艳的长袍暗指了18世纪的这种用异域风格的睡袍来表现男性知识分子和艺术家的手法，彰显了他学者的身份，并强调了他作为驻摩洛哥和巴登大公国的卡尔斯鲁厄大使的国际化背景。

---

① 关于对这幅油画的讨论，参见 Jennifer W. Olmsted, "Public and Private Identities of Delacroix's Portrait of Charles de Mornay and Anatole Demidoff," in *Interior Portraiture and Masculine Identity in France, 1789–1914*, edited by Temma Balducci et al. (Farnham, Surrey: Ashgate, 2010), pp. 47–64.

② Adolphe Moreau, *E. Delacroix et son oeuvre, avec des gravures en facsimilé des planches originales les plus rares* (Paris: Librairie des bibliophiles, 1873), p. 173.

万花筒：1911年后的中国服装

清王朝在1911年灭亡。随后的民国时期见证了中国的服装和人们生活方式的迅速现代化（西化）。有着宽松款式和华丽装饰的清朝风格衣装很快便过时了。在此时的中国，日常服装的变化就像社会和政治结构的变化一样迅速，对于时尚史的兴趣在文化界和普通大众中都开始萌芽。传统服装变成了一种逝去历史的痕迹和符号，这反过来又构成了当时对于现代的反映。中国一位具有影响力的作家张爱玲（1920—1995年）在20世纪40年代早期写过一篇散文，来追溯中国服装自清朝至现代的进化史，并俏皮地通过时尚来对中国历史进行了一番精神分析：清朝服装在三百年中拘于一格、一成不变，正好反映出了一个永远"稳定""统一"并"极度传统"的满族统治下的中国，而民国时期快速变化的时尚潮流则通常缺乏秩序和约束，恰也呼应了中国现代史的混乱和不确定性。①

尽管这样，对于张爱玲来说，旧中国服装仍然保持了一种感性的魅力和具有寓意的力量。在战争时期的上海，她将家族流传下来的旧衣服、旧面料与最新的潮流时装相搭配，自创了一种前卫的个人风格。在20世纪40年代中期拍摄的一张肖像中，张爱玲展示了她标志性的服装——一件现代款式的旗袍外，搭配着一件清朝风格的带有云状宽边的外套（图9）。这种体现在服装上的对于过去的流连，产生于上海在战争中沦落的时期，也正是对于这一时期的反响。她写道："为要证实自己的存在，抓住一点真实的，最基本的东西，不能不求助于古老的记忆，人类在一切时代之中生活过的记忆，这比了望将来要更明晰、亲切。"②

而这种令人安心的"古老的记忆"便体现在张爱玲所继承的旧家族流传下来的衣装之质地、花纹和气味上。在这个人生在过去和未来之间动荡展开的历史时刻，它们为她提供了慰藉和保护。同时，这些古老服装又渗透着一种悲剧色彩，它们一边传递着张爱玲的祖先——一户曾经辉煌但现已衰败，同帝国的命运变迁交织在一起的清朝显贵——的回忆，一边也像在诉说着新时代的动荡。对于张爱玲来说，穿着这些衣装并不是一种怀旧的姿态，而是一种保留逝去的历史以及它与现在之间的联系的有意的行为。她将自己的身体当作拓写本，诉说着时间的寓言。

20世纪50年代到70年代期间，新中国文化上的清教主义和对一些传统的抛弃，则限制了人们对旧日服装的想象与呈现。直至90年代这种想象力才得以强势回归，作为一股强烈、热切的怀旧潮的一部分展现在中国艺术、文学、影视和流行文化中。"文革"所造成的文化匮乏和创伤还没有恢复，一波新的由丢失文化身份和精神家园所引起的焦虑，又在中国咄咄逼人地追求资本化和现代化的进程中，被激化了。动荡不安的时代引起了一种对于那个大多数人从未经历过的、在某种程度上来说只在他们幻想中存在的古老岁月的集体渴望。

这种怀旧幻想的潮流集中于长江以南的江南地区，尤其是上海，一个拥有文化底蕴和靡靡诱惑的城市。陈逸飞（1946—2005年），20世纪90年代中国最成功的商业艺术家之一、上海本地人，便通过一系列描绘穿着精致的晚清和民国服装的优雅南方女性的油画，编织了一场旧时江南梦。倦怠而雅致，她们或忧伤地望着一只鸟笼，或手持一面团扇，或者弹奏着乐器，陈逸飞笔下的女人们呼应着一个世纪前波士顿画派艺术家们画中的穿着中式睡袍的西方女性。这些华丽而出世般的服装被现实主义的笔触描绘出来，赋予了一个理想世界真实的质感。在这里，陈逸飞创造出了一

---

① "中国人的生活和时尚"，张爱玲著，《二十世纪》（1943年1月刊），54—61页。
② Eileen Chang, "Ziji de wenzhang" [Writing of One's Own], in *Liuyan* [Written on Water], translated by Andrew F. Jones (1945; New York: Columbia University Press, 2004), pp. 17–18.

种对于西方人和中国人都同样神秘的东方神话，对于后者来说，它满足了一种在文化上想要抓住某种美好、完整和带来慰藉的事物的欲望。不过这种对于理想化的过去的着迷，就像陈逸飞的电影《人约黄昏》（1995年）中的爱情一样，注定要逝去。这部影片将镜头对准20世纪30年代的上海，讲述了一段在一名记者和一名穿着华丽旗袍的、漫无目的地游荡在旧上海街道上的神秘女鬼之间的爱情故事。正如影片中的幽灵神秘无常地出现或者消失一样，这种对于过去的怀念仅仅带来一种爱和希望的幻象，任何想要抓住它的努力都只是虚妄。

另外一位中国艺术家王晋（生于1962年）同样也在作品中挪用了中国传统服装，但是却选择赋予它一种讽刺的意味，而不是陈逸飞笔下的温柔。他于1997年至2005年间创作的"中国梦"系列，将清朝龙袍和京剧戏服以单色的半透明塑料（PVC）和绣在上面的尼龙鱼线进行原样复制，而其含义模糊却发人深省的标题则适用于多种解读。正如巫鸿所说，它可以指商业化的中国文化的资本梦——如劣质的假龙袍所示，也可以指在外国人眼中的旧中国梦，而当这些服装在历史名胜展出时，这个标题也可以成为某种宏大叙事。[①]在他的一张行为艺术的摄影作品中，王晋自己便穿着这样一件戏服，透过透明的长袍可以看到他赤裸的身体。这种揭露带来了一种令人不安的内外倒置和去神秘化的启示，因为布满多彩的吉祥符号的传统丝质长袍完全遮盖住了穿着者的身体曲线，并且改变了人的身体的外观。王晋的长袍虽然看上去轻盈而脆弱，实际上却非常沉重并令人窒息，它就像一具石化的茧一样将身体紧裹起来。光线从身后照来，王晋的身体在阴影中显得像雕塑一样，而他凌乱的飞发和跪坐的姿势则传递着一种殉道者的形象。王晋塑料戏装的工业性和虚伪的物质性看上去是在诘问当代中国的文化和其梦想所面临的难题：这种让人折腰并交付尊严的不可承受之轻。

中国录像艺术家杨福东（生于1971年）则创造了另外一种梦幻景象，在他为普拉达（Prada）2010年春夏系列拍摄的短片《一年之际／第一春》中，上演了一出当代国际时装与中国传统服装的超现实碰撞。短片用黑白片的形式呈现，由碎片式、暗示性的场景组成，表现了穿着最新款普拉达时装的现代人经历的一场偶然的时间旅行。场景设定模仿20世纪30年代的上海，那里居住着皇帝、太监、嫔妃，还有其他来自公元前2世纪至公元20世纪的王朝人物。随着衣着风格差异巨大的古人和现代人安静地观察着对方，在同一张餐桌上进餐，在同一条街道上行走，时间的屏障倒塌了，尽管他们的生活貌似被不同的逻辑和节奏掌控着。在这个充满了东方以及西方华丽装饰的仙境中，过去和现在融为了一体。在影片的结尾，一队汉朝和唐朝的随从侍卫追赶着一列承载着一对现代情侣的有轨列车，就好像历史在竭力抓住飞逝而去的当代时尚。讽刺的是，影片中的朝代服装其实并不忠于历史，它们只是做作的仿制品，就像中国古装影视剧中的戏服一样。同样的，影片中的上海街道也并非真实的城市景观，而是一个被数次拍摄的外景场地。尽管当代时装更新换代的速度极快，一种时尚潮流可能只能持续短短一个季度的时间，但短片中出现的这些普拉达服装和配饰却大概是整部电影里唯一表现真实的事物，而中国服装和中国城市则像是万花筒中的映像，闪耀着在人们的想象中那美好过去的微光。

---

① Wu Hung, "A Chinese Dream by Wang Jin," *Public Culture* 12, no. 1 (Winter 2000), pp. 75–92.

黄柳霜在电影《莱姆豪斯蓝调》中，1934 年

电影中的虚拟中国

金和美

E.A. 杜邦（E. A. Dupont）于1929年拍摄的默片《唐人街繁华梦》（*Piccadilly*，又译作《皮卡迪利大街》）以伦敦地下世界歌舞升平的夜生活作为故事背景。影片中的许多场景都发生在一间热门夜总会的主人瓦伦丁·威尔莫特的后台办公室里。这间办公室的场景布置并没什么特别值得让人注意的，除了那件在威尔莫特书桌上的小装饰物：一个摇晃着脑袋的古怪的中国小雕像。这件物品好几次在特写镜头中出现，并且镜头每次都意味深长地停留在它上面。在电影剧情中这个雕像扮演了一个多少有点老套的角色，黄柳霜在影片中扮演一个之后被提升为夜总会舞星的洗碗女工，在一处字幕中，她把这个小雕像称为能给她带来好运的"吉祥物"。但是在电影中它的作用还远不止这些。这个中国小雕像唤起了人们关于"东方"的想象，不管是因为在地理上的遥远还是在意义上的难以捕捉，它为夜总会的英国主人增添了一抹异国色彩。

神秘的意符

以这个小雕像为一个早期的例子，我将这类物品称作"神秘的意符"（enigmatic signifier）：在西方叙事性电影中出现的亚洲装饰物，而其出现的原因似乎仅仅是为了传递一种来自异域的神秘感。[①] 这样的物品反映出当时广泛流行的一种概念，那就是来自东方的事物都隐含着某种神秘、未知和危险的意味。这种比喻在20世纪40年代的好莱坞黑色电影中尤为流行，在这些电影中出现的具有东方色彩的古玩——翡翠项链、精美的鼻烟壶、写在宣纸上的书法作品——好像仅仅是为了唤起某种朦胧的神秘感而存在。好莱坞对于"东方主义"母题以及它们所富含的意义的运用，与"二战"期间西方将中国和日本美学融合的行为前后相继出现。西方电影导演仍然极其关注"东方主义"风格的场面调度和服装，为具有东方色彩的细节赋予了一种特别的诱惑力。这样的物品通常被用来转移对于剧情中尚未明朗的情节的注意力，或者为某种无法言说的情节提供解释。它们远不止是被随意摆放的装饰物，而是占据显著位置的、拒绝被解读的视觉母题，从而也成了高深莫测的象征。就像斯芬克斯无解的谜语一般，这些装饰元素错综精细且本质复杂。他们属于一个繁丽的幻想世界，在这里，惊人的装饰物值得

---

① Homay King, *Lost in Translation: Orientalism, Cinema, and the Enigmatic Signifier* (Durham, N.C.: Duke University Press, 2010).

图 1 玛塔·威克斯在电影《夜长梦多》中，1946 年

被更仔细地推敲。

当然，电影总是高于生活的：哪怕是最审慎的扮演和呈现也是某些特定选择的观点与行为的产物。并且就像所有镜头后的意象一样，电影被烙刻上了尤其具有说服力的现实印记：它能具备一种让人身临其境、获得现场体验般的内在影响力和说服力，并给观影人的世界观带来深远的影响。我们之中的大多数人是通过电影第一次接触到未知的地方和领域的，引用中国美学的艺术家、设计师们往往不是通过现实，而是从影视作品中获取材料。所以他们所使用的视觉母题都是已经偏离了真实源头或颠倒错乱的：若说那些纯粹虚构出的"上海"或"中国城"就是它们字面上所指的地方，那就好比说《绿野仙踪》里多萝茜的梦幻之地"奥兹"指的就是 20 世纪 30 年代的堪萨斯一样。当要呈现摄影棚以外的世界时，好莱坞向来不会力求真实，在历史上，它对于中国的展现大多趋向采取一种单一维度的漫画手法。不过，这些电影中的角色们所居住的虚构世界，包括他们的道具、服装和艺术设计，比角色本身更能展现出文化和美学上一系列有趣的曲解，而它们并不是毫无意义的。对此有着不同的认识程度的艺术家、设计师以及电影导演们，将这些幻想吸收到他们的作品中，有时候是为了重申一种带有刻板印象的观点，有时候则着意折射出一幅镜像以评论前作。

霍华德·霍克斯（Howard Hawks）1946 年的经典黑色电影《夜长梦多》（*The Big Sleep*）就同时涉及了这两种模式。在一个场景中，菲利普·马洛警探——由

图2　黄柳霜（左）和玛琳·黛德丽在电影《上海快车》中，1932年

亨弗莱·鲍嘉（Humphrey Bogart）饰演——走进一名嫌疑犯在洛杉矶的家中，发现房间内部被装修成鸦片馆的样子，其中摆放着青烟袅袅的香炉，悬挂着挂毯和一卷在可疑地摆动的珠帘。屋内，卡门［玛莎·威克斯（Martha Vickers）饰，警探一直在跟踪的一位蛇蝎美人］穿着一件绣着金属色龙纹的旗袍，坐在一张像龙椅似的中式扶手椅上（图1）。在她对面的是一尊面容安详的木制佛像，而将它打开后则露出一台暗示着窥探癖的隐秘的摄像机。马洛警探面对这些装潢不知所措地抓了抓头并扯了扯耳朵，而此时出现的古怪的背景音乐也暗示出他的困惑。他的推理技巧正在被这些他无法解读的异域视觉密码所挑战。这部以其复杂晦涩而闻名的电影最终也没有说明马洛警探所调查的这些罪行背后的真凶究竟是谁，也没有说明犯罪原因。据报道，原版小说的作者雷蒙德·钱德勒（Raymond Chandler）自己都无法完全记住他的小说中所有的情节转折。但很显然的是，影片中的装修布置只是一种转移注意力的道具：犯罪之谜的答案并不在于中国，而在于雇佣马洛警探的家族私下所进行的可疑交易。从精神分析的角度来看，影片中的神秘感是通过中国和中式物件传递出来的，而这些物件也变成了那些显而易见的未解之谜的象征符号。

"龙夫人"这一人物形象作为黑色电影中蛇蝎美人的东方版本同样被好莱坞在20世纪30年代至40年代推广。她本身就是一个"神秘的意符"，集中反映出西方人的幻想与焦虑：她具有强硬、像女族长一样

图3　梁朝伟和张曼玉在电影《英雄》中，2002 年

以及经济独立的特征，并且手段狠毒。她那如爬行动物鳞片般的裙子极具辨识度：通常饰以金色刺绣的长裙面料包裹着她的身体，既似可蜕去的盔甲，又像是鳞片般的纹身。她身材苗条有致，就像黄柳霜在亚历山大·赫尔（Alexander Hall）的电影《莱姆豪斯蓝调》（*Limehouse Blues*，1934 年）中的角色一样（见 56 页）。在其更颓废，甚至是媚俗的版本中，她夸张、华丽的发型与她服装上凶暴、带有尖刺的龙纹相呼应，并搭配着足以掩饰面部表情的妆容。尽管"龙夫人"一角并不比平凡的中国洗碗女工角色更出乎人们的意料，她却为自己带来了一种女权主义的解读方式。在当时的电影中"龙夫人"不可避免的失败或死亡的命运，揭露了一种对于性感、成熟女性的着迷与畏惧，通过将这一角色与一个遥远的国度相关联，这种畏惧便被安全地控制住——电影中的西方英雄（以及观众）也被安全地隔离开了。

约瑟夫·冯·斯登堡（Josef von Sternberg）具有巴洛克式异国情调的影片中的角色们与"龙夫人"有着异曲同工之妙。在《上海快车》（*Shanghai Express*，1932 年）中，玛琳·黛德丽（Marlene Dietrich）扮演一名叫"上海莉莉"的妓女，在片中她低沉地说，不止一个男人赋予了她这个名字。在电影中首次出场时，她戴着一顶紧贴头部的帽子，配着装饰着黑色羽毛的面纱（图 2）。后期，她则穿着一件饰有飞鹤图案的丝质长袍。就像是她的服装所暗示的一样，她有着像候鸟一样难以捉摸、令人动情的缥缈，如出世般脱

图 4 张曼玉（左）和章子怡在电影《英雄》中，2002 年

俗。斯登堡通过不同于周围场景的打光方式所配合的特写镜头来突出她的神秘感，这种几乎营造出神圣感的打光手法和柔和的聚焦，让这些特写镜头看上去好像是从另外一个影片剪接而来的一样。就像《夜长梦多》一样，电影的剧情并不重要，令人惊叹的是摄影机下那种超凡脱俗的氛围。影片中悬挂的层层薄纱更加强了光影的撩拨感：这些悬挂的帘子大概是蚊帐，但是它们悬挂的位置让它们不可能拥有任何实际的功能。异域风情的服装、轻幻的质感以及薄纱般的光线将影片环境的人为制造之感传递出来。我们不再身处上海，实际上，我们从来也没有到过那里。电影标榜自己作为想象力的产物的地位，为观众呈现了一个不相同于任何真实地点的虚拟世界。

虚拟地点与虚拟时间

类似《上海快车》这样的电影在幻境与真实之间盘旋，虽指向历史上的中国美学和母题，但已经跨越进纯粹虚构的领域。其结果便是一个虚拟的中国，它将打乱了时间和地点的时代错位的典故结合在一起，创造出一个华丽的大杂烩，并且基本上不经意地引用了几个世纪以来积累的跨文化交流产物。这些交流的产物本身通常在它们的传达过程中就已经被曲解了，其原型（如果真的有原型存在的话）也在翻译中遗失。就像西方那些欲唤起对东方的想象的服装和其他艺术品一样，这些电影体现了一种对于来自遥远国度和时代的、神秘且迷人的形象的持续性的着迷。尽管这些

图5 巩俐（中）在电影《满城尽带黄金甲》中，2006 年

影片的创作者总表示他们正在走进童话范畴，但那些被注入了幻想的作品仍然与荷马史诗《奥德赛》、色诺芬的《长征记》（Anabasis）或者马可·波罗的《马可·波罗游记》等其他宏大的关于远游与归来的作品一样富有启示意义。

创造虚拟中国并不是好莱坞的专利。当代的中国电影导演正在尝试着从真实的中国向外延伸，并代替以虚拟的再创造，著名导演张艺谋便是其中一位。他用电影对传奇故事的华丽呈现包含了武侠片（关于古老武术的传说故事），例如他在 2002 年创作的影片《英雄》（图 3、图 4）。正如约翰·福特（John Ford）在好莱坞黄金时代创作的西部片一样，张艺谋的电影并不是用纪录片式的真实性来呈现一个国家的过去的，但它们的取景却非常具有启迪性。就像英国摄政时期的浪漫小说一样，它们也许被设定在了某个特定的时间和地点，但是相对于历史真实性来说，它们更忠于其电影类型的内在传统与修辞手法。尽管《英雄》与《上海快车》并不能完全类比，但我们可以说在《英雄》中的古代时光——一段几乎鲜为人知的过去——与真实的历史之间的距离，就像斯登堡镜头下的虚拟上海与真实上海之间的地理距离一样遥远。

这一概念被《满城尽带黄金甲》（张艺谋，2006年）再次证实。在影片的美国版本中，有一段标题字幕告诉我们故事发生在公元 928 年的唐代，但实际上唐朝早在那二十多年前就已经灭亡，随后是五代十国（907—960 年），一段连接唐朝和宋朝的动荡时期。这一部关于宫廷阴谋诡斗的影片在视觉上并不符合任何一个特定朝代，其中皇后（巩俐饰演）所穿的服装

图6　巩俐在电影《满城尽带黄金甲》中，2006年

就混合了几个朝代的风格：她的头饰是带有清朝宫廷特点的装饰着垂珠发簪的华丽发冠，但穿着却不是清朝典型的简单宽松的对襟长袍，而是类似伊丽莎白时代古装剧里的低胸紧身裙（图5）。她丰满的红唇被金粉点缀，让人联想到20世纪80年代，而不是公元10世纪20年代。男性角色则穿着华美的装饰着金银的盔甲，这种盔甲明显是不符合事实且没有实际功能的。电影中的宫殿装饰着大片的针织地毯和明黄色的菊花，宫殿内部金碧辉煌，像个迪斯科舞厅，还立有彩虹色的、自发光的玻璃柱（图6）。如此装潢明显地表示出这是一个空想的梦幻世界，是为了一场耀眼的皇室闹剧所创造的场景。

同样的，《大红灯笼高高挂》（张艺谋，1991年）一片尽管设定在1920年，且场景中布置了许多历史性的细节，但影片情节展开的方式却更多地依循了一种寓言性的逻辑，而不是时间顺序；张艺谋通过他的视觉语言清楚地表达出我们处于一段传说中的时代，而不是真实的历史中。影片的情节讲述了一个富有家族的四位太太之间对于丈夫的关注及相关特权的争夺，而男主人通过在太太的院子外悬挂红灯笼来表示他当晚会在哪位太太房里过夜。这个故事所发生的大院，正如《满城尽带黄金甲》中紫禁城中的宫殿一样，是一个只遵循它自己的视觉和等级规则的封闭世界。在这里，大院里的世界仿佛从时间中隔绝出来，并不受其影响。不变的红与黑主调色、建筑物的厚重棱角，以及张艺谋导演静态的取景和摄影都暗示出统治着这个小世界的不变法则和严格风俗（图7、图8）。这部电影的仪式感让影片具备了一种戏剧般的特质，每晚点

图7 巩俐在电影《大红灯笼高高挂》中，1991年

灯笼的仪式和按摩槌嗒嗒作响的声音给人一种戏剧舞台正在准备布景的感觉。

现代黄柳霜

《大红灯笼高高挂》可以被解读为一部关于严格的社会等级、权力结构以及它们所维系的家庭关系的寓言（尤其是对于女性来说）。黄柳霜大概能对这个故事产生共鸣：出生于1905年的洛杉矶，就如她也许会抱怨的那样，黄柳霜注定只能扮演电影中最后以死亡为结局的那个角色，当时的好莱坞还无法接受一个中国角色可以拥有"幸福快乐地生活下去"的结局。但她会巧妙地将她的角色延伸至其狭隘的界限之外，常在她的表演中出现的是她对其角色的单一性那狡黠的一眨眼，这成了一个标志。在杜邦的《唐人街繁华梦》中，黄柳霜扮演秀秀，一个之后轰动了夜总会的洗碗女工，而她表演出的漫不经心有时几乎就要冲破银幕。《唐人街繁华梦》的拍摄技巧呼应了德国表现主义，其中的舞蹈场面有着万花筒般的镜头表现。秀秀表演的主要舞蹈场景结合了爵士时代的先锋派风格和中国"原始"美学，以立柱式蜡烛的陪衬和弦乐伴奏为特征。她坚持她的戏服要从莱姆豪斯（伦敦的唐人街）的一家商店购买，但是她买的衣服与中国传统服装完全不沾边：它综合参考了雕塑和建筑，而它的混杂性几乎是后现代的。她那头盔般镶有宝石的头冠就像是一种混合的隐喻，让人同时联想到某个老挝神像的头饰以及克莱斯勒大厦的尖顶（图9）。她袖子的形状类似宝塔翘起的屋檐，上衣好像一件中世纪的护胸铁甲，或者是日本武士的披身甲（dō），而服装整体——尽管比例精美——则有一种近乎工业或汽车模型的感觉。它

图8　巩俐在电影《大红灯笼高高挂》中，1991年

融合了古代和现代、东方与西方，却形成了一个最终不属于其中任何一方的产物。

摄影师爱德华·施泰肯（Edward J. Steichen，1879—1973年）曾为黄柳霜拍摄了一张人像，尽管这张照片第一眼看上去很普通，但却捕捉到了许多电影角色都无法呈现出来的她的复杂性（图10）。在这张照片中，她身穿白色超长袖丝袍，跪坐在圆台上。她的姿势使她显得像一具精致的玩偶，而她稍斜仰的头又暗示了一种带有20世纪20年代纽约风韵的爵士宝贝的叛逆气质。她闭着双眼，好似在拒绝说出她的秘密，但如果她的眼睛是睁开的，那她一定会挑衅地看着镜头。她在看上去截然相反的两方面之间闪烁微光，一方面是传统的中国风格，另一方面则是超现代装饰派艺术的时髦前卫。[正如学者程艾兰（Anne Cheng）指出，现代版的黄柳霜——约瑟芬·贝克（Josephine Baker）也体现了相似的矛盾性。[①]] 这种结合说明了高度现代化的风格不仅不是发展自所谓"原始"或"非西方"的反面，反而恰恰采用了其中的某些特征作为其美学的核心元素。作为爵士时代国际天后的黄柳霜，以及作为洛杉矶华裔洗衣店主的次女的黄柳霜，最终合二为一了。

像约瑟芬·贝克以及其他因为种族、社会标准和经济水平而在美国受到选择权利的限制的人一样，黄柳霜在20世纪20年代后期加入了欧洲的海外移民组织并很快成了国际先锋派的一分子。1928年她会见了

---

① Anne Anlin Cheng, *Second Skin: Josephine Baker and the Modern Surface* (2010; Oxford and New York: Oxford University Press, 2011).

图 9 黄柳霜在电影《唐人街繁华梦》中，1929 年

德国哲学家瓦尔特·本雅明（Walter Benjamin），本雅明随后在一篇文章中用修辞色彩非常丰富的句子描述了黄柳霜："黄柳霜——她的名字听上去像是被色彩镶了边，既像骨髓一样紧密，又像在水中盛开成半月形的清淡无味的茶叶一样轻盈。"① 在张怡（Patty Chang）的录像艺术《产品爱》（The Product Love，2009 年）中，她将黄柳霜和本雅明的会面想象成一次情色邂逅，这段新奇的创作还搭配了一段记录翻译们尝试将本雅明的德语译成英文的视频，而翻译的结果则大相径庭、千奇百怪。不管本雅明的文本是如何的难译，其形式明显地指向了马塞尔·普鲁斯特，不管是从联觉（synesthetic）的比喻手法上来说还是从累积的语法上来说。尽管本雅明所使用的比喻——月亮、盛开和茶——含有"中国"的意味，其普鲁斯特式的

---

① Walter Benjamin, "Gesprch mit Anne May Wong: Eine Chinoiserie aus dem alten Westen," *Die Literarische Welt* 4, no. 27 (July 7, 1928); reprinted in Walter Benjamin, *Gesammelte Schriften*, vol. 4, pt. 1 (Frankfurt am Main: Suhrkamp Verlag, 1972), pp. 523-27; translation by author.

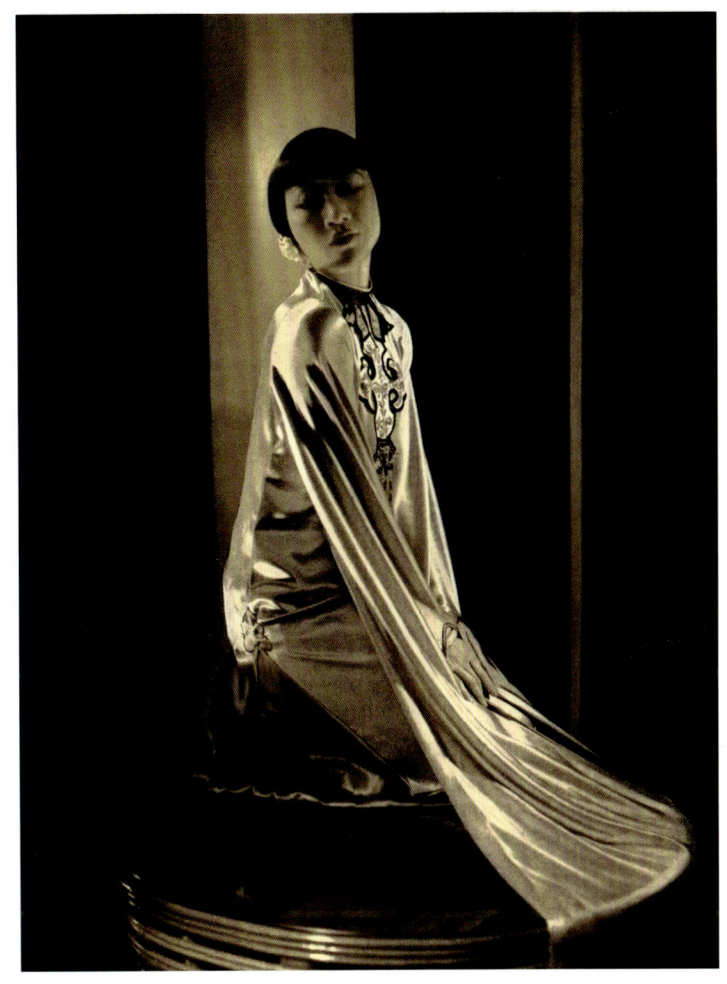

图10 爱德华·施泰肯（美国，1879—1973年）。黄柳霜，1930年

形式却将黄柳霜纳入西方文学领域中。本雅明将两种文化间隐藏的相近关系挖掘出来，而张怡则在她的录像中对此进行戏谑，来探索在两种文化之间的鸿沟中所出现的创造性的不和谐。

禁忌之诱惑

黄柳霜以及在20世纪二三十年代担任《时尚》杂志和《名利场》（*Vanity Fair*）杂志主编并发表了黄柳霜照片的施泰肯，应该至少可以拥有部分普及旗袍的功劳。裁剪简练、廓形简约的旗袍承载了人们对于它的联翩想象，这掩盖了它的极简结构。它几乎可以拥有任何面料、质地和花纹，以传递相对应的各种意愿和联想。20世纪40年代，蒋介石夫人宋美龄用一件西装外套来搭配她的旗袍，好似变色龙般不断变换颜色的面料让这样的组合看起来意外的自然。不过没有人能像王家卫导演一样让旗袍在大银幕上如此大放异彩，特别是在他的电影《花样年华》（2000年）中。这是一个在20世纪60年代的香港发生的关于禁忌和渴望的故事，在两位邻居（由张曼玉和梁朝伟饰演）都发现自己的配偶有了外遇之

图 11　Tijger Tsou 在电影《末代皇帝》中，1987 年

后，他们彼此之间便产生了一种暧昧的感情纽带。王家卫影片中所偏好的旗袍式样有着比普通款式更高而僵挺的领子，赋予了它与主角相匹配的额外的锐气和带有张力的脆弱感。在《花样年华》中，张曼玉展示了一系列的旗袍——"一共二十到二十五套……电影几乎变成了一场时装秀。"① 它们的设计包含了现代几何图案、柔和如水彩画般的图案、斑斓绿棕的色彩和珊瑚色条纹棉布。旗袍的质地和颜色极为多变，但廓形却严格统一，暗示出女主角被其处境所妨碍的绚丽渴望，它只能由间接隐晦的语言和行动来表达。

朱丽亚娜·布鲁诺（Giuliana Bruno）曾写道，在《花样年华》中"所有事物都起了褶皱"②。这句话显然不

---

① Wong Kar Wai, interviewed by Anthony Kaufman, "The 'Mood' of Wong Kar-wai; the Asian Master Does It Again" (February 2, 2001), reprinted as "Decade: Wong-Kar-wai on 'In the Mood for Love,'" *Indiewire* (December 6, 2009); http://www.indiewire.com/article/decade_wong_kar-wai_on_in_the_mood_for_love.

② Giuliana Bruno, *Surface: Matters of Aesthetics, Materiality, and Media* (Chicago: University of Chicago Press, 2014), p. 41.

是指旗袍，而是适用于影片的其他方面。布鲁诺指出，因得益于张叔平的美术指导，影片中张曼玉的旗袍基本和她房内的装饰相匹配，这互相呼应的图案和颜色便在电影的内部世界中产生出一条折痕。故事情节并没有按直线发展，而是像手风琴般逐渐展开。电影中，张曼玉从房间走下楼梯去附近餐厅取装着煲汤的保温瓶的镜头被反复播放。这些场景由精心设计的慢速摄影方法拍摄，这是一种创造出梦幻般慢动作的摄影技术，让人们感觉时间好像被延长了。尽管影片中的时间晚于张艺谋电影里的时代，《花样年华》中的香港以它独特的方式也展示出了一个虚拟中国，一个被超现实的时间转换所纠缠的岛屿，在其统治权从中国易手英国，转而再回归的过程中，这种时间上的转换由历史强加在它上面。影片中间断出现的诗一般的字幕赋予了电影一种苦乐参半的怀旧情感："那个时代已过去——属于那个时代的一切都不存在了……那些消逝了的岁月，仿佛隔着一块积着灰尘的玻璃，看得到，抓不着。"

影片中的关键镜头都出现在窗户旁边，就好似男女主角都被困在了玻璃后面，试图跨越真实中的和隐喻中的墙来与对方联系。在一组镜头中，张曼玉充满渴望地向窗外凝视，画面被绿藤和青绿、黄色相间的窗帘所围绕，而她身上旗袍的胸口处则绣了一朵巨大的黄水仙花。这朵水仙花呼应了电影标题，意味着青春年华转瞬即逝。凋谢的花朵不仅仅代表着青春，它更代表了男女主角之间不可挽回的过去，以及随之而去的那些未曾实现的可能性。它同样也是香港的过去，也是这座岛屿不再可能实现的虚幻未来。为了强调男女主角们之间那种难以捉摸的关系，摄影机缓慢地划过外墙，让张曼玉短暂地出现在镜头里，随后则过渡到梁朝伟的角色——他也在窗后凝视着外面。这一次，摄影机从左至右划过，表现了阿克巴·阿巴斯（Ackbar Abbas）所谓的"失望中的情欲"（the erotics of disappointment），这就好像被困在各自玻璃框中的两位爱人擦肩而过而无法看到对方。① 仅仅是电影中的一瞬之差，他们在婚姻中的处境完全相同，然而又被不可逾越的精神鸿沟所分离。相应的，他们的服装色彩互相呼应但又不完全匹配，就好像在比喻两人之间差之毫厘，却已失之千里。

熟悉的外来者

与张艺谋电影中叙事诗般的时间和王家卫电影中停顿的、非线性的时间相反，贝尔纳多·贝托鲁奇导演的《末代皇帝》则以溥仪皇帝传记电影的形式，用一个又一个十年讲述了20世纪的中国历史。影片采取倒叙的手法展现了三个时期：在紫禁城落幕终结的清朝、在日本控制下溥仪建立伪满洲国傀儡政权的民国时期，以及溥仪被软禁时的革命时代，也就是此部影片中的现在时。制片人杰瑞米·托马斯（Jeremy Thomas）曾说过，对于溥仪而言，这三个地点都是他无法逃脱的戏院和牢笼②；这位两岁便登基的皇帝一生都被强迫扮演一系列角色而无力更改自己的命运，更不要说他的国家的命运。电影的早期场面中突出了对于清朝服装考究细致的复制，包括"长衫"（男性版本的旗袍），例如溥仪在加冕礼上所穿的黄色长衫，它有着令人惊讶的当代风格的斜条纹镶边（图11）。

影片中的场景及装饰依照其自身的戏剧风格和关于国家认同的意象被表现了出来。在华丽的寝宫中，慈禧太后佩戴着饰以流苏和串珠的巨大沉重的发冠。后宫中的嫔妃们——同样也戴着挑战地心引力的头饰——在宫墙内的莲池中划船。她们的船后放置着一面

---

① Ackbar Abbas, "The Erotics of Disappointment," in *Wong Kar-wai*, edited by Jean-Marc Lalanne (Paris: Editions Dis Voir, 1997), pp. 39-81.
② Commentary track, *The Last Emperor*, directed by Bernardo Bertolucci (1987; New York: Criterion Collection, 2008), DVD.

大镜子，其中的一名嫔妃则在透过小型双筒望远镜凝望着远方。这里的取景和美术指导表现出了这些角色是如何身陷在这种窥视与被窥视的动态中。影片也将观众的注意力进一步吸引到宫廷的华美与溥仪的不佳视力之间的关系上：尽管对于一个皇帝来说戴眼镜并不合适，但是他如果没有眼镜便无法看清。就像贝托鲁奇的另外一部电影《同流者》（The Conformist，1970年）一样，这部电影有些时候非常贴近历史史实，特别是在服装和场景设计上，但它同时也是对于权力的戏剧性与视觉奇观的权力的沉思。

贝托鲁奇曾经说过御黄色，这种只有中国帝王才能穿戴的特别颜色，总让他想起他的故乡意大利帕尔马市里的金黄色建筑。① 另外一名意大利电影导演米开朗基罗·安东尼奥尼（Michelangelo Antonioni）同样也在陌生的国土上发现了熟悉的元素。为了拍摄纪录片《中国》（Chung Quo-Cina，1972年），他来到了位于中国东部的苏州，并且拍摄了当地小桥流水的景致。他在影片的旁白中提到这些景色让他想起了威尼斯。在一家供应类似意大利面的食物的餐厅里拍摄时，导演说道："很难接受这些都是中国人发明的。"像贝托鲁奇一样，安东尼奥尼不仅被两种文化之间的相似性所震惊，他更惊奇地发现某些本以为来自故乡的"试金石"——所有已经被内化为文化及自我认同的核心元素——却有可能是起源于另外一个地方的。就好像在装饰派艺术风格的摩天大楼中能找到东方寺院中宝塔的影子一样，在意大利帕尔马市也可以追寻到紫禁城的踪迹，在威尼斯可以看到苏州的痕迹。

在这样的案例中，西方对于"东方"的着迷也许不仅只是一种恋物式好奇或者排外性投射的结果，尽管在某些文本和影片中仍然能够察觉到那样的态度。更多的，它可能来源于一种惊人的领悟，那就是他们自己的文化有可能是一种由许多来自遥远他方的碎片拼凑而成的马赛克式文化。这些碎片——那些散落在电影视觉世界中的奇怪的陶瓷雕像、丝绸和织入金属的织锦，以及那些关于盛开的茶叶的朦胧比喻——究竟从何而来？它们来自一个存在于东方和西方之间，却并不属于其中任何一方的虚拟世界——一个非常合适被电影创造并赋予生命的世界，一个电影可以自在为家的世界。

---

① James Greenberg, "Bernardo Bertolucci: The Emperor's New Clothes," *DGA Quarterly* (Spring 2008); http://www.dga.org/Craft/DGAQ/All-Articles/ 0801-Spring-2008/Shot-to-Remember-The-Last-Emperor.aspx.

从皇帝到平民

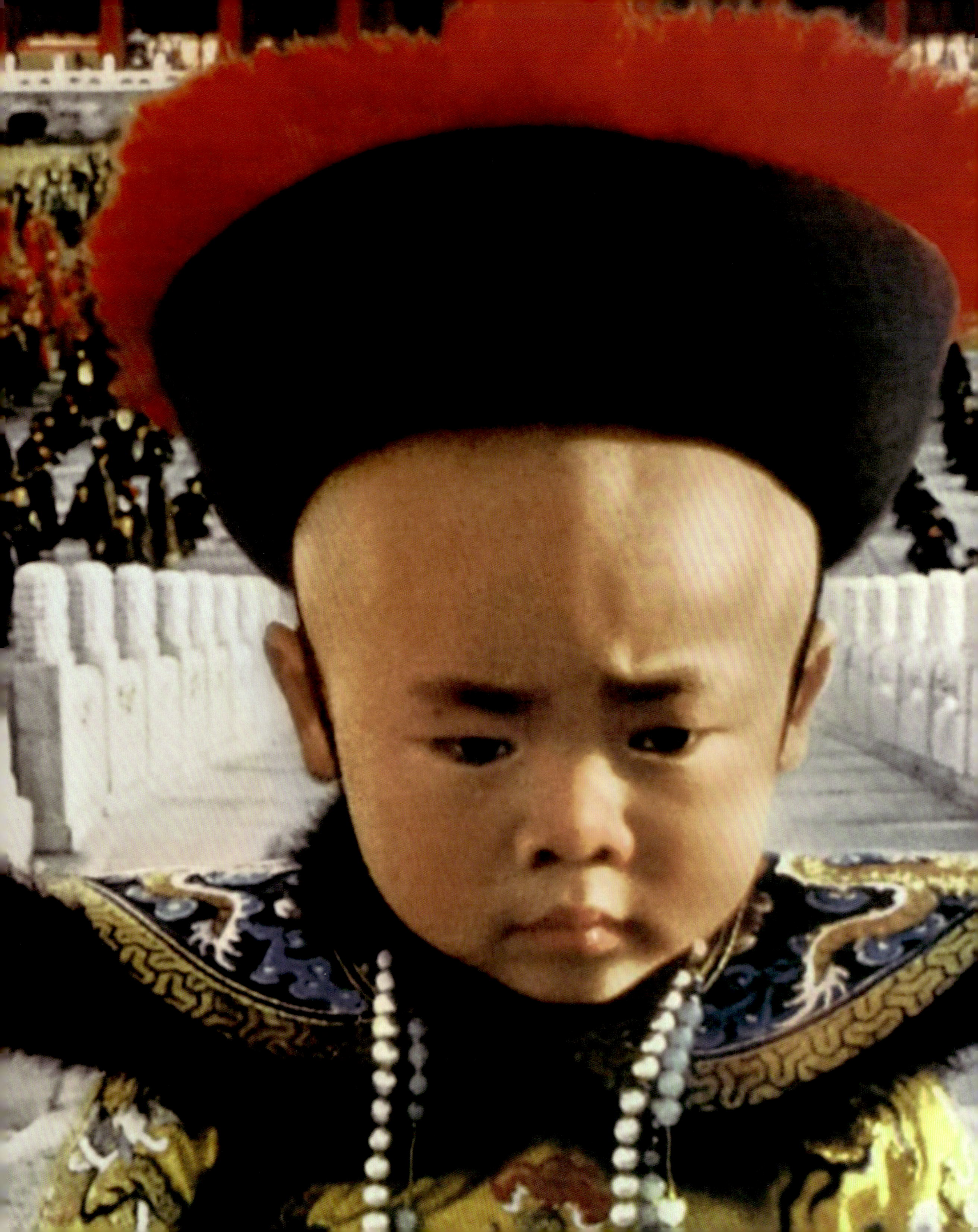

帝制中国

镜花水月：西方时尚里的中国风

帝制中国

镜花水月：西方时尚里的中国风

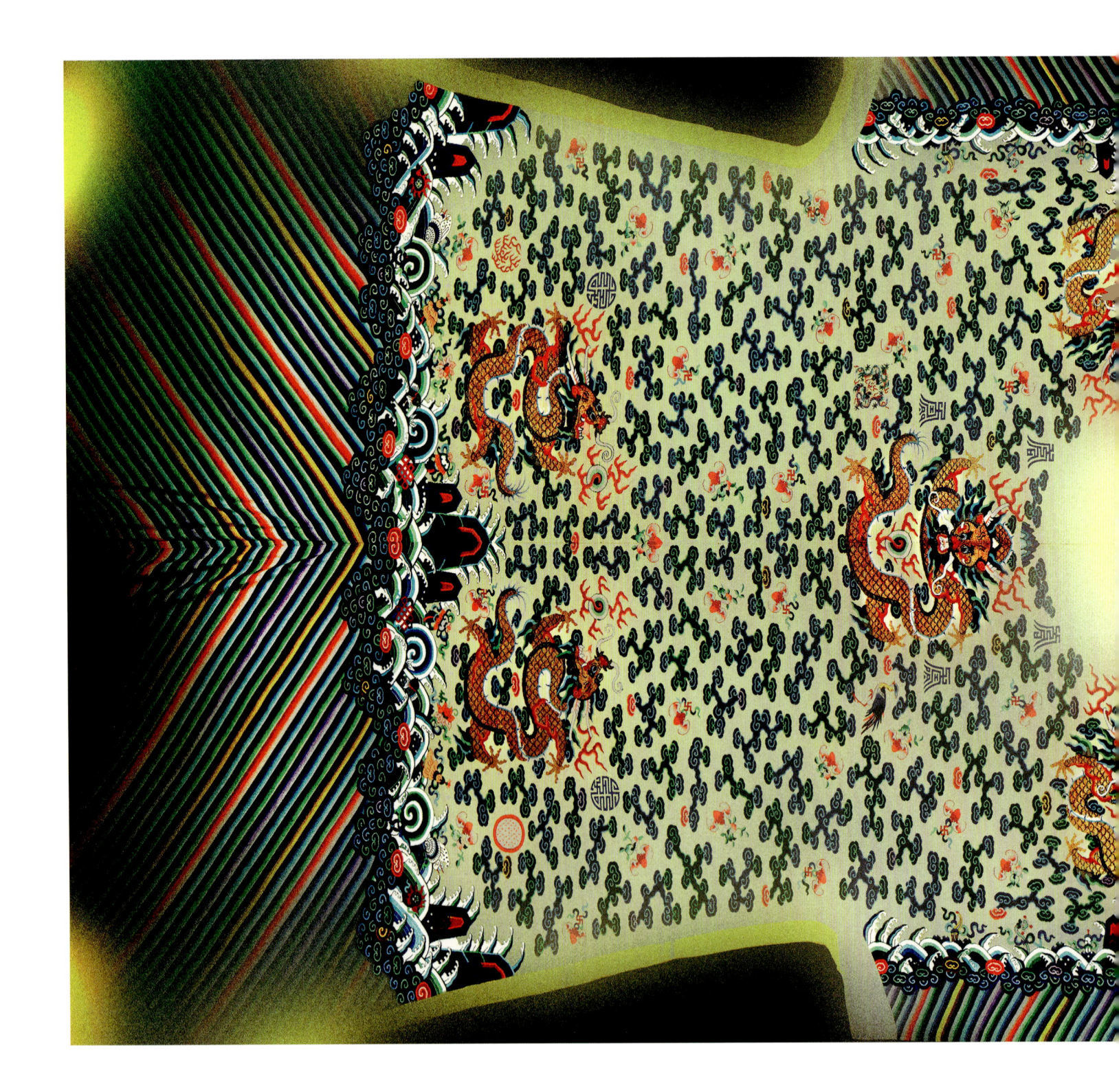

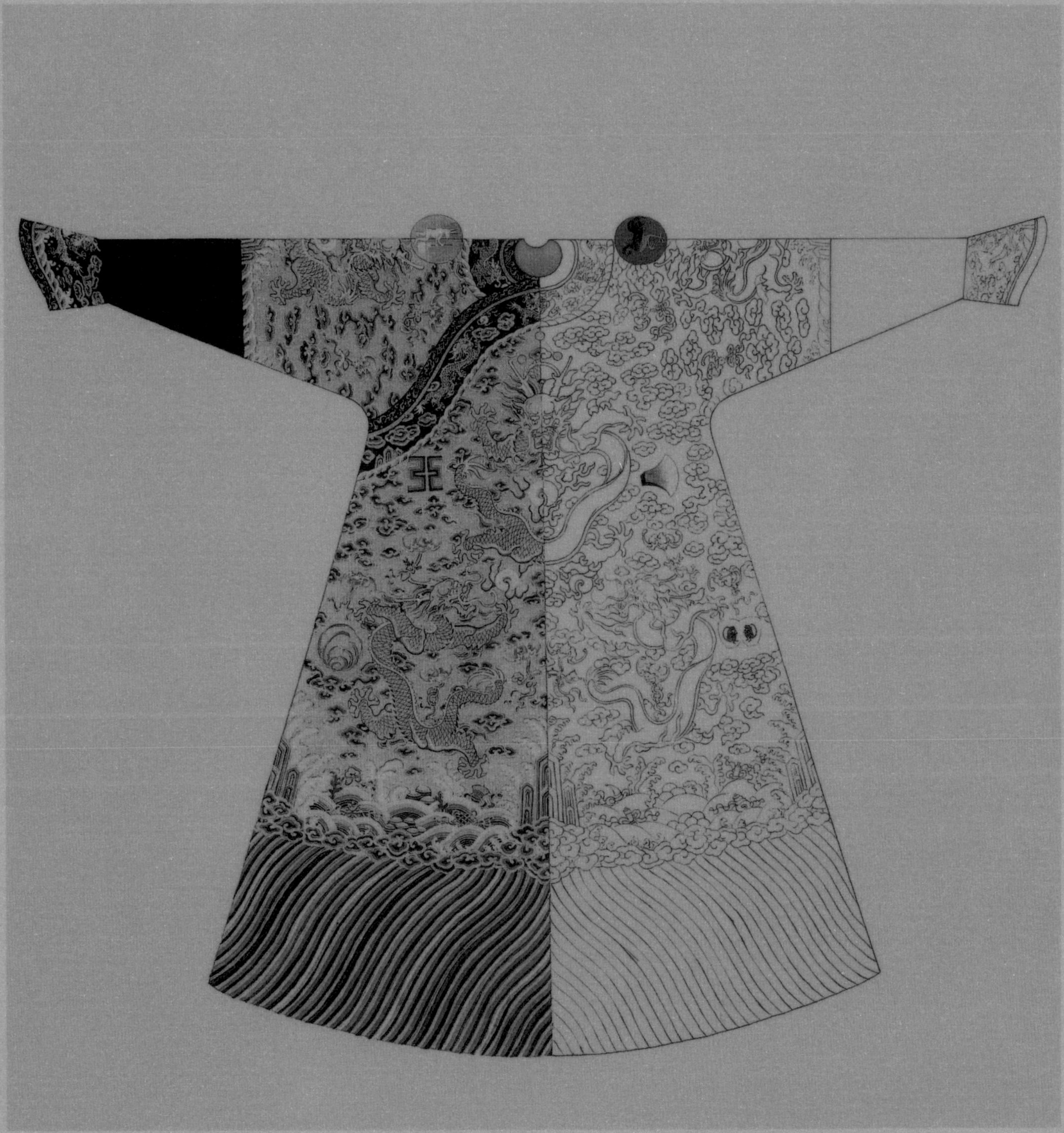

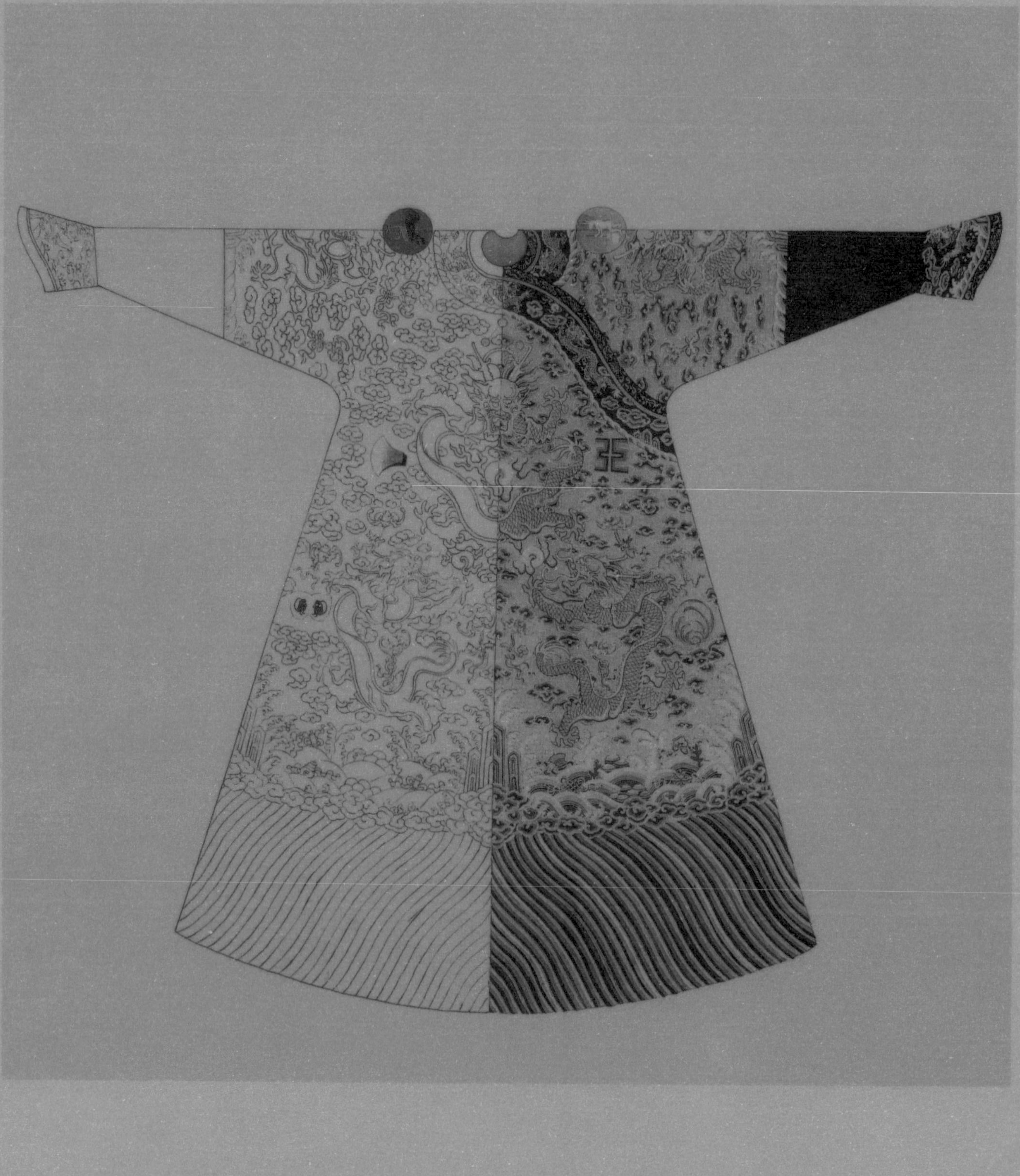

帝制中国

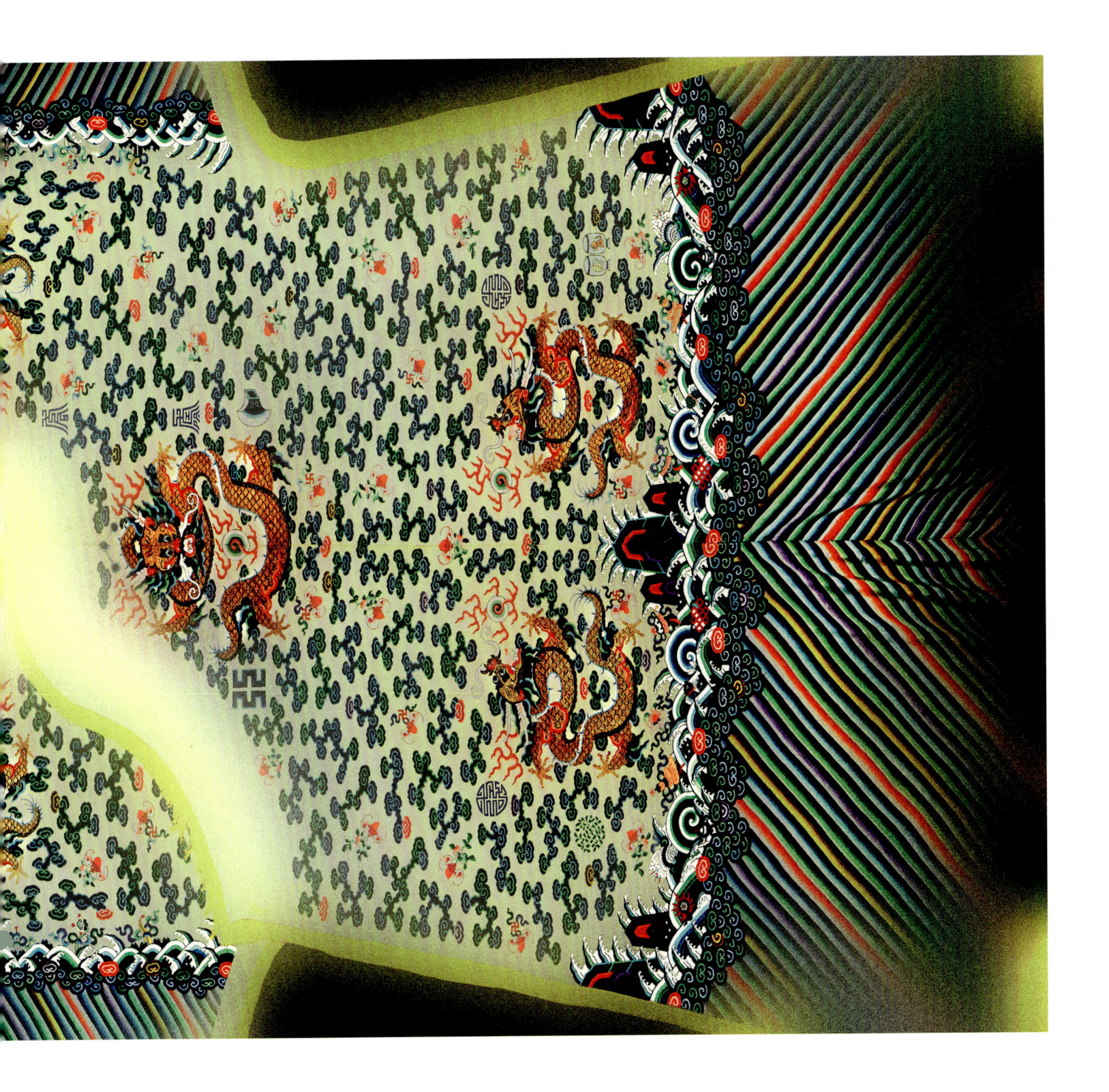

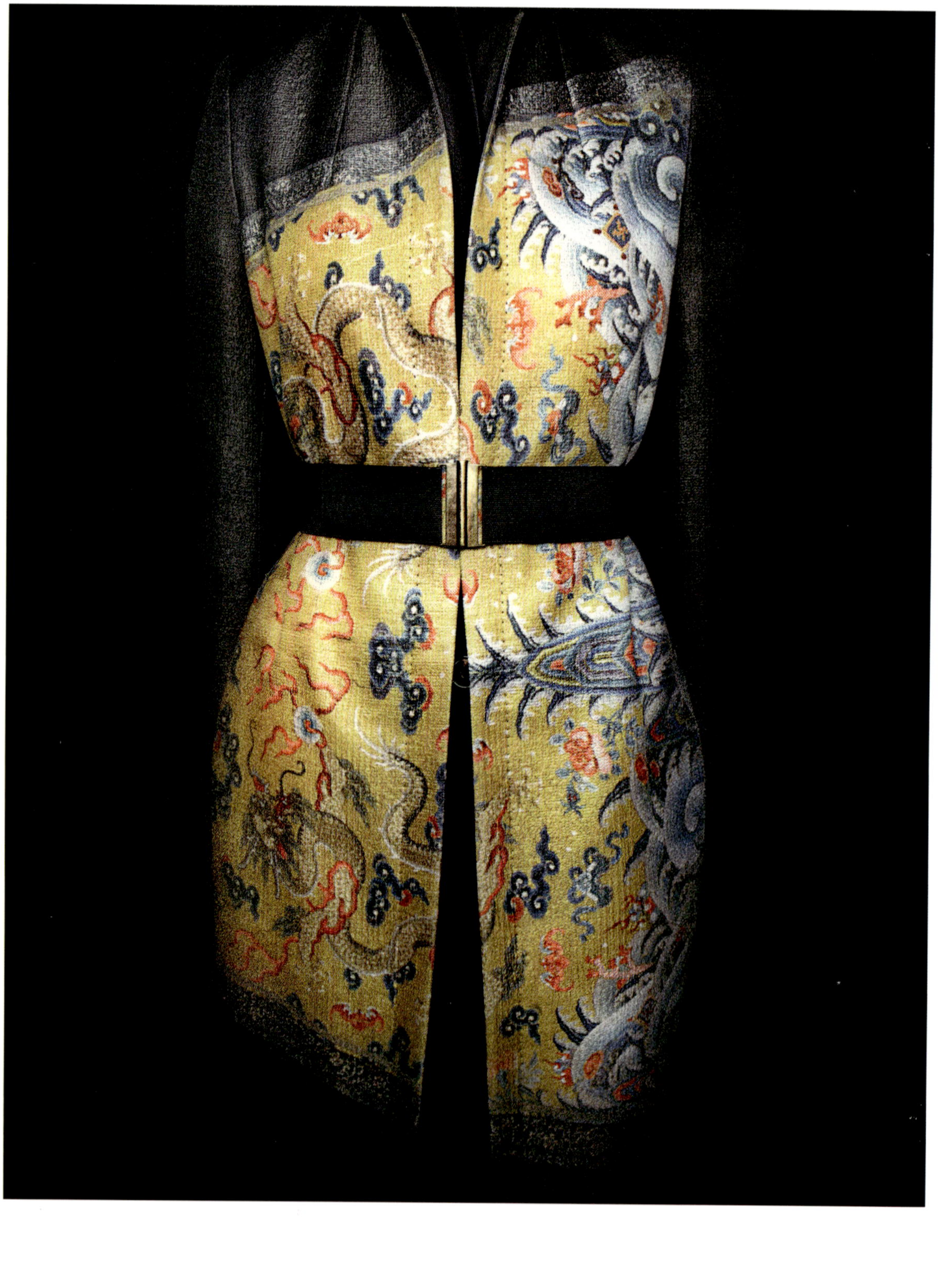

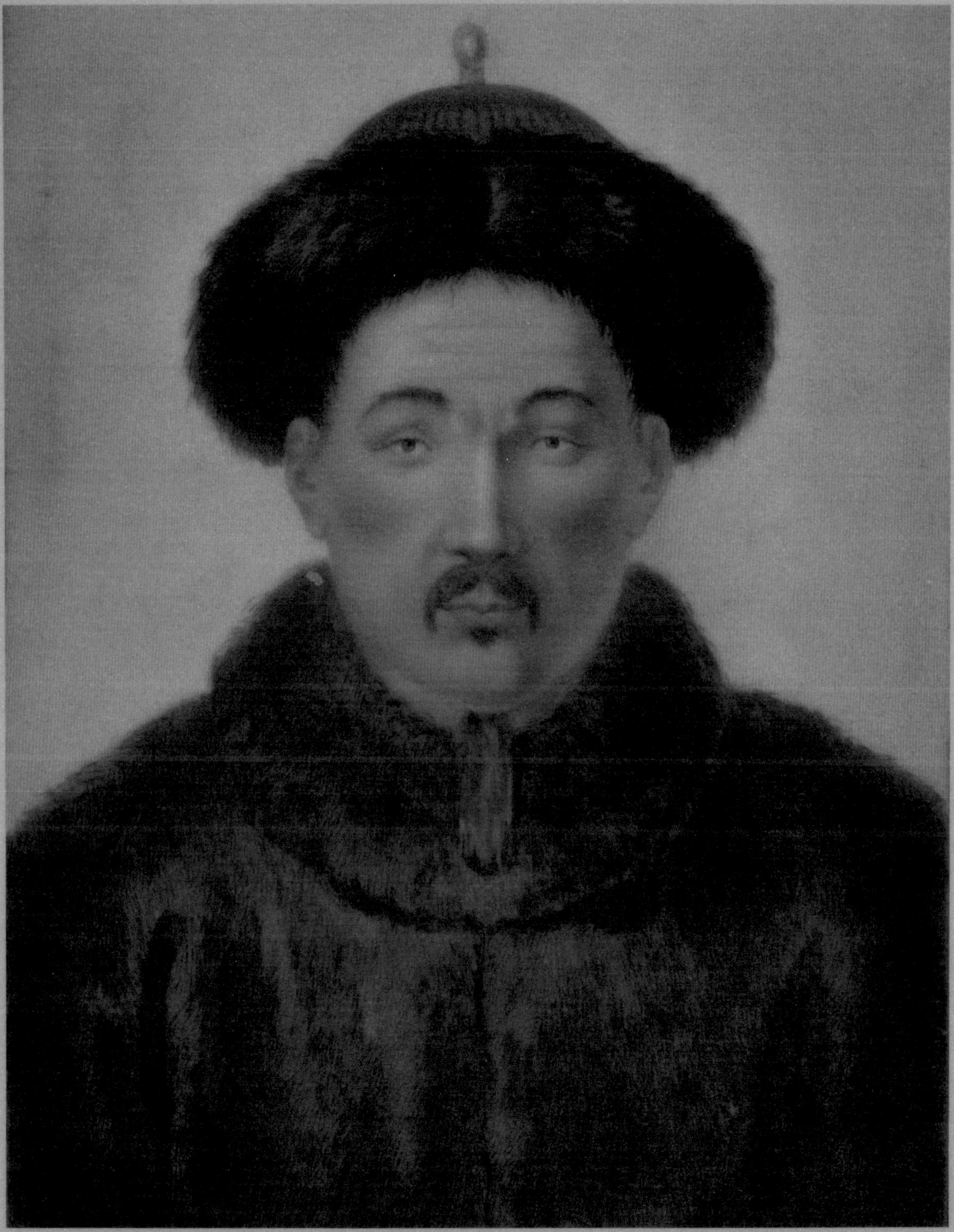

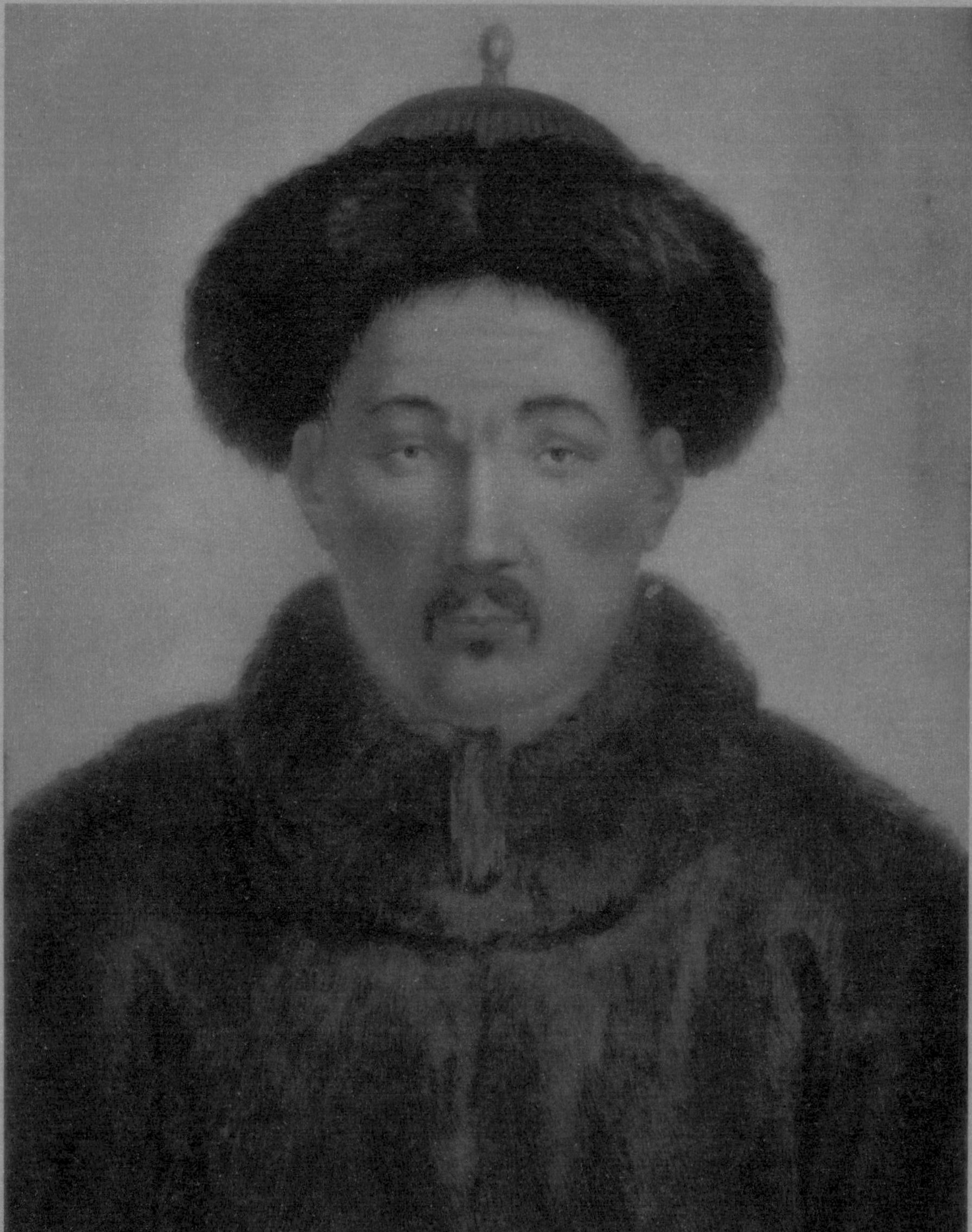

帝制中国

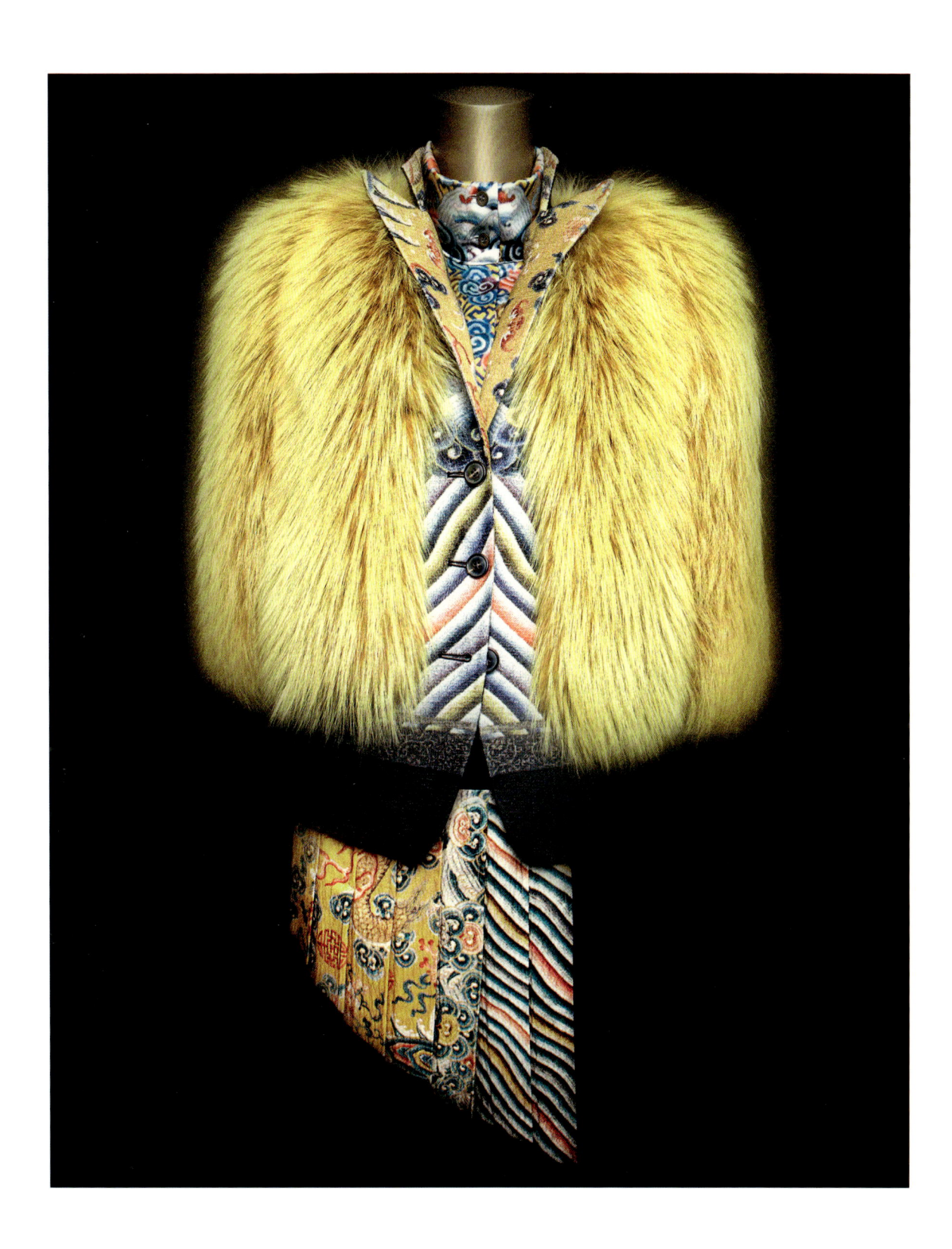

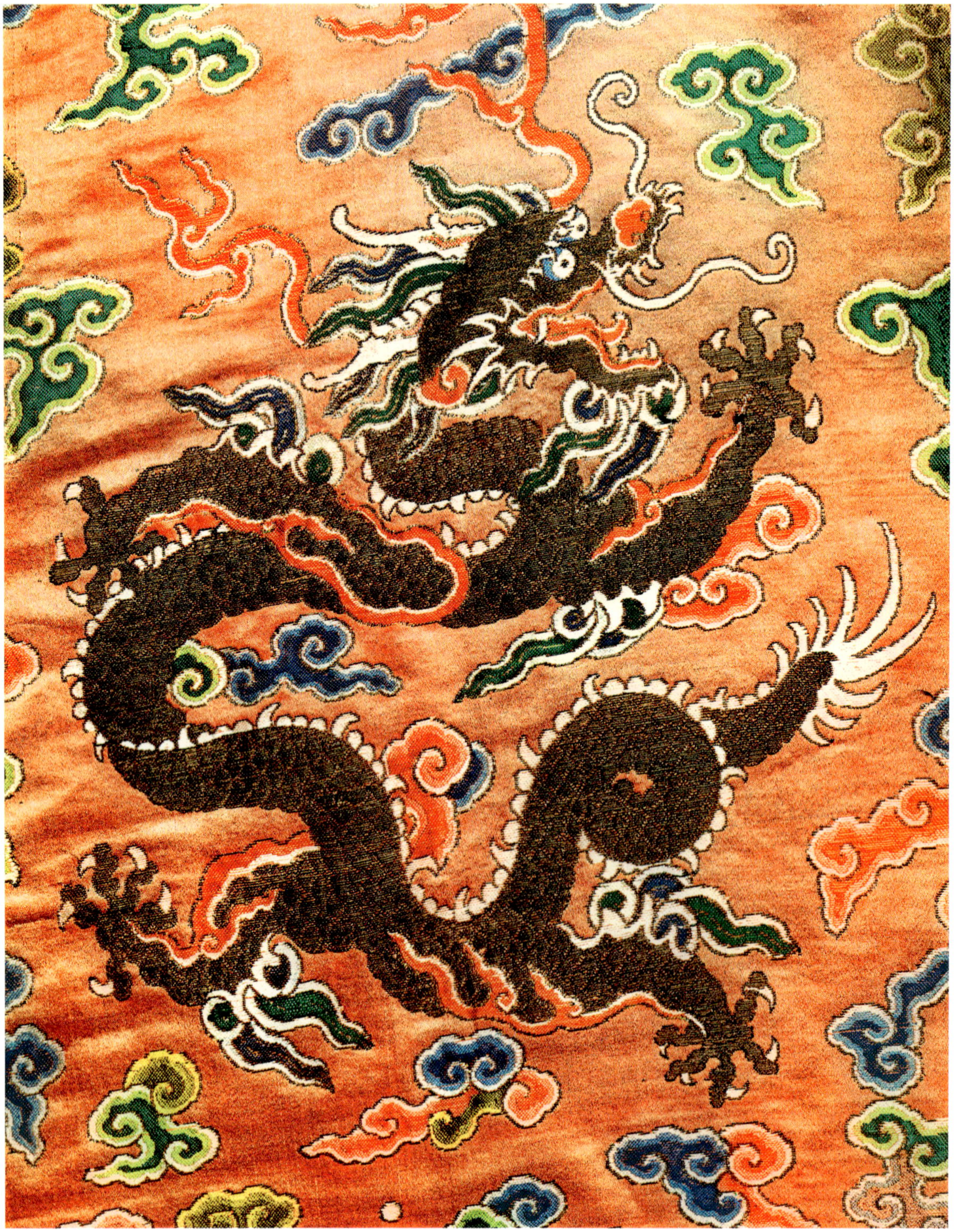

帝制中国

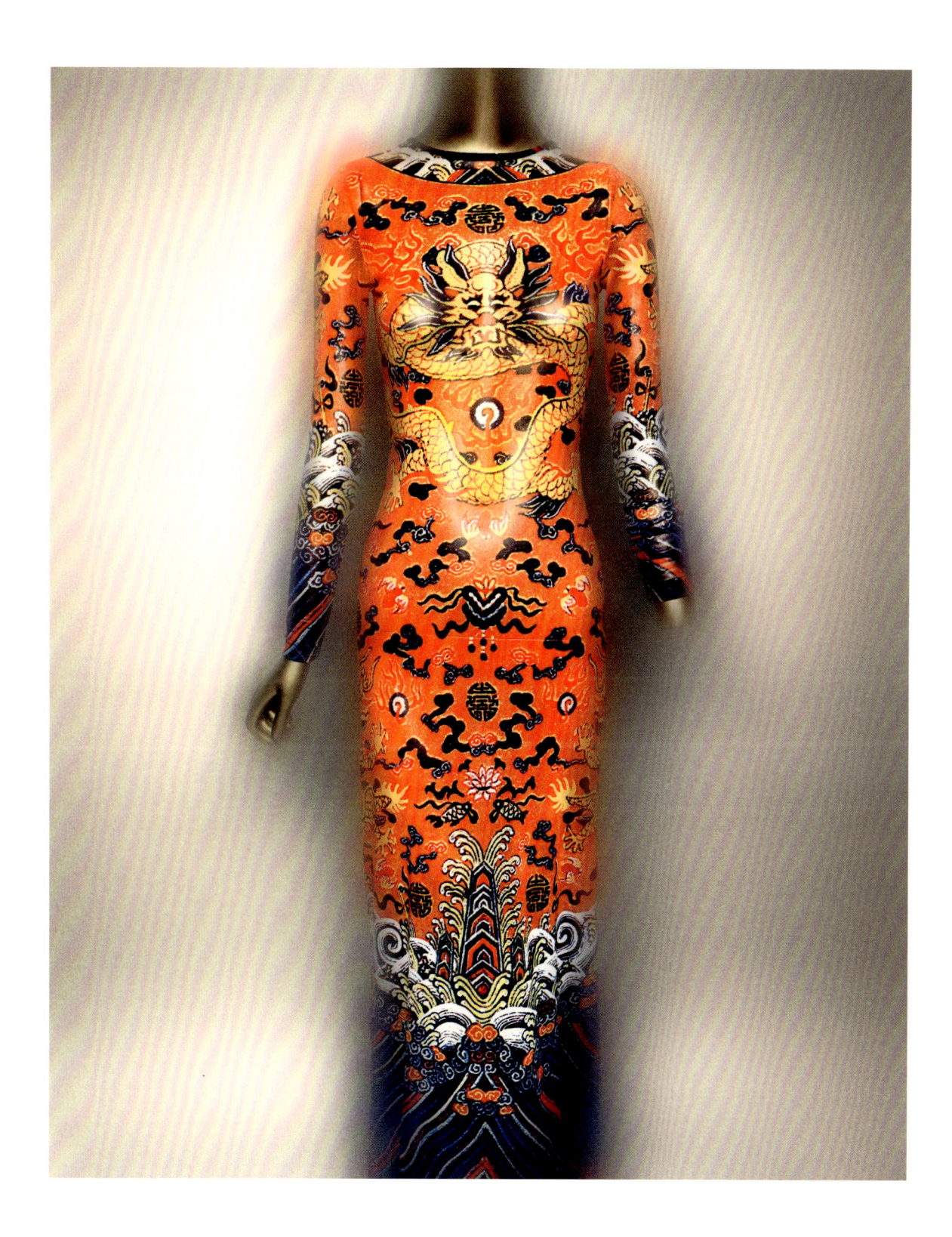

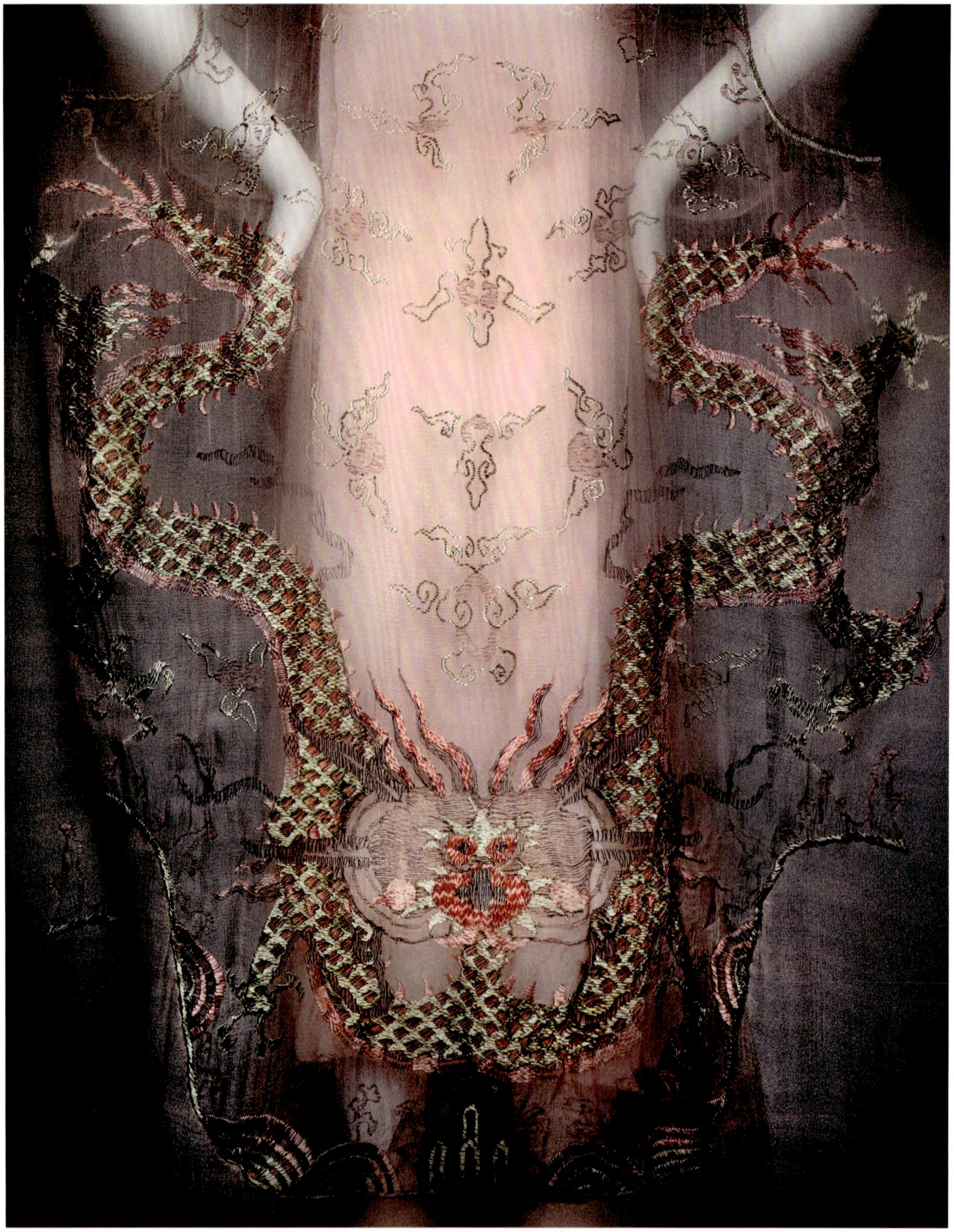

帝制中国

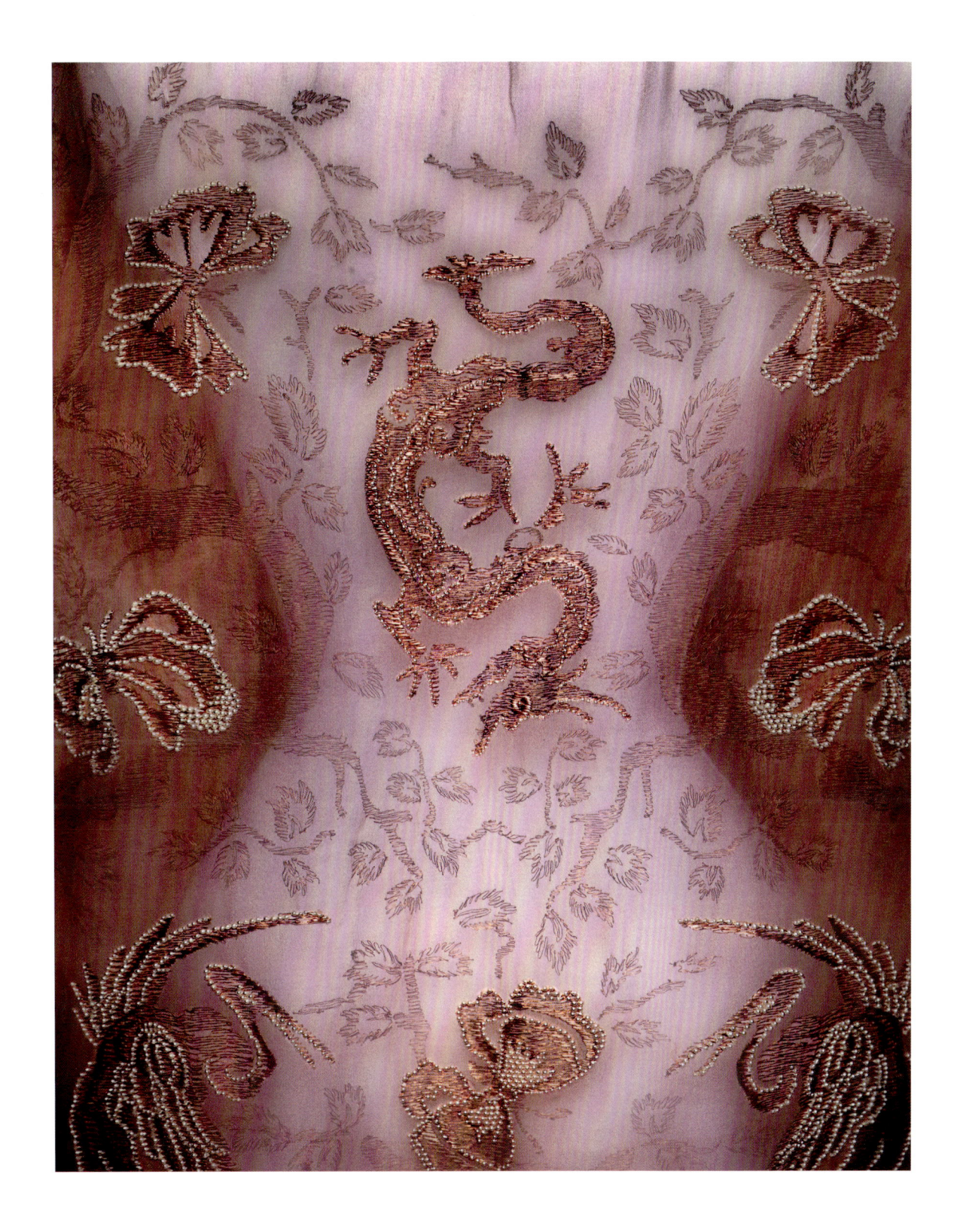

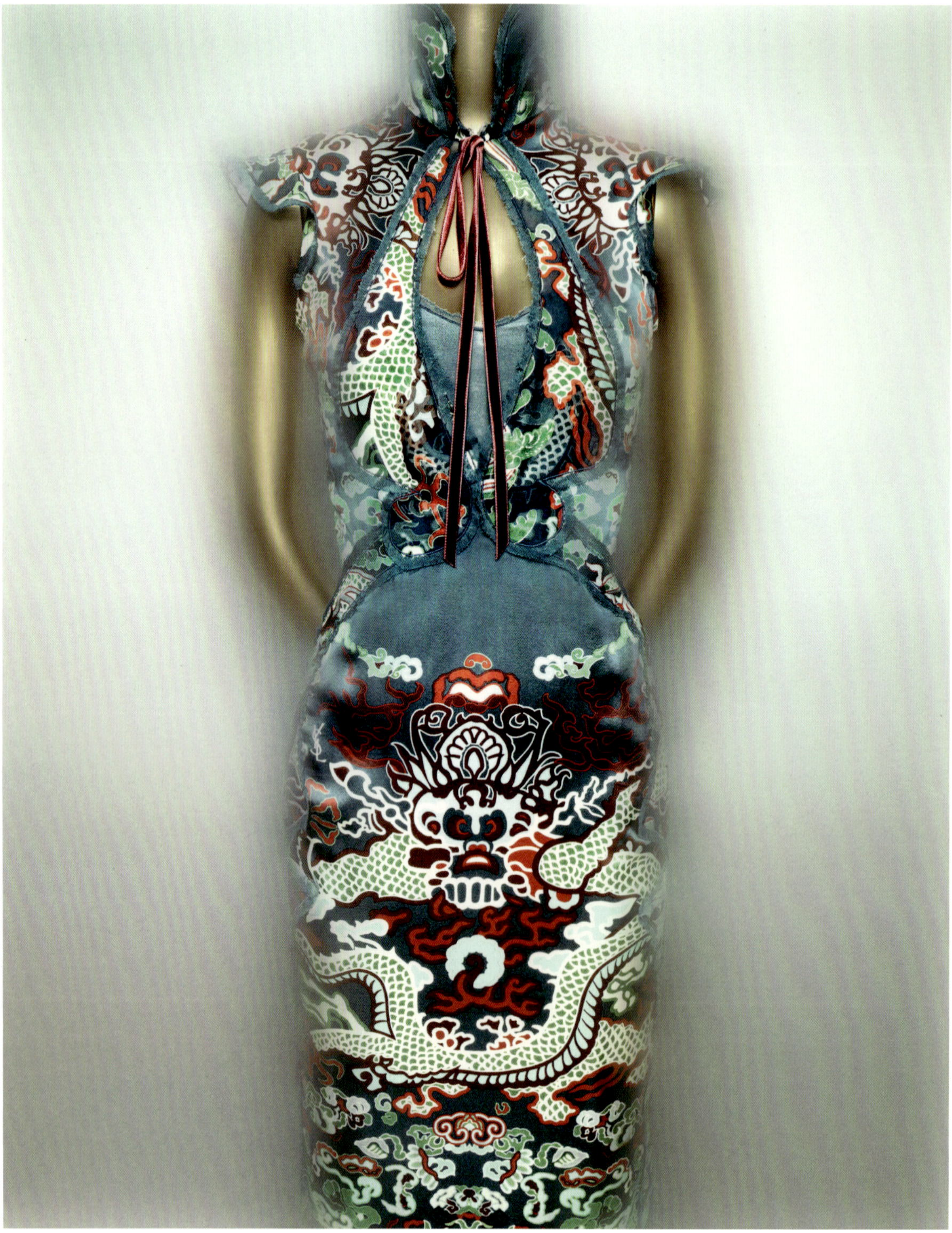

帝制中国

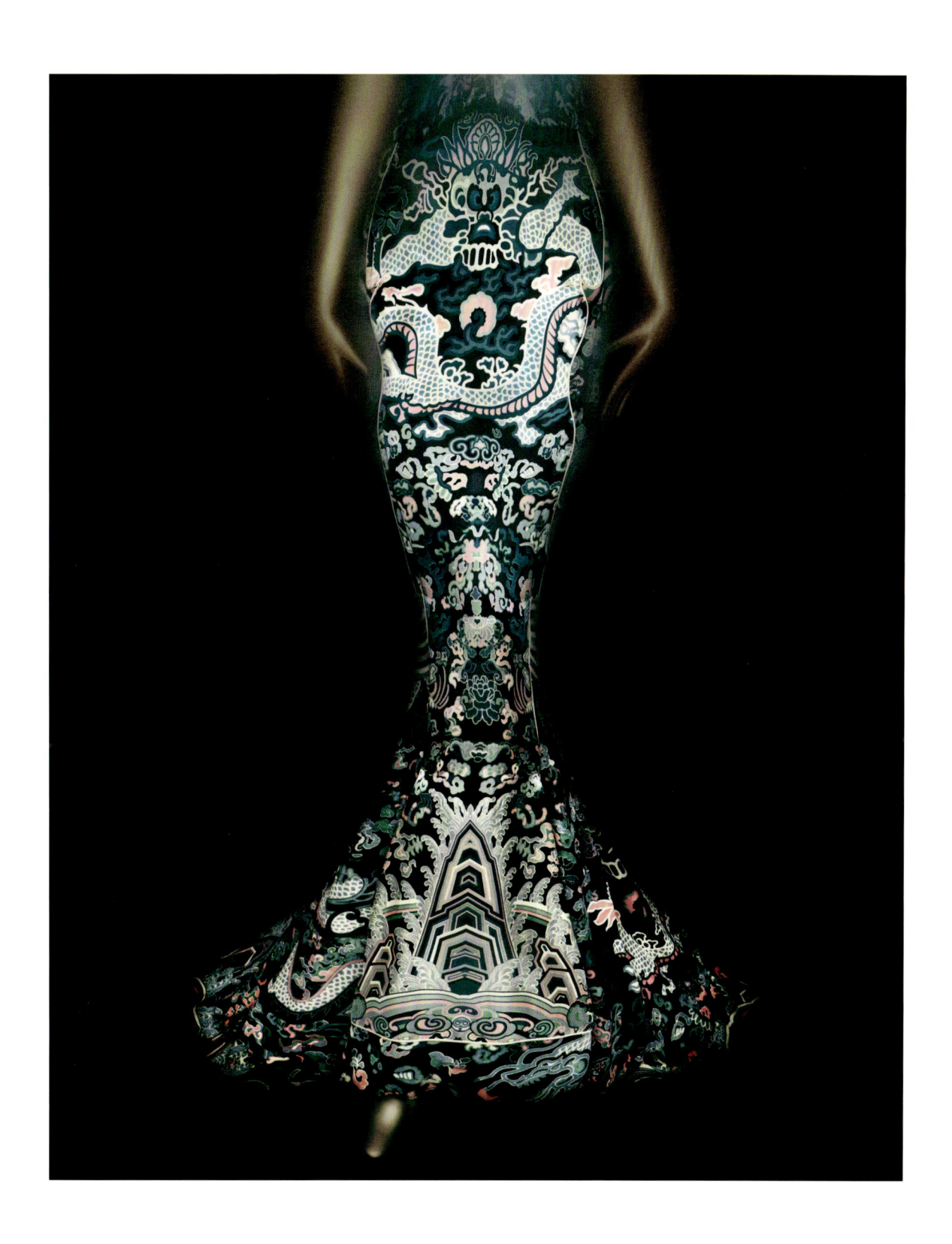

镜花水月：西方时尚里的中国风

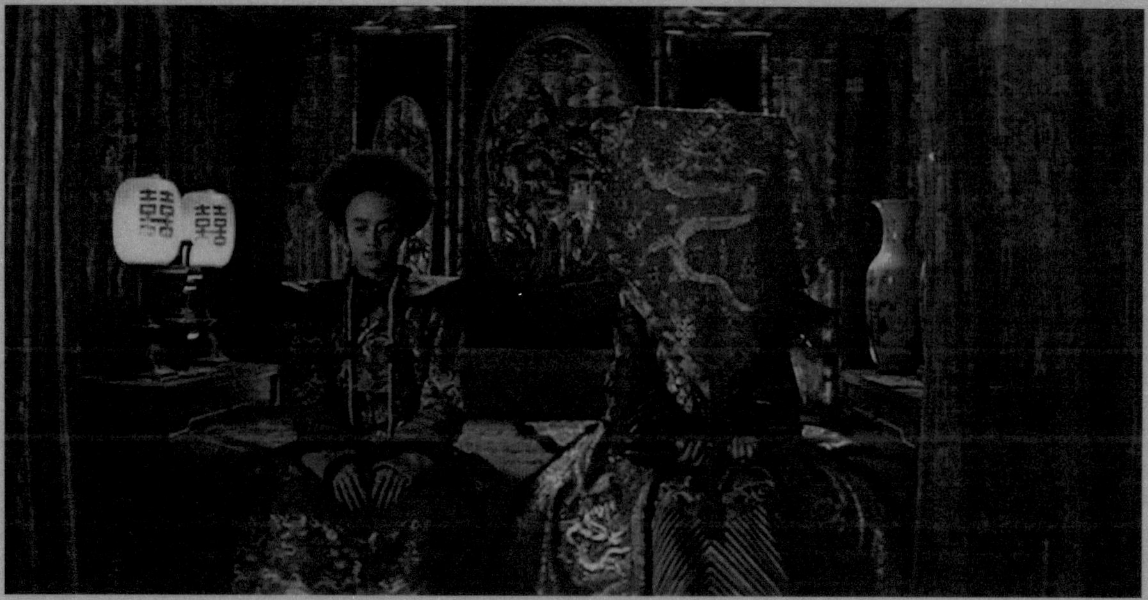
囍
囍

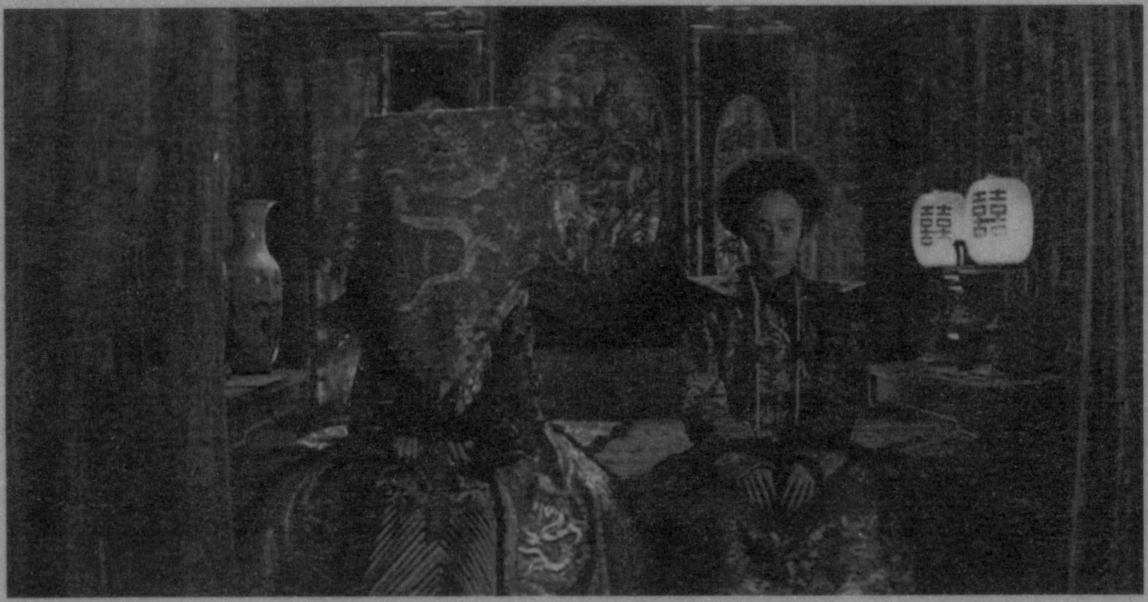
囍
囍

帝制中国

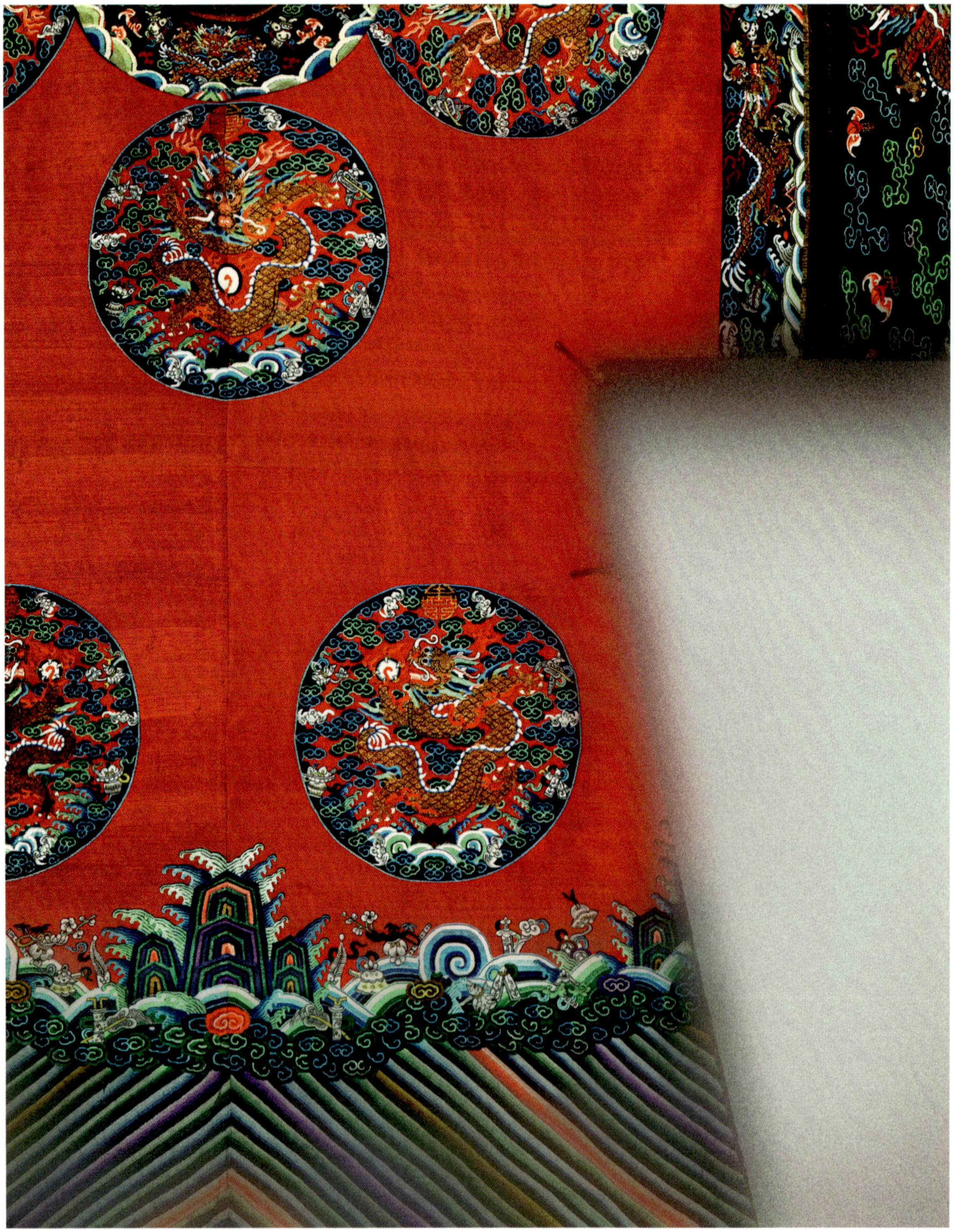

帝制中国

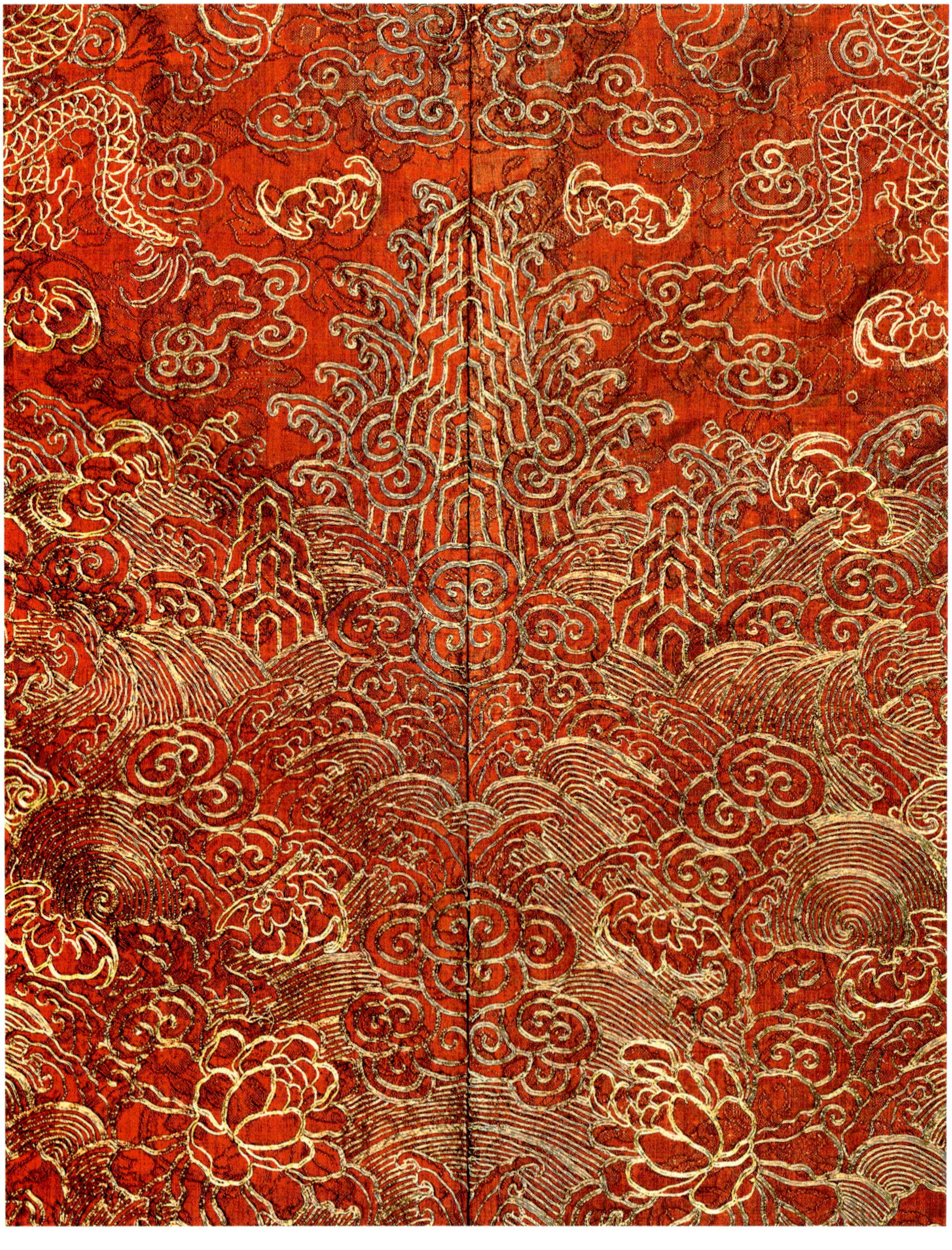

帝制中国

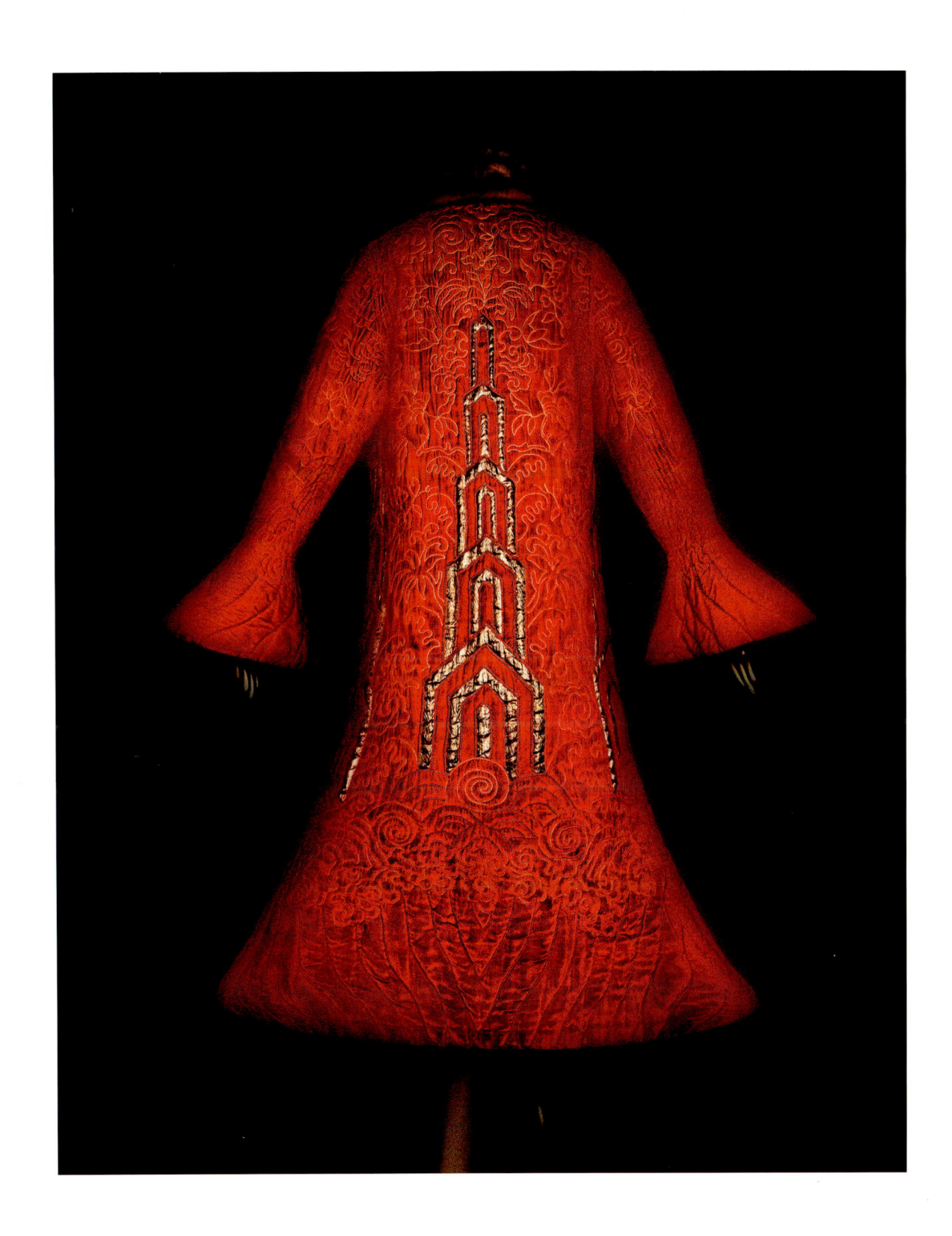

镜花水月：西方时尚里的中国风

帝制中国

镜花水月：西方时尚里的中国风

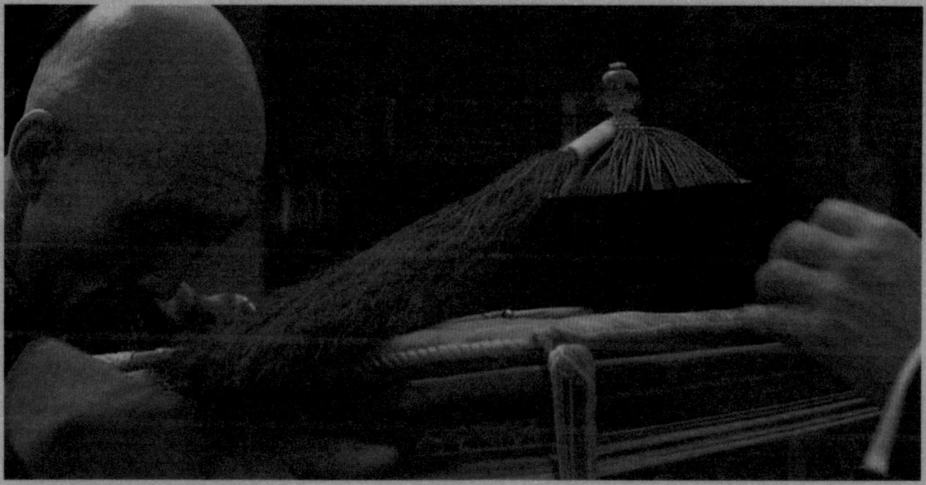

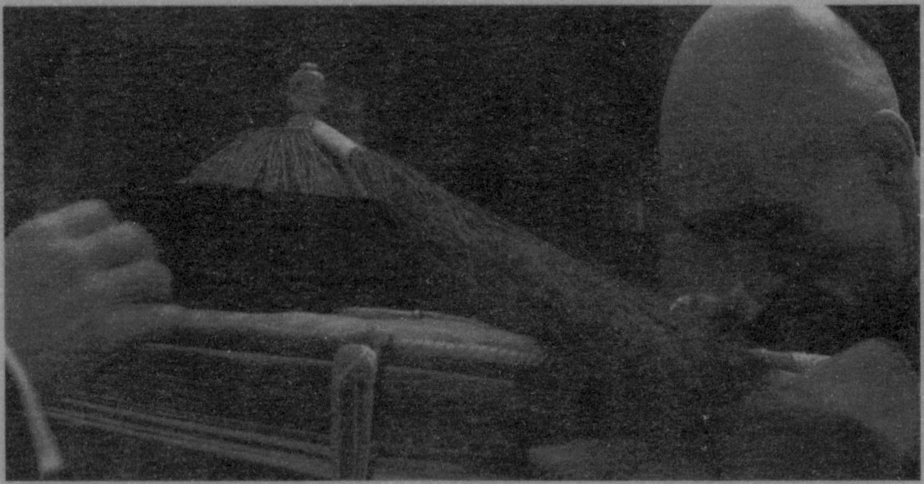

帝制中国

镜花水月：西方时尚里的中国风

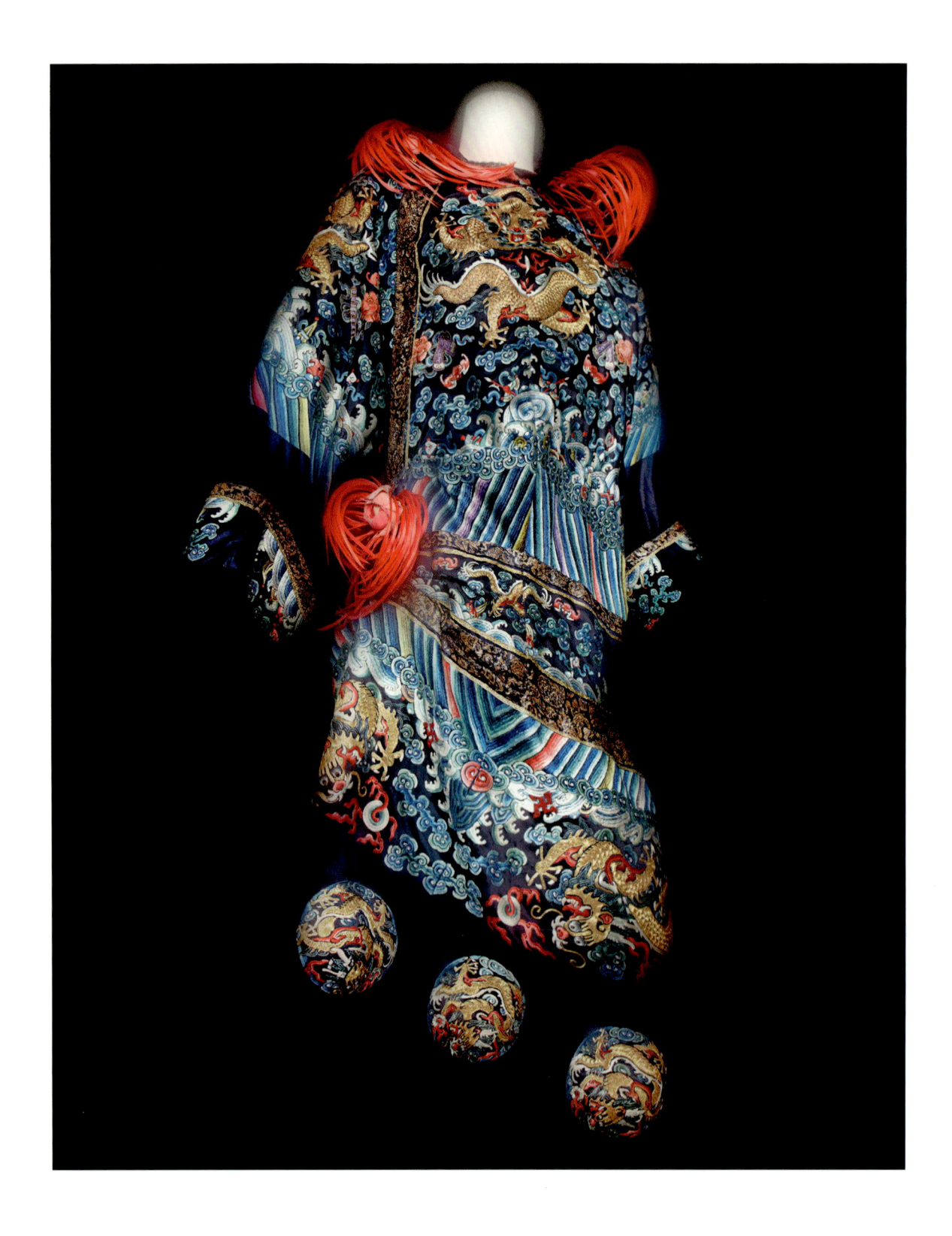

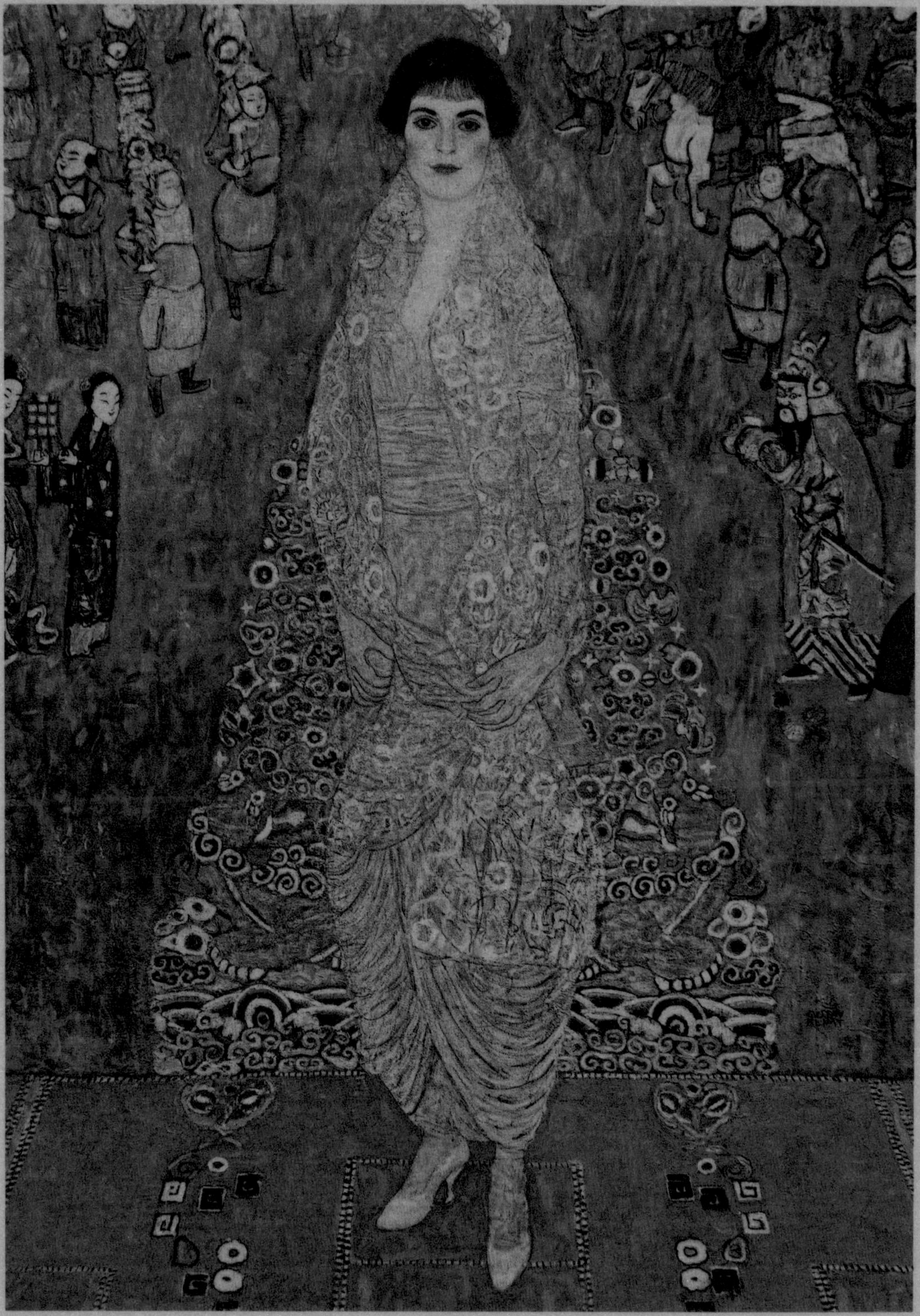

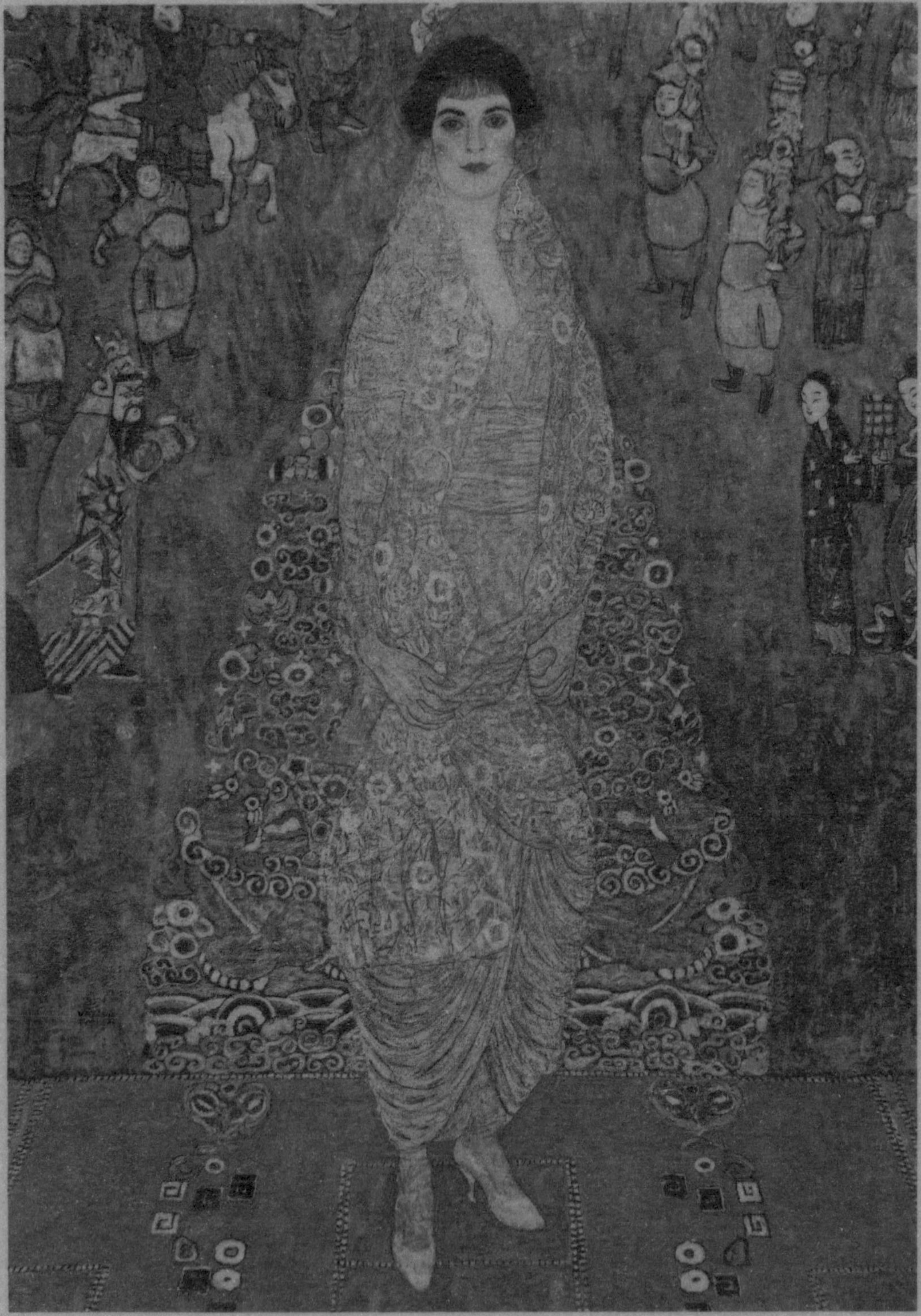

帝制中国

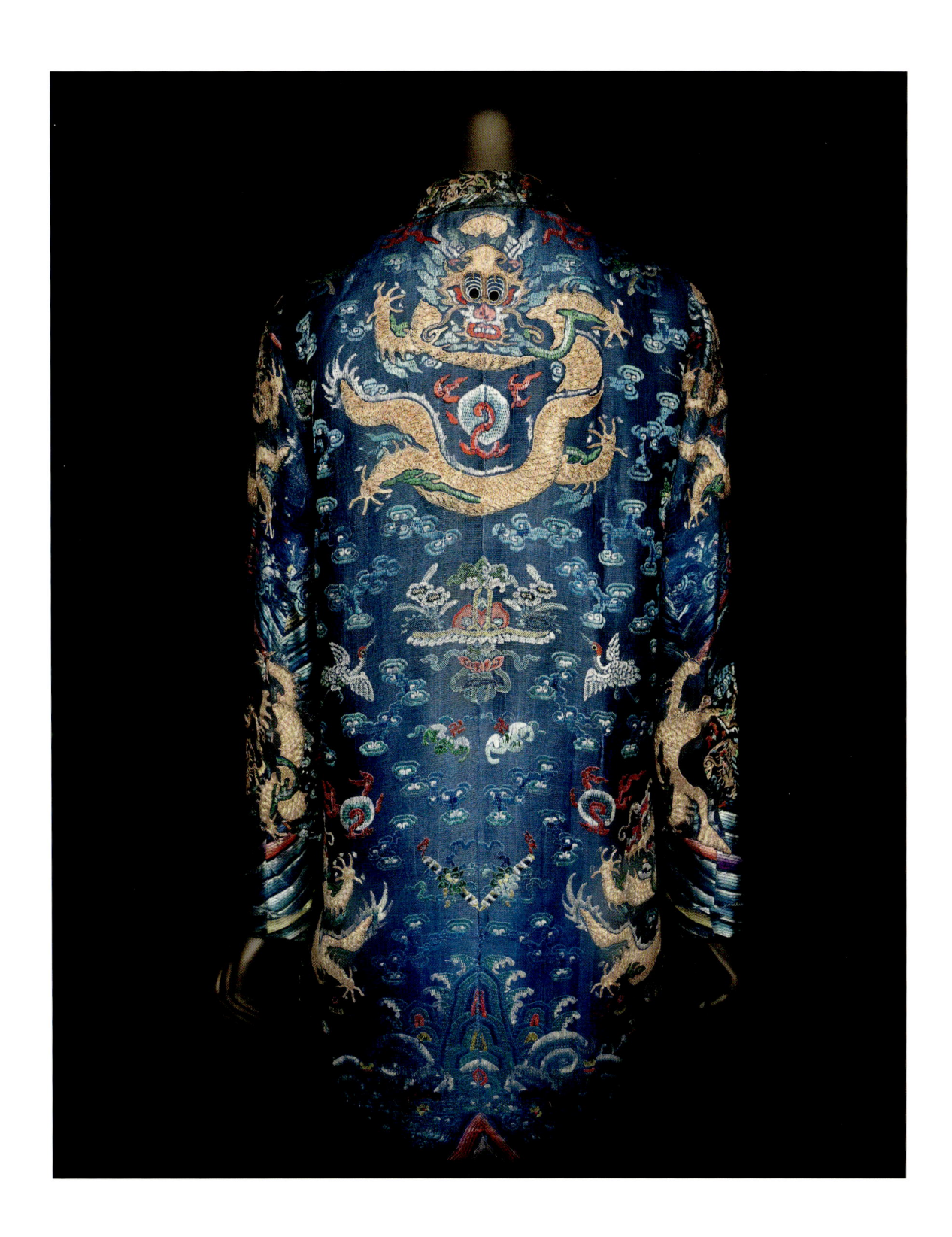

镜花水月：西方时尚里的中国风

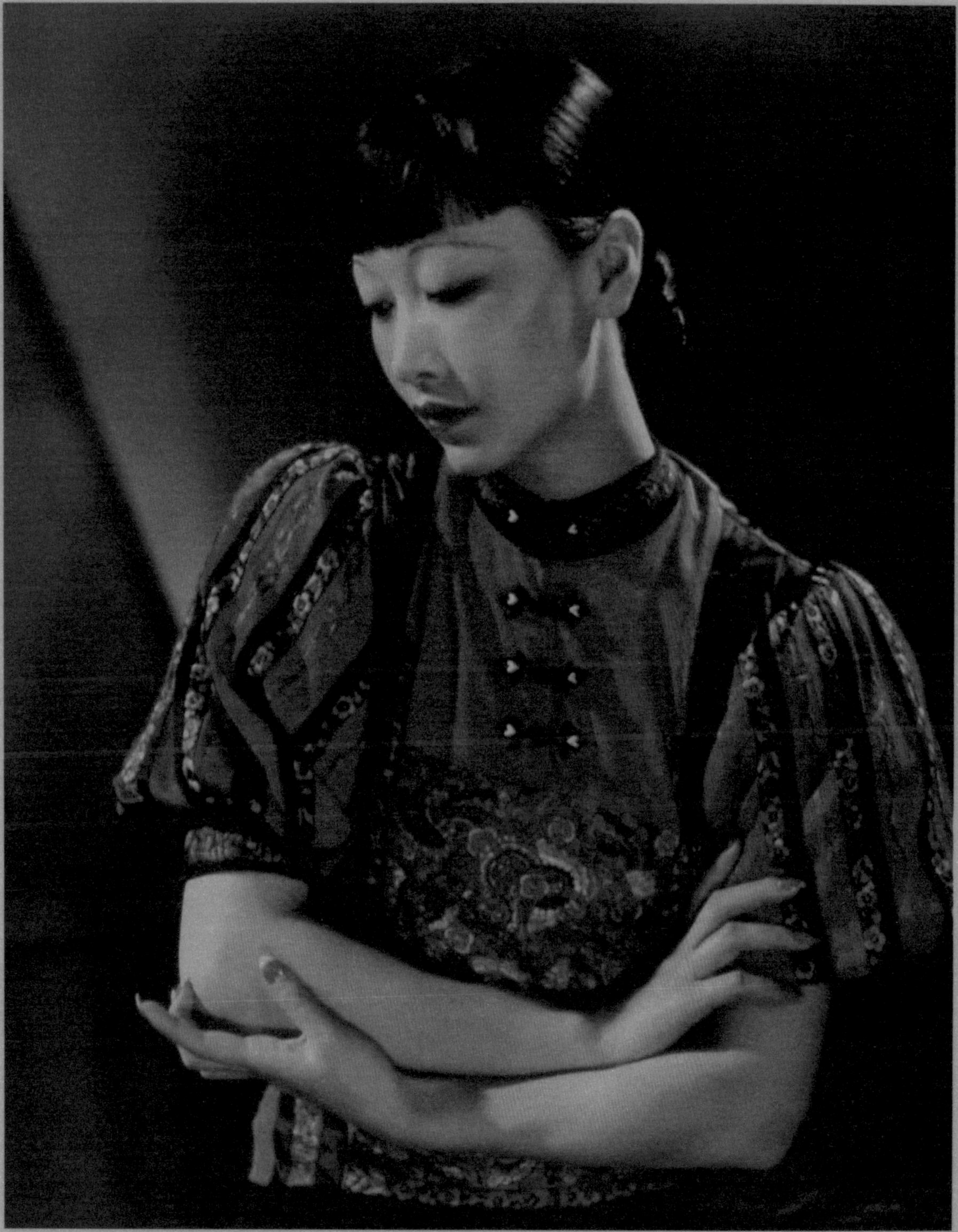

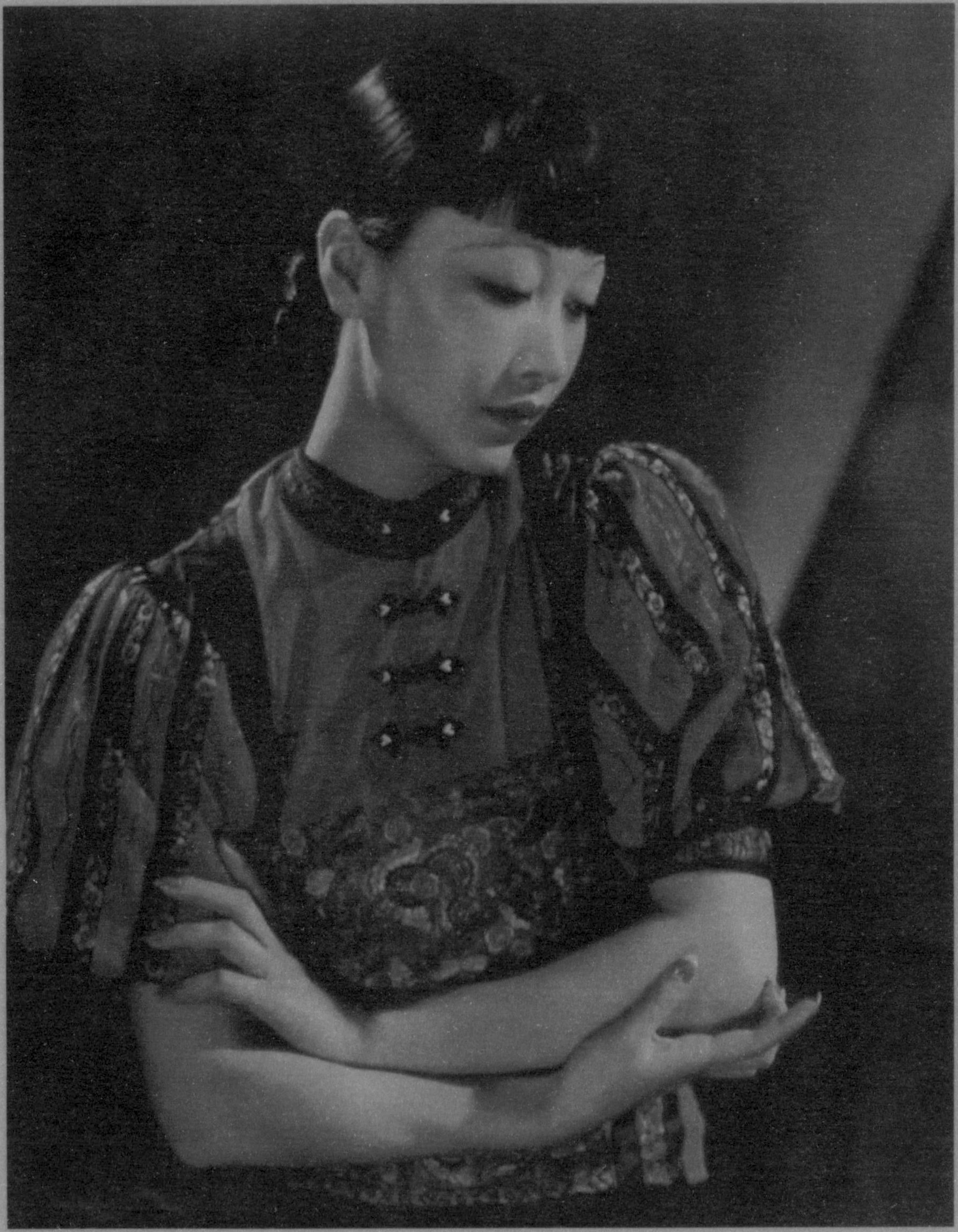

民国时期
的中国

镜花水月：西方时尚里的中国风

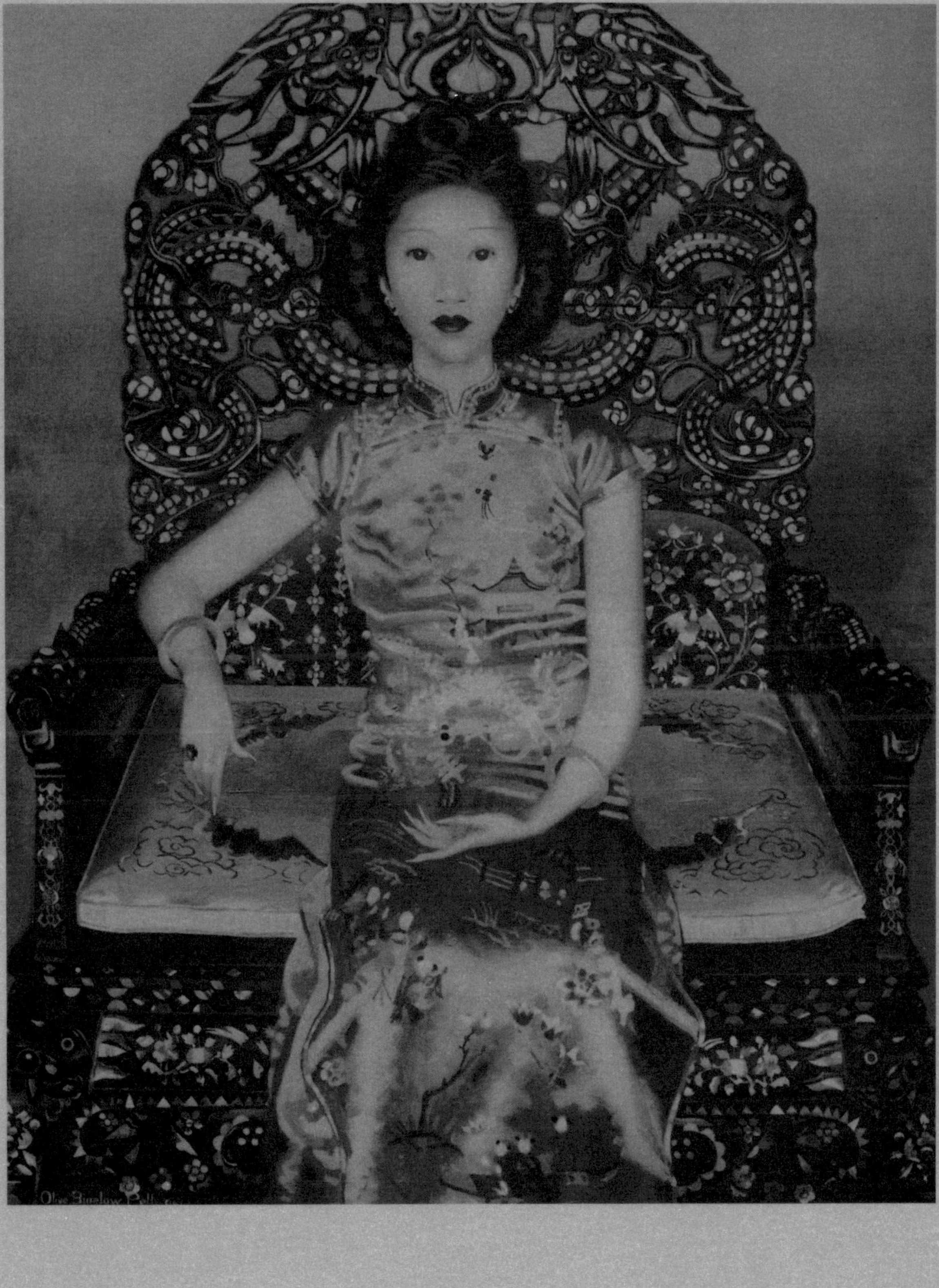

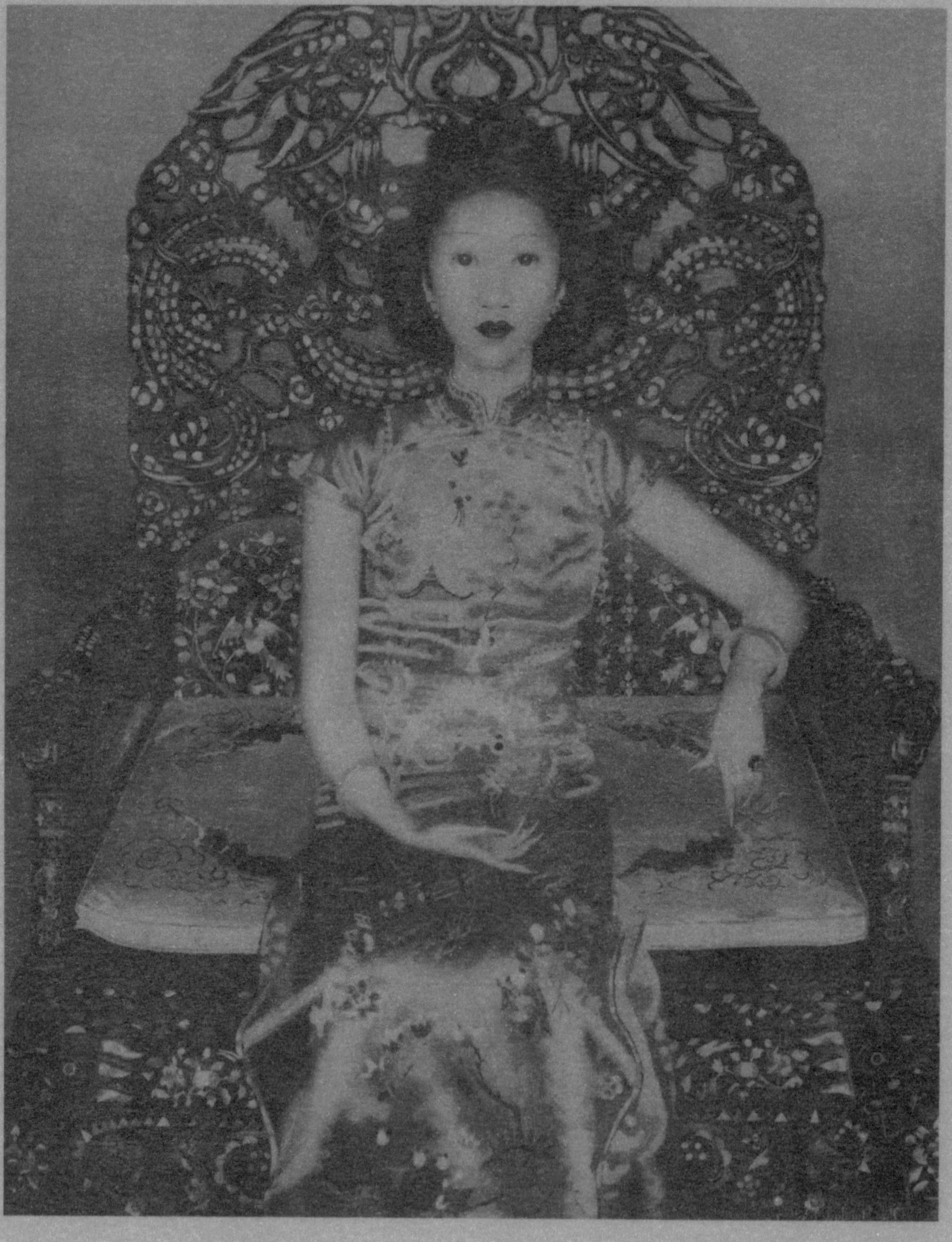

民国时期的中国

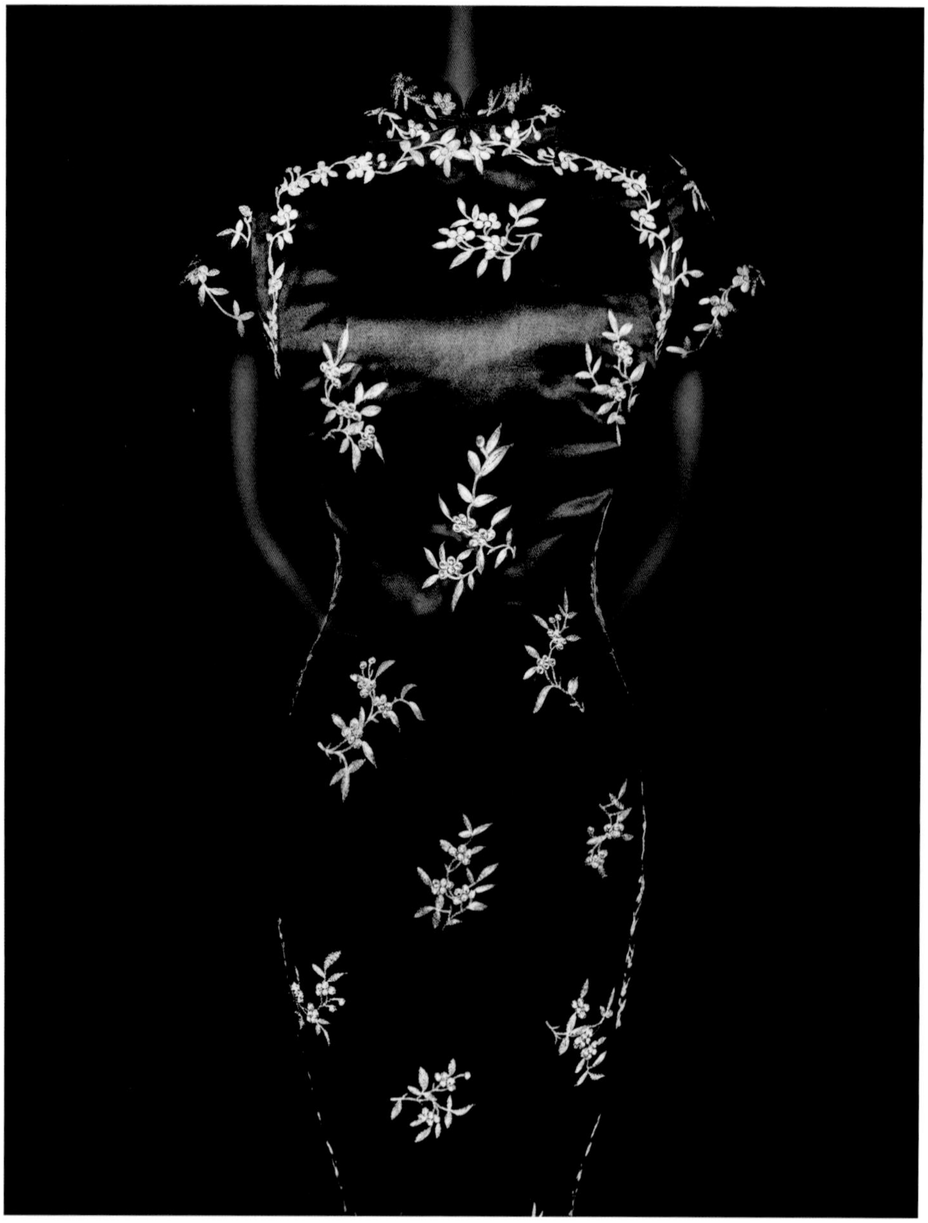

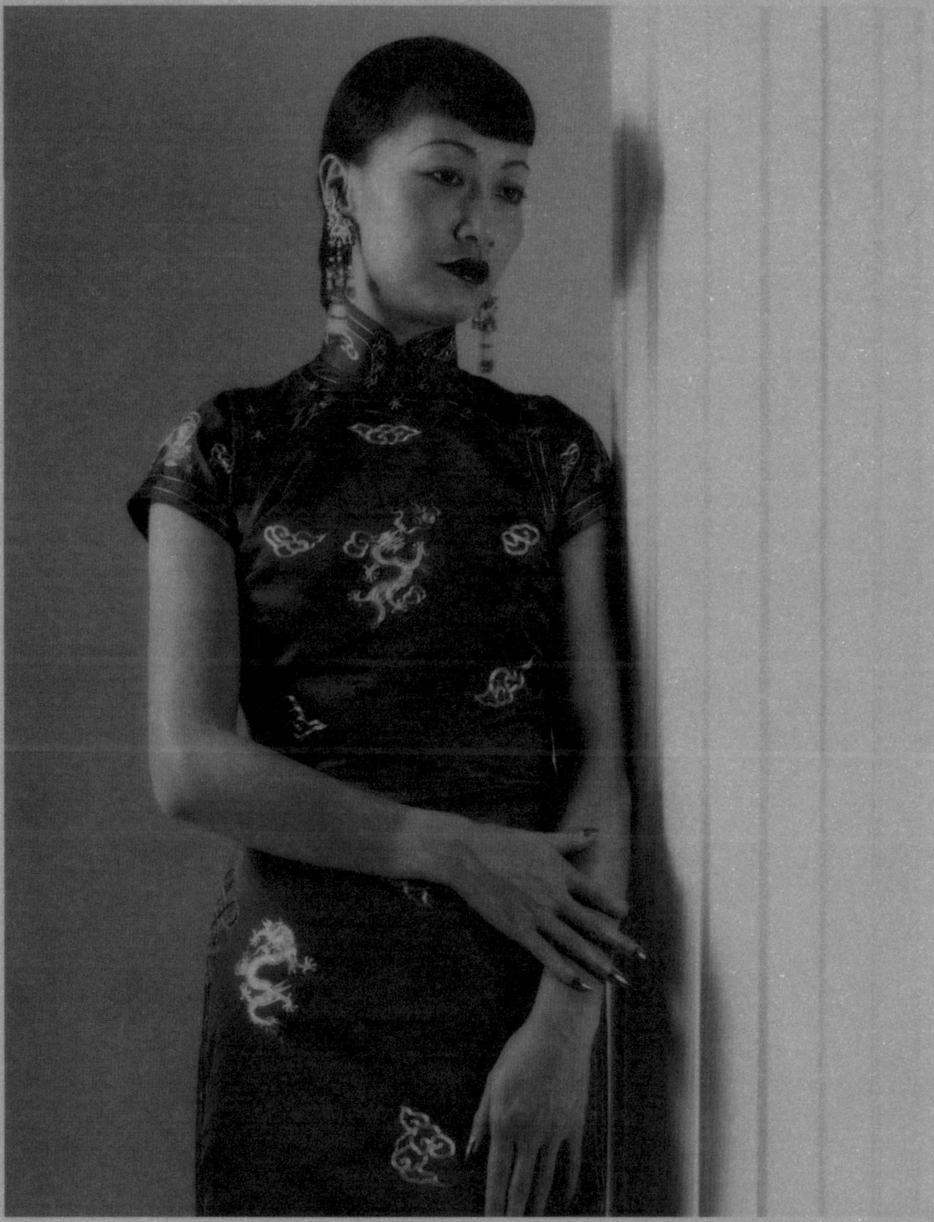

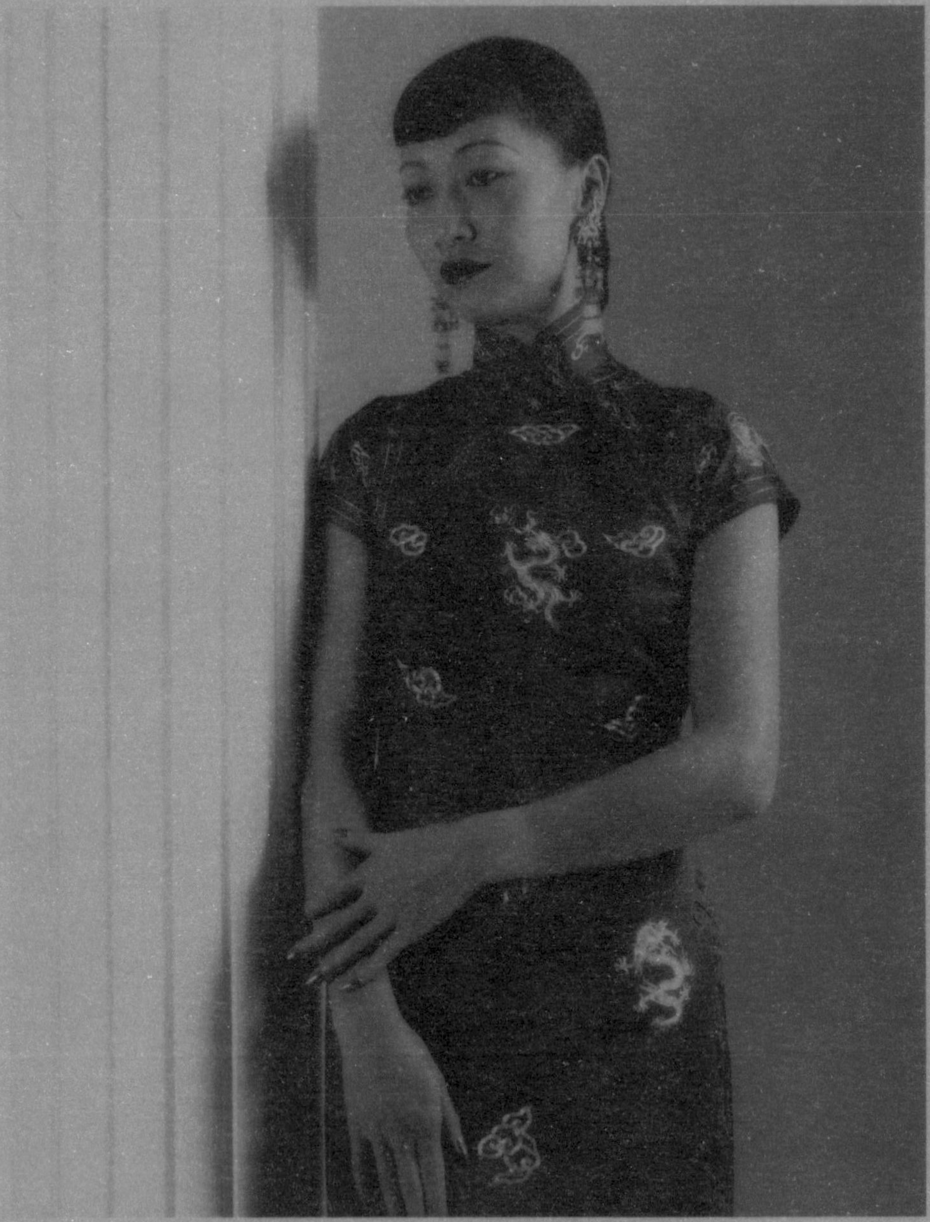

民国时期的中国

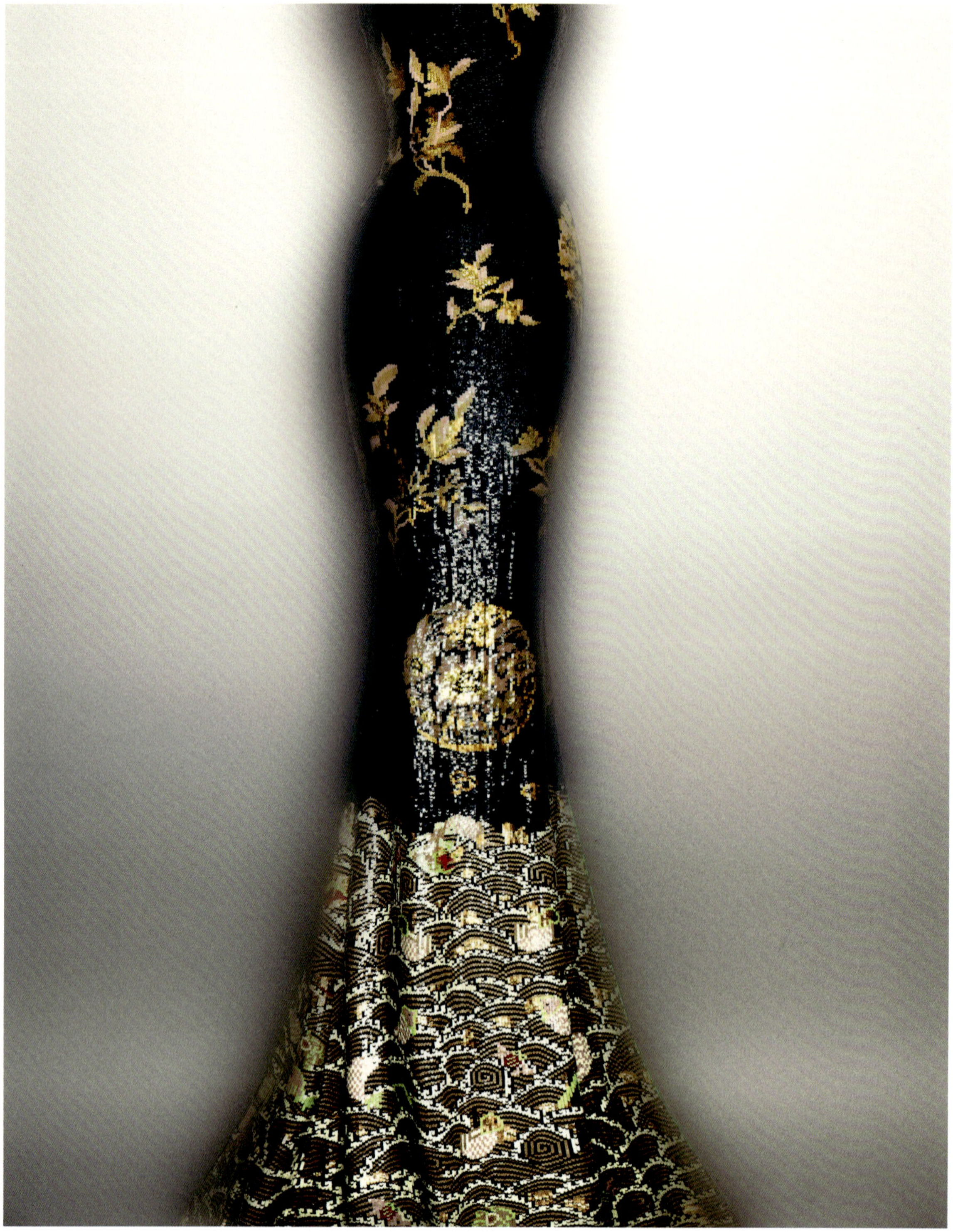

民国时期的中国

镜花水月：西方时尚里的中国风

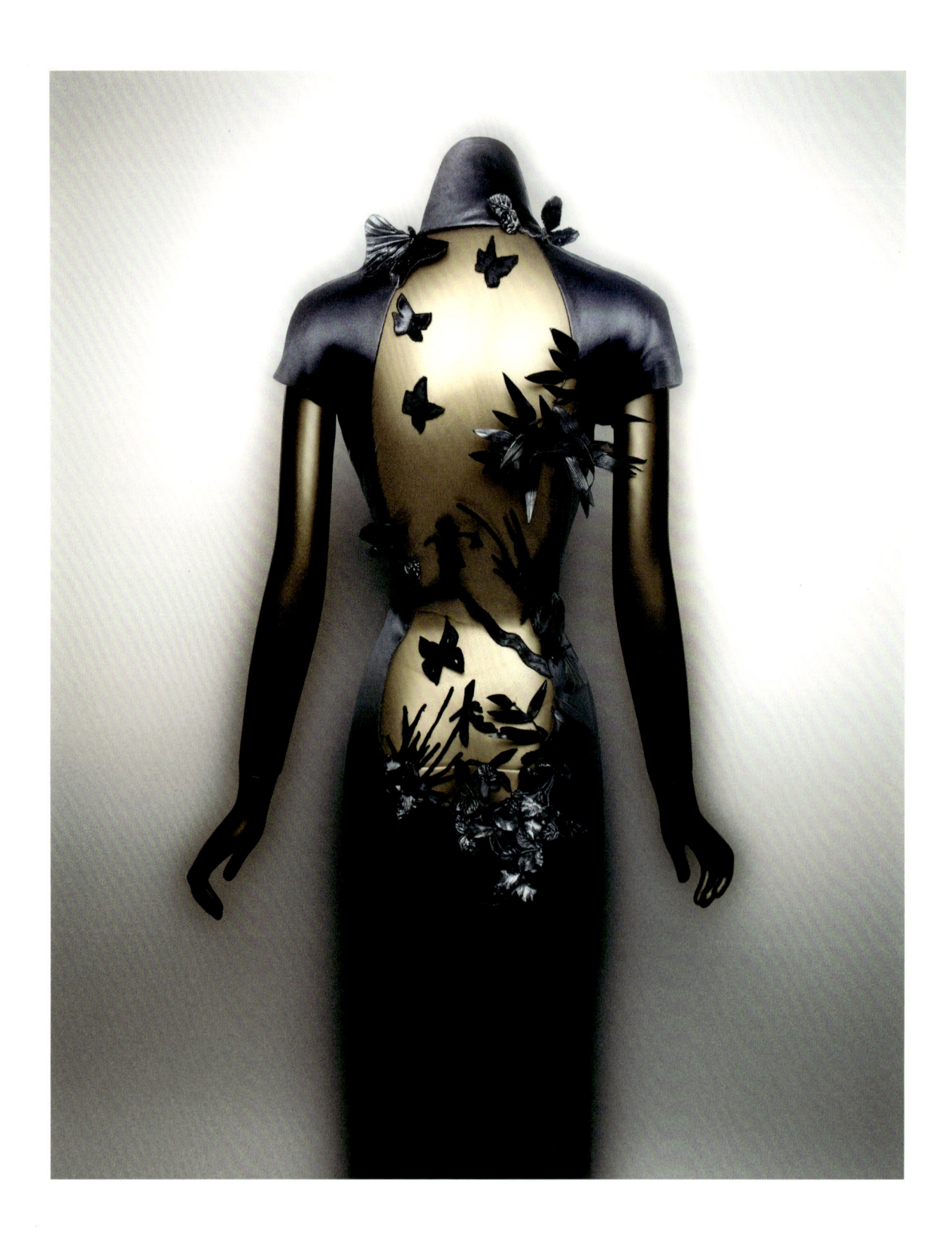

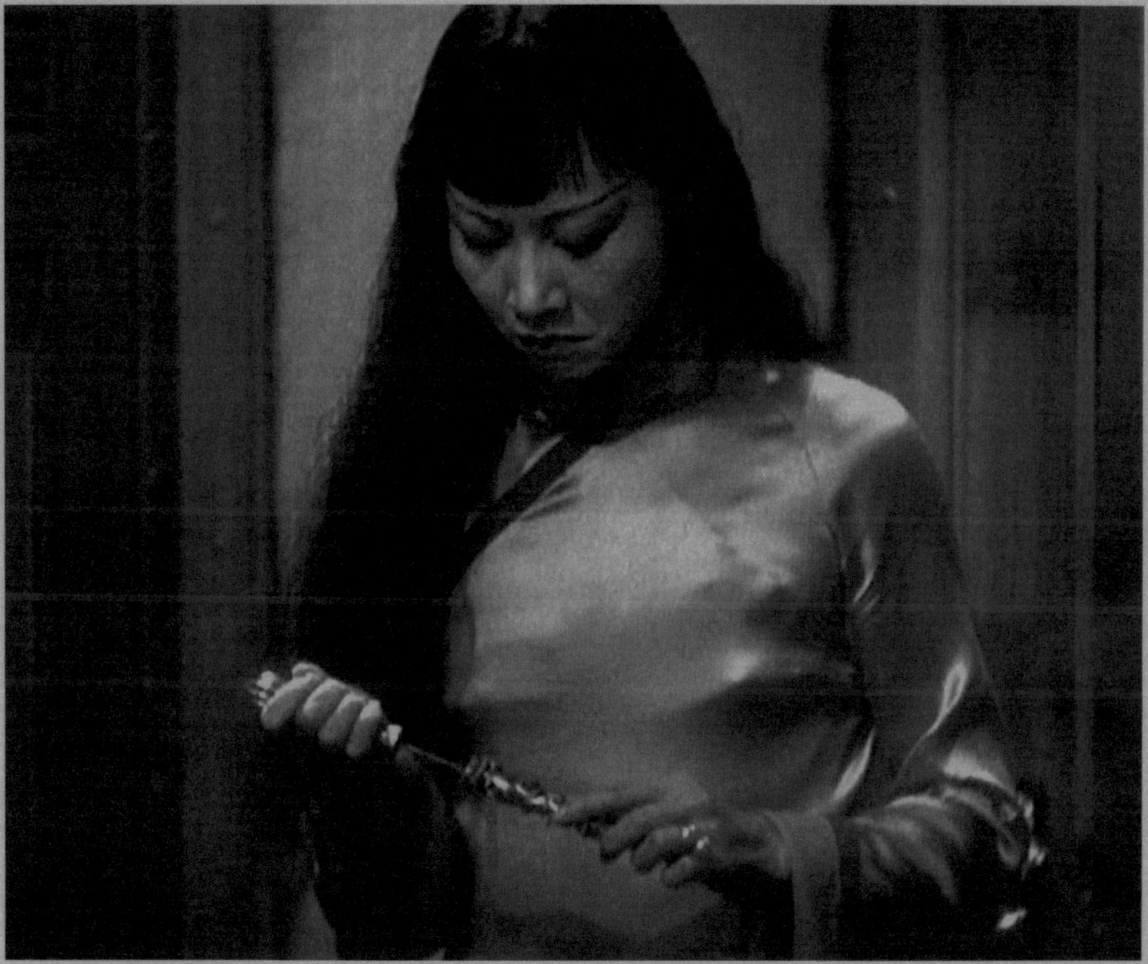

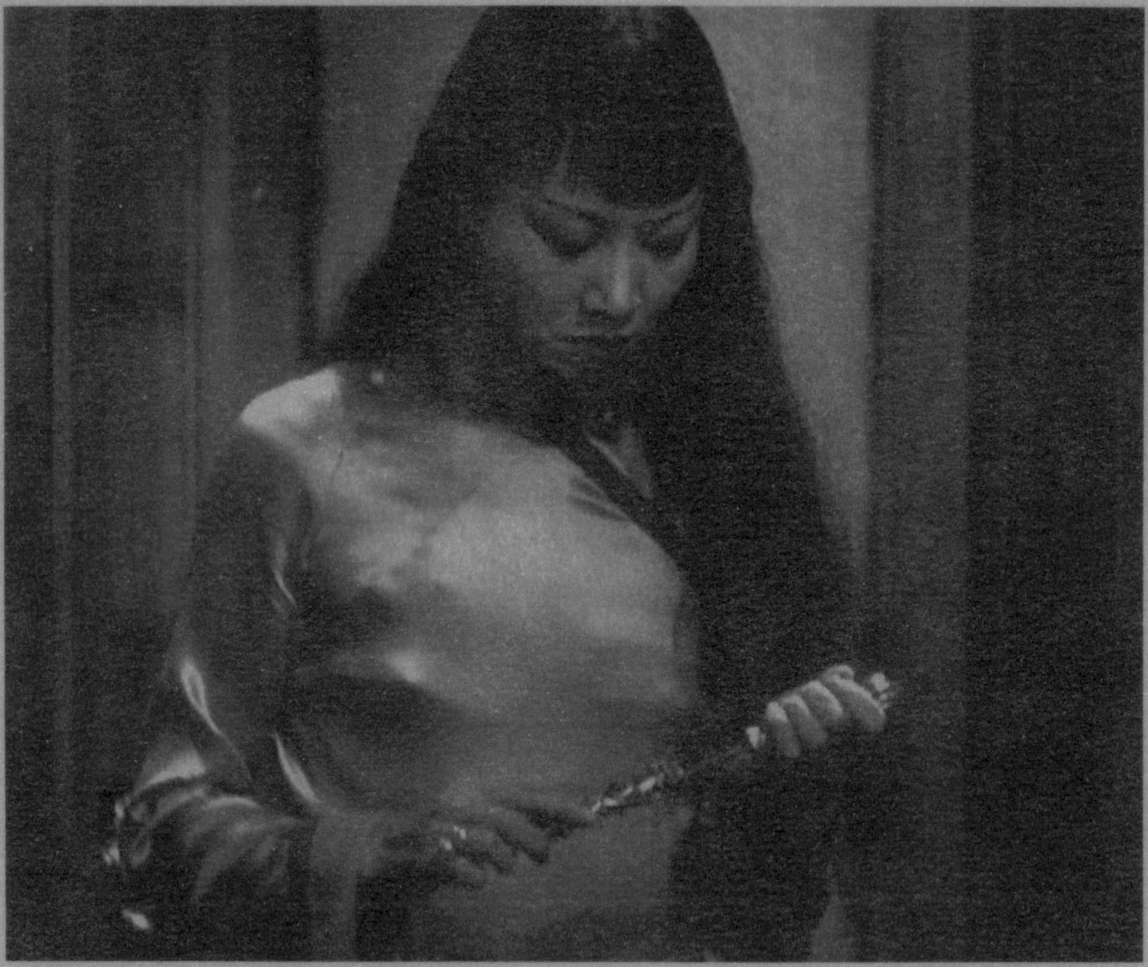

民国时期的中国

镜花水月：西方时尚里的中国风

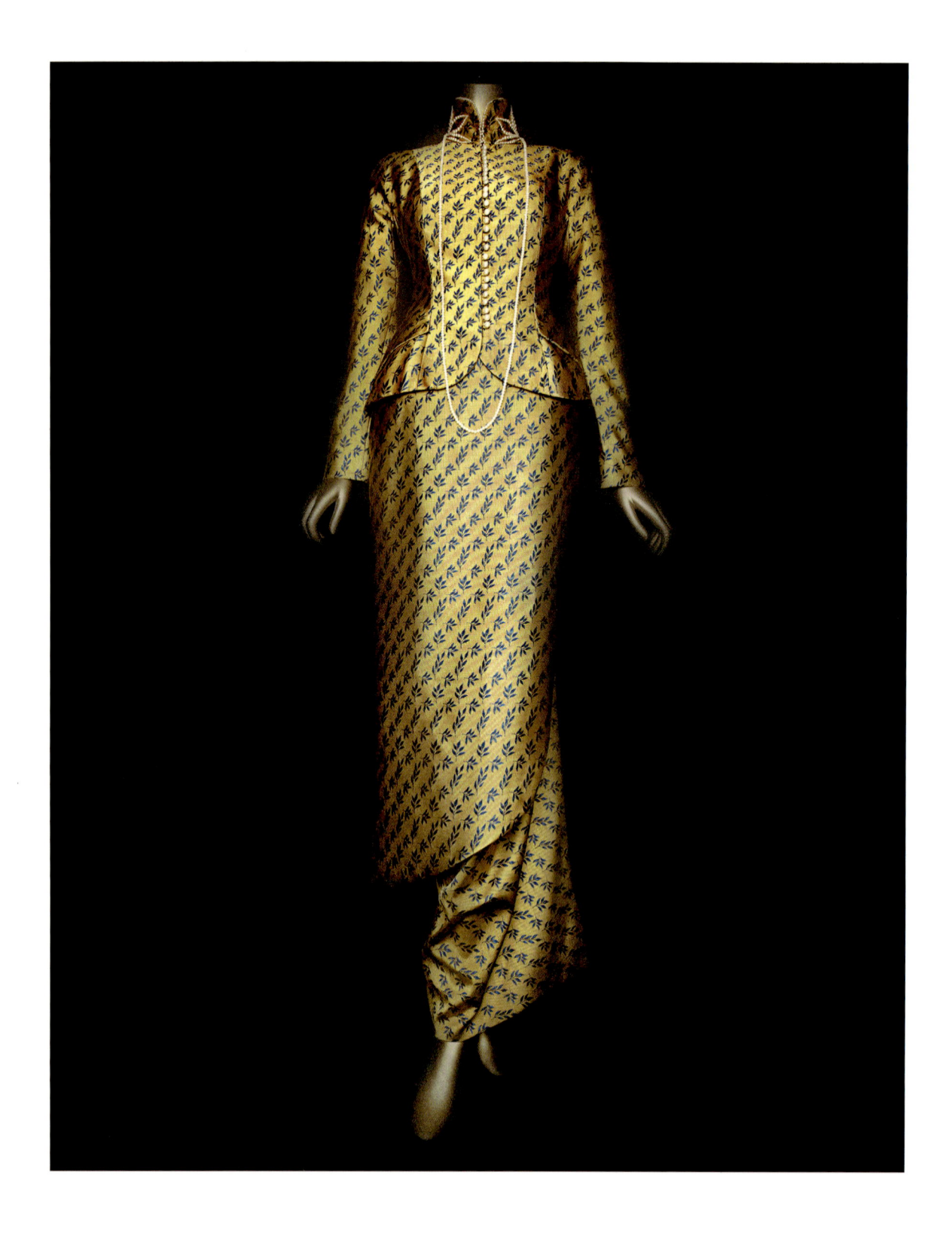

民国时期的中国

镜花水月：西方时尚里的中国风

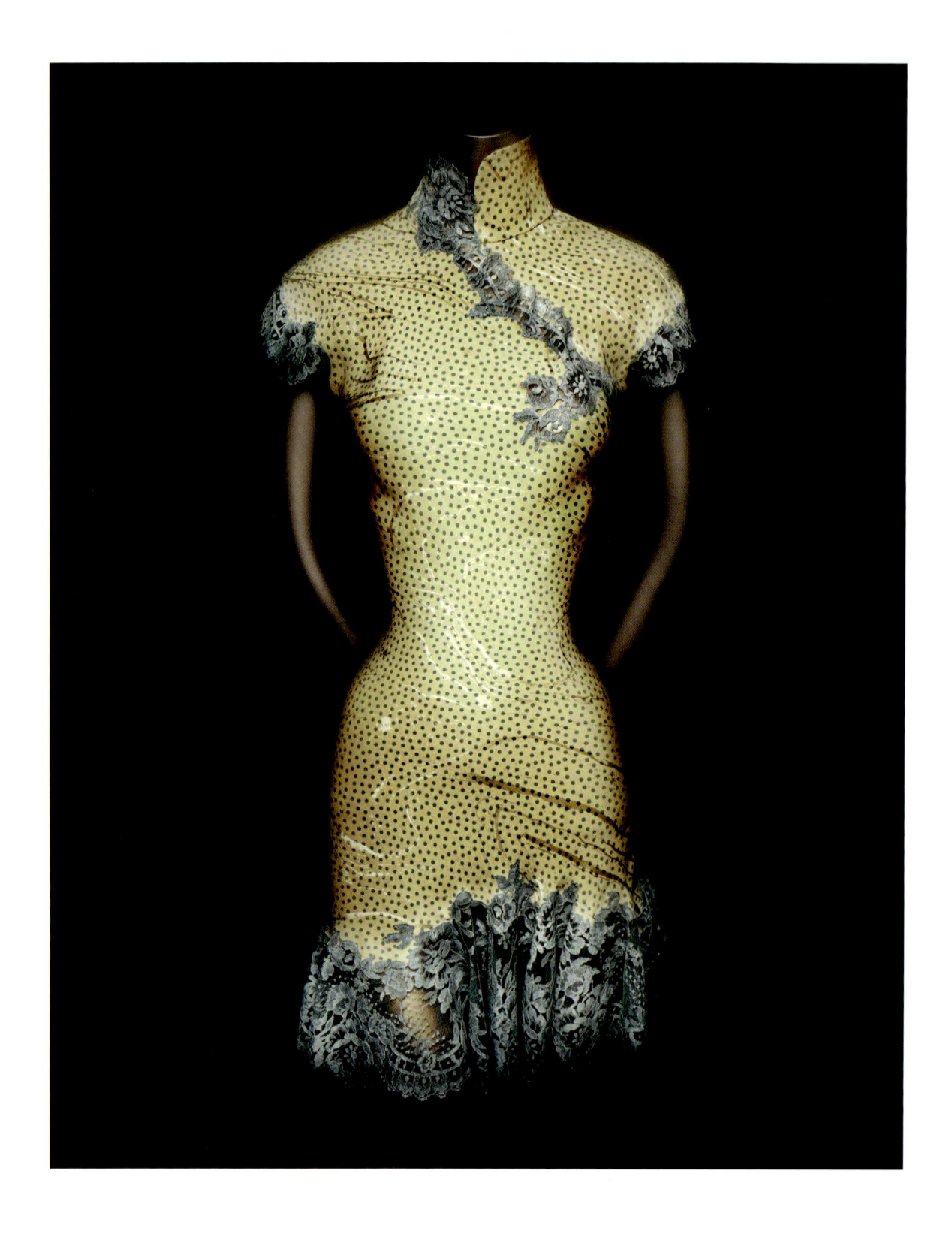

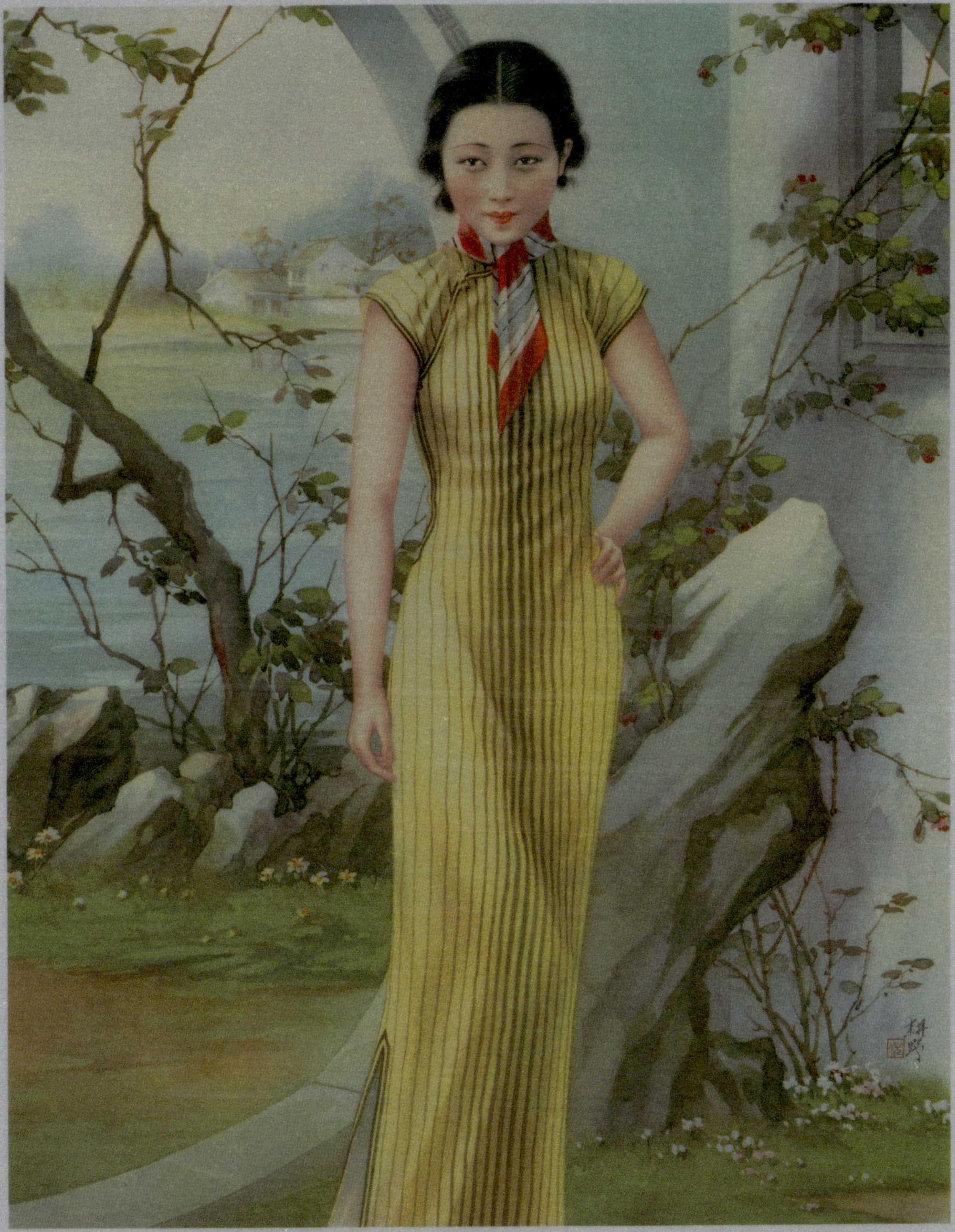

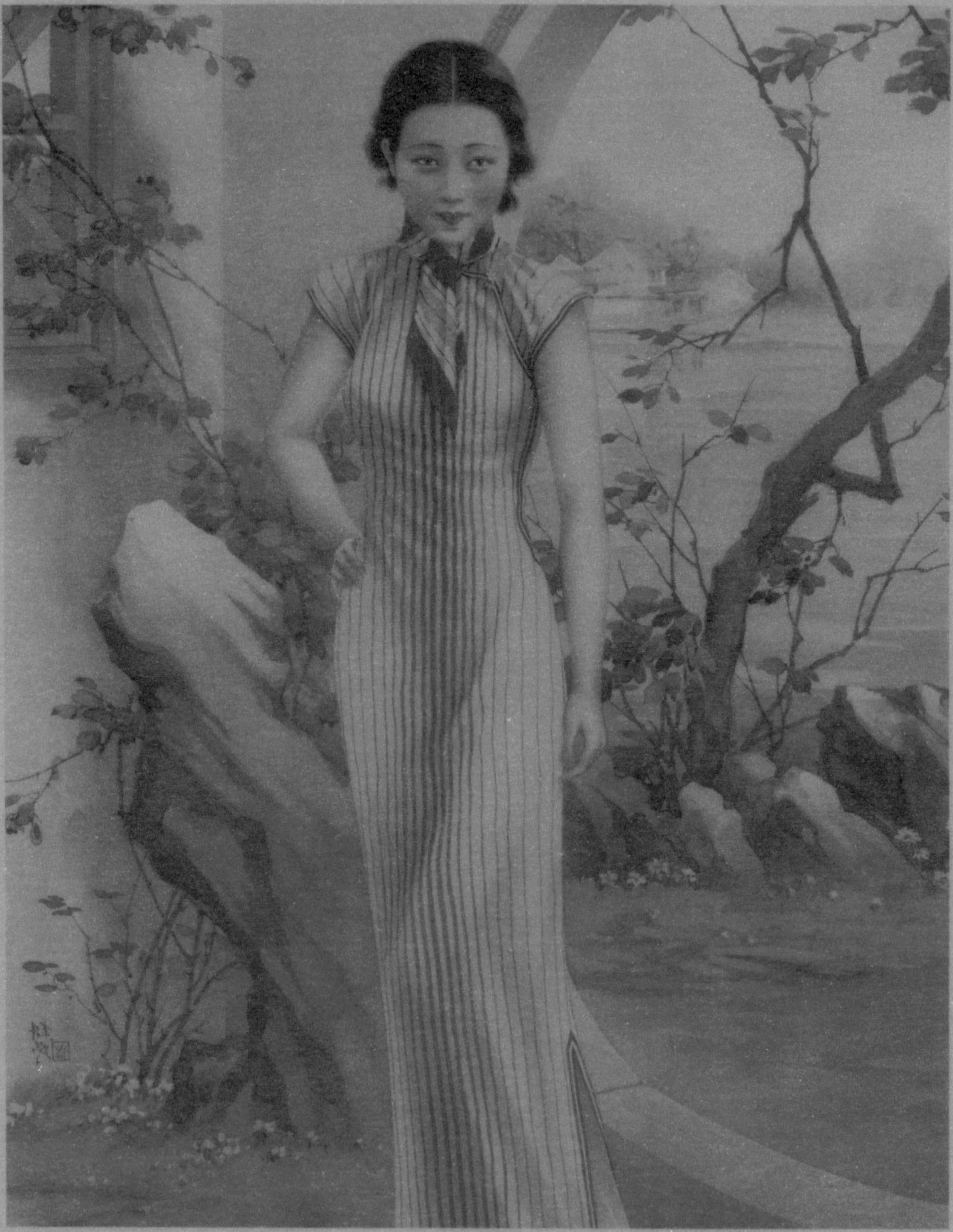

民国时期的中国

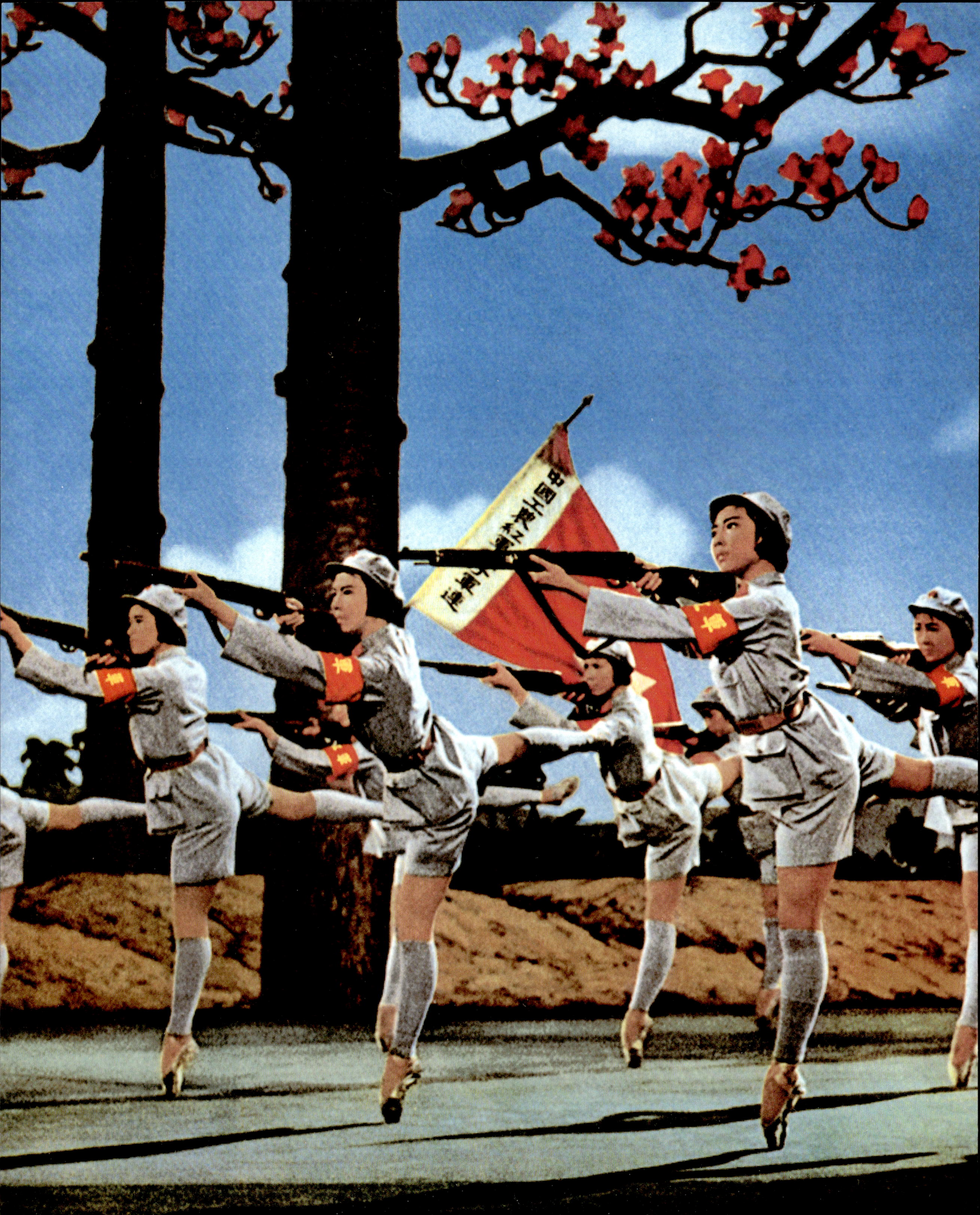

中华人民
共和国

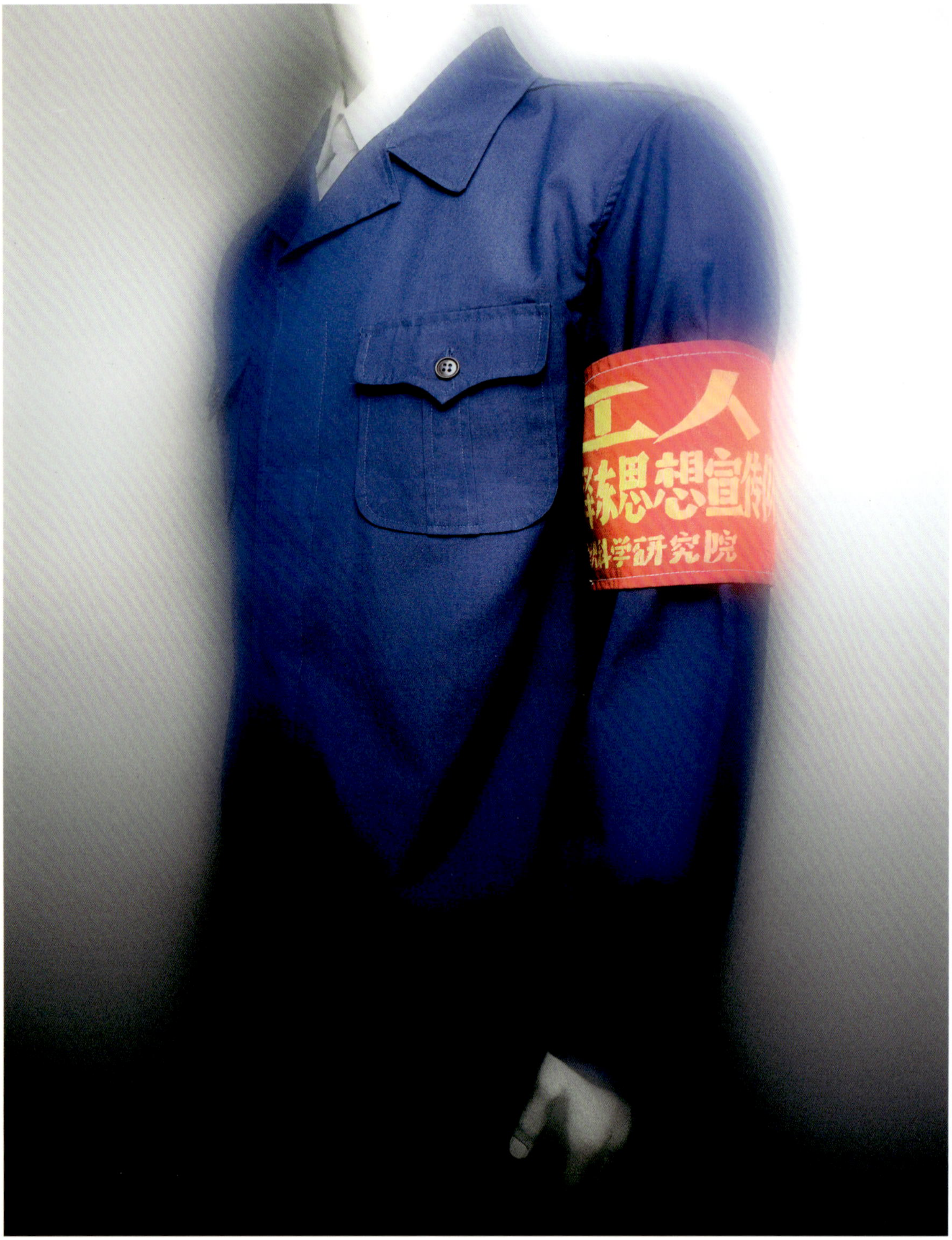
工人
东思想宣传
科学研究院

中华人民共和国

镜花水月：西方时尚里的中国风

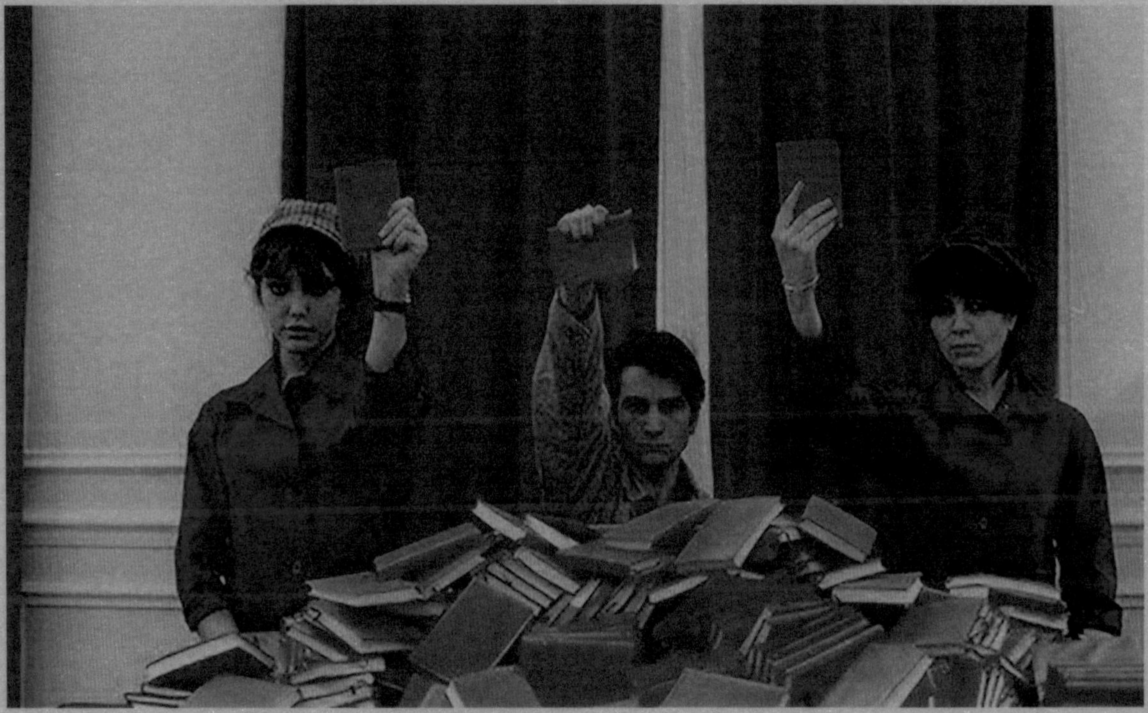

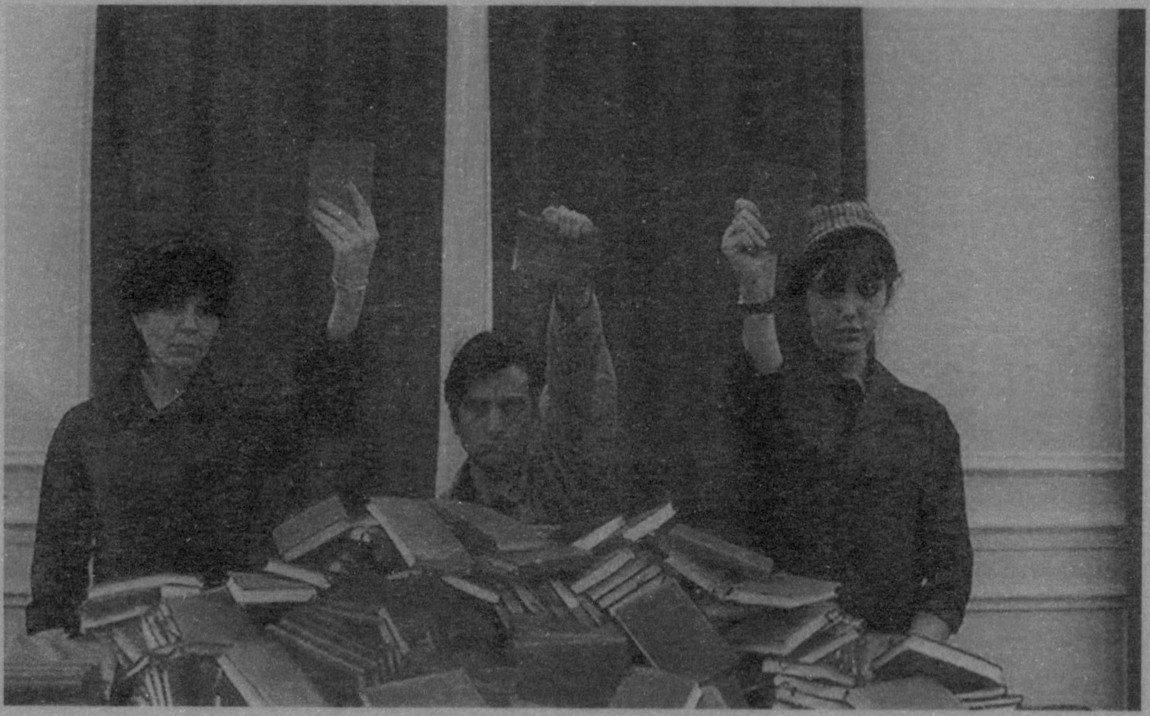

中华人民共和国

镜花水月：西方时尚里的中国风

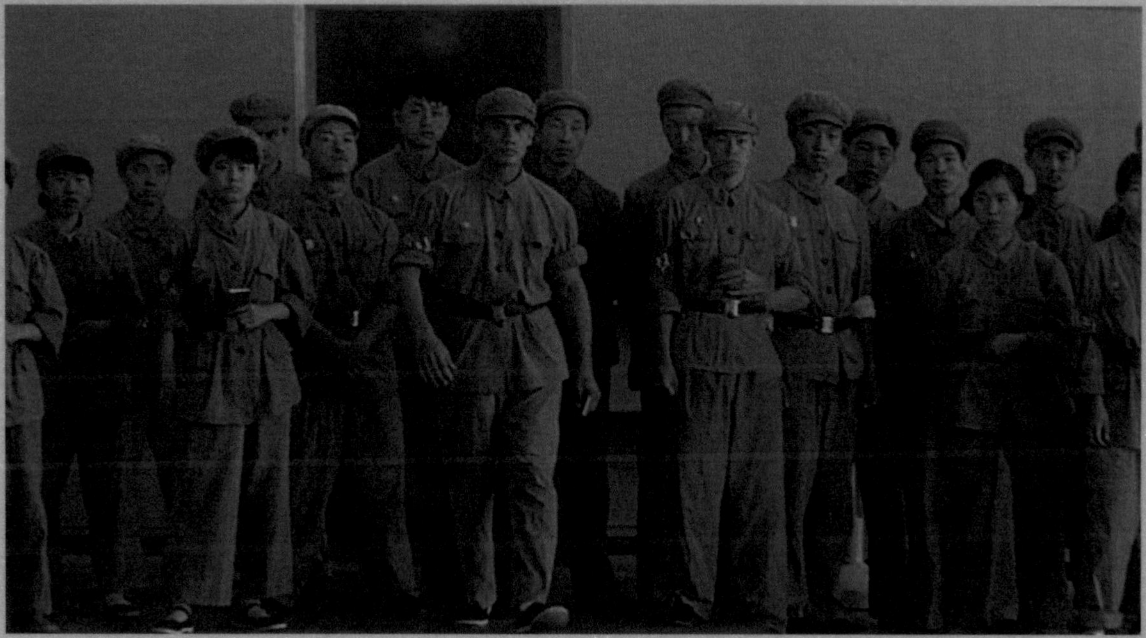

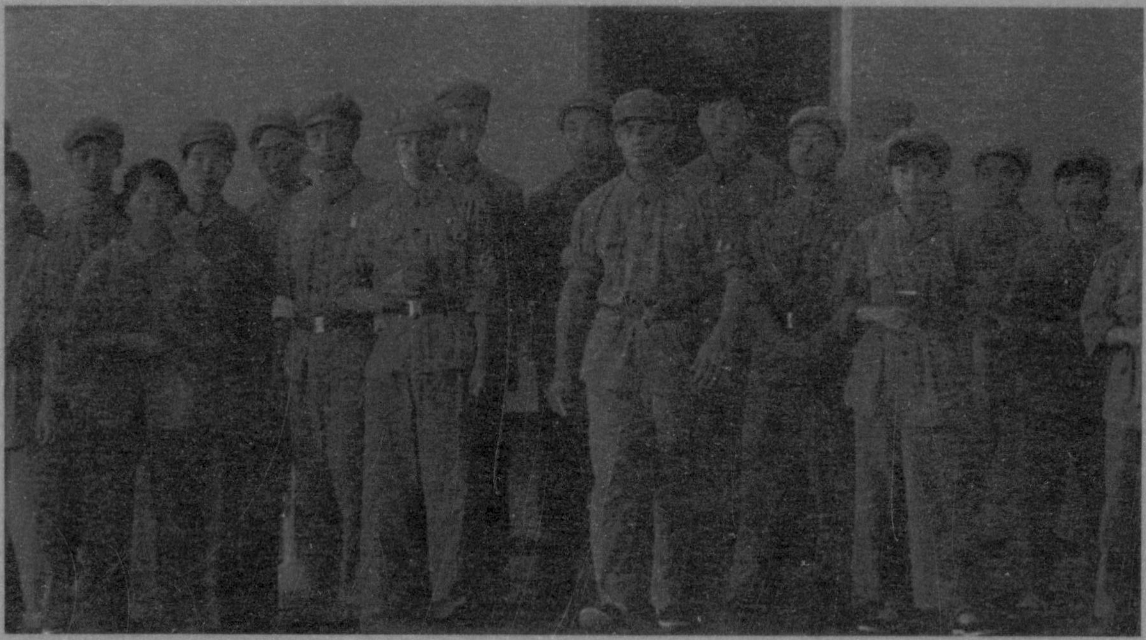

中华人民共和国

镜花水月：西方时尚里的中国风

中华人民共和国

符号帝国

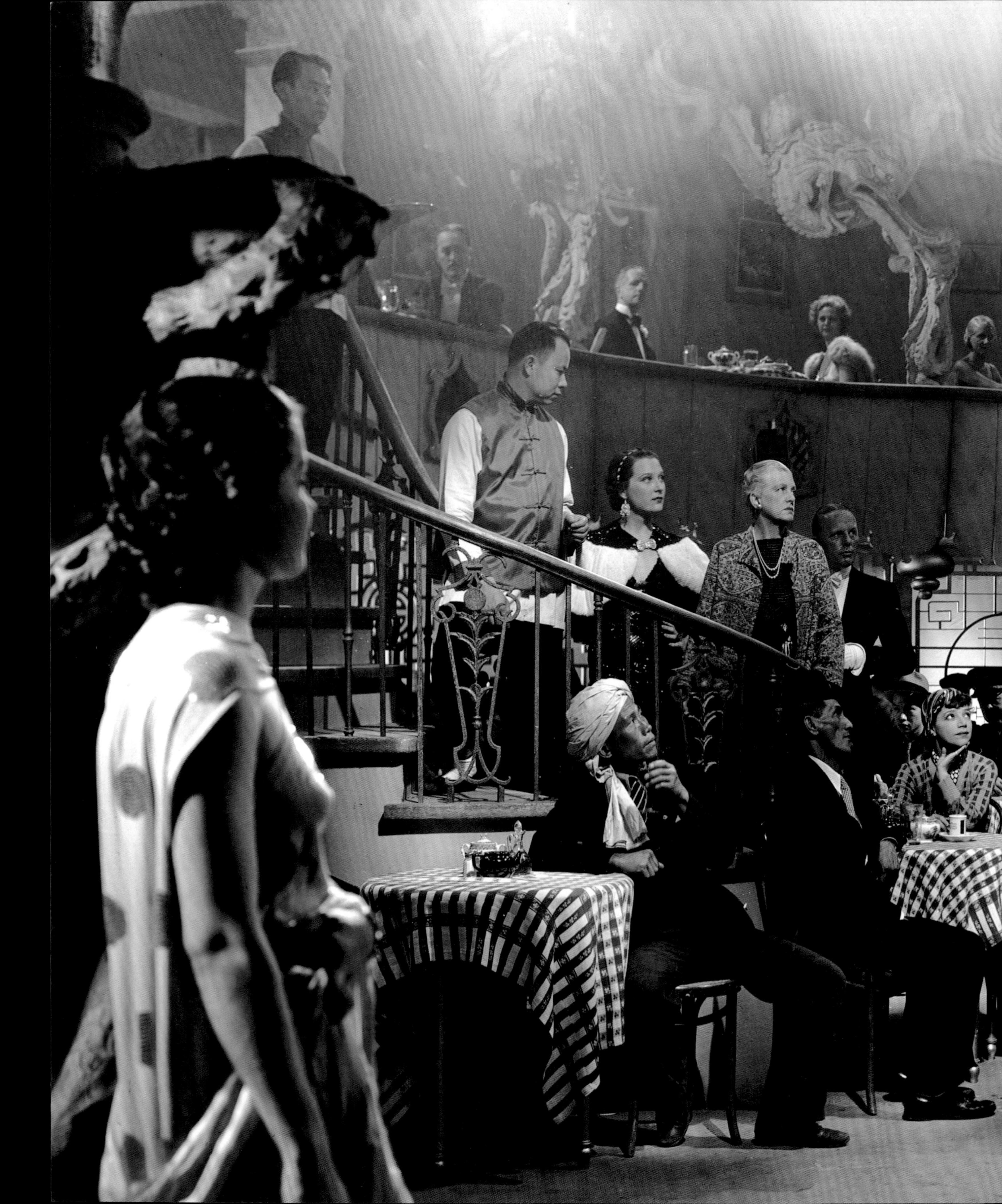

神秘的
形体

镜花水月：西方时尚里的中国风

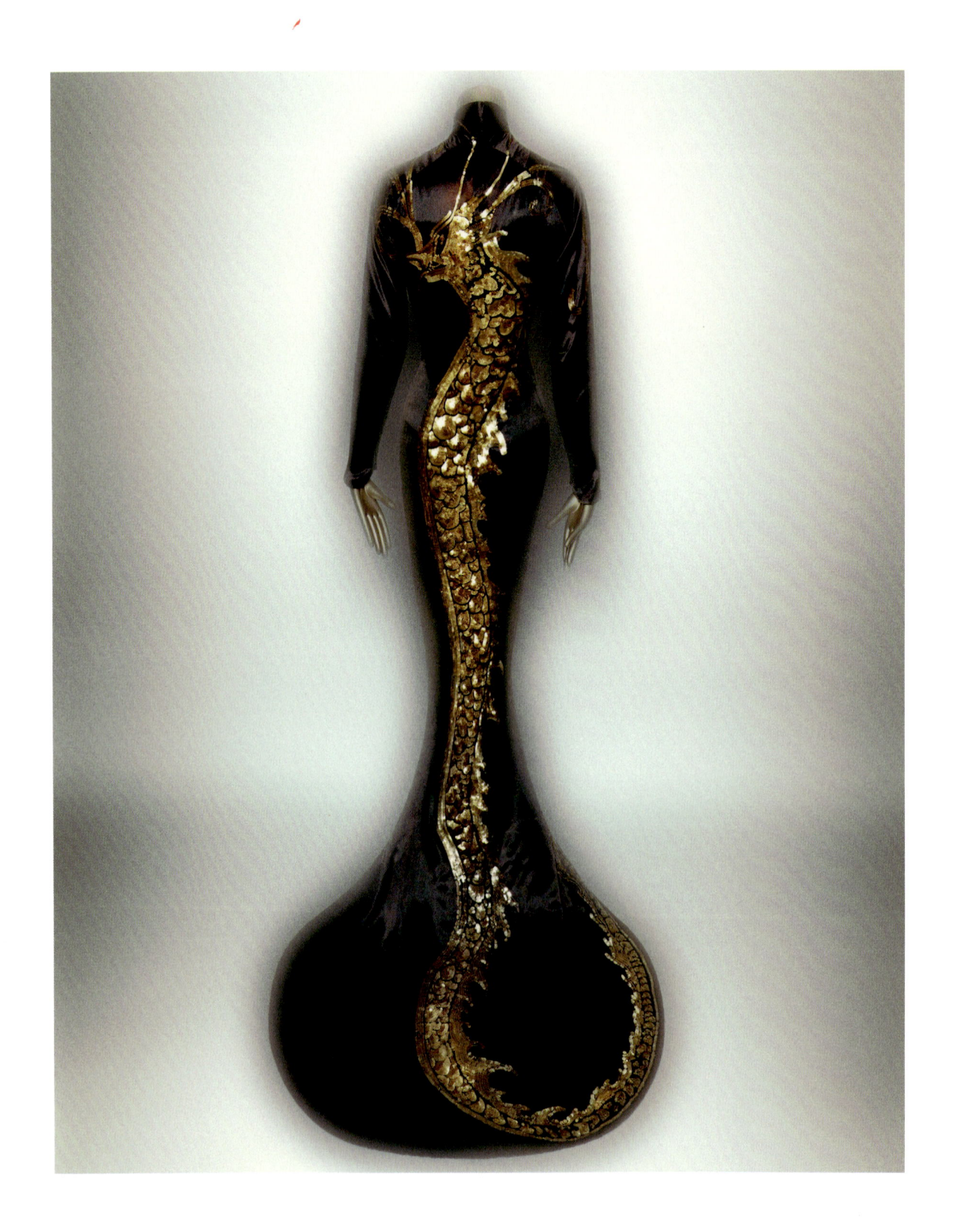

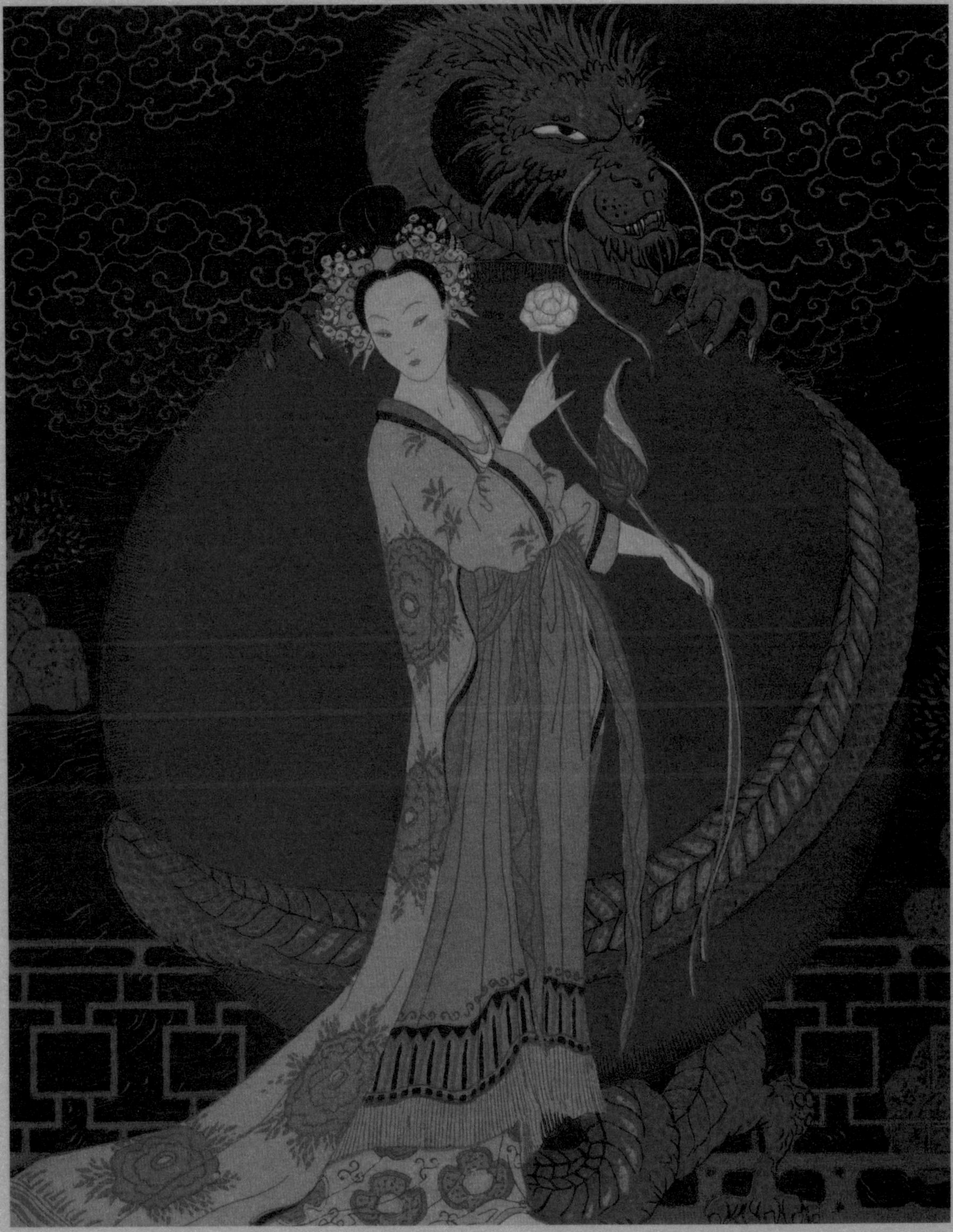

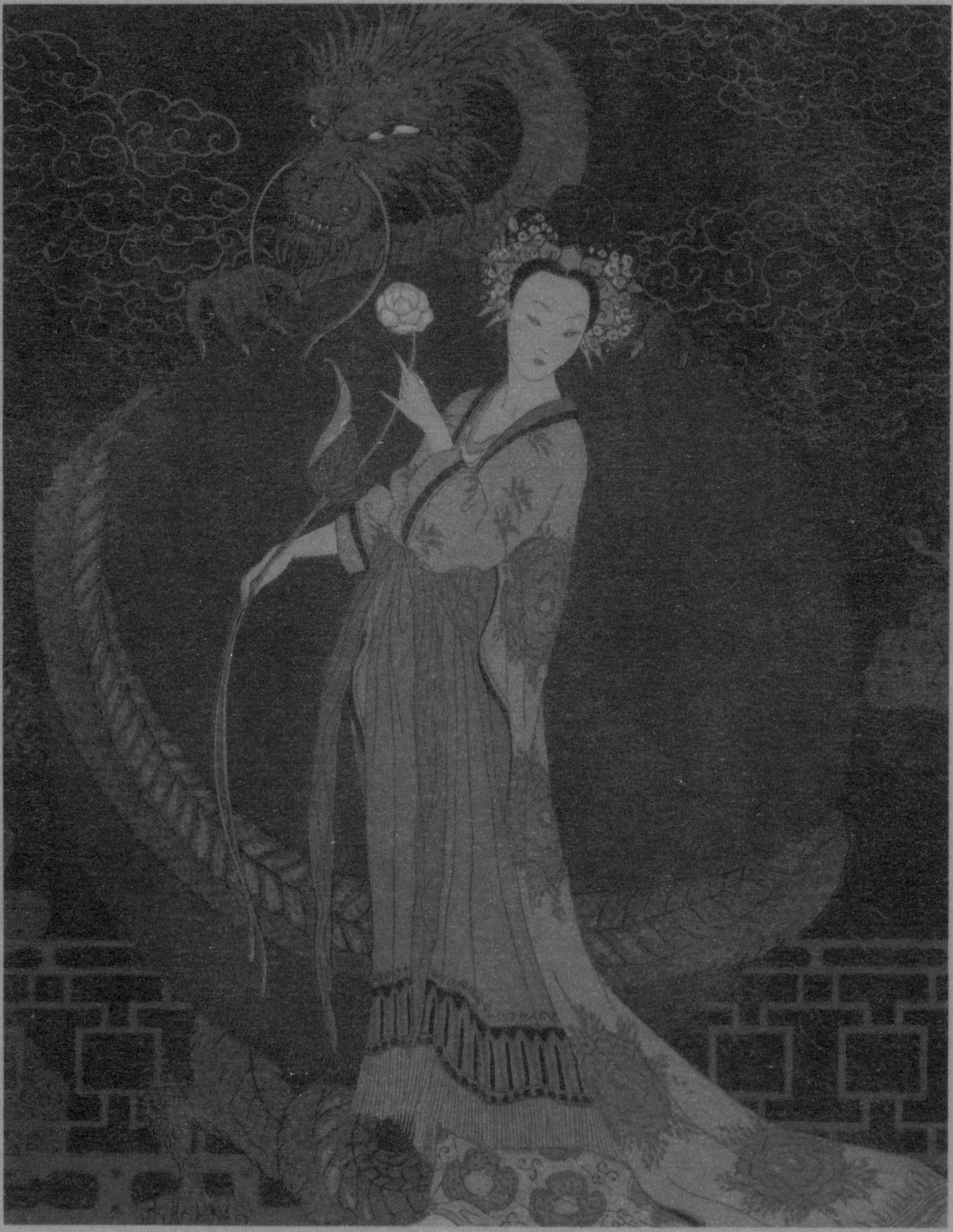

神秘的形体

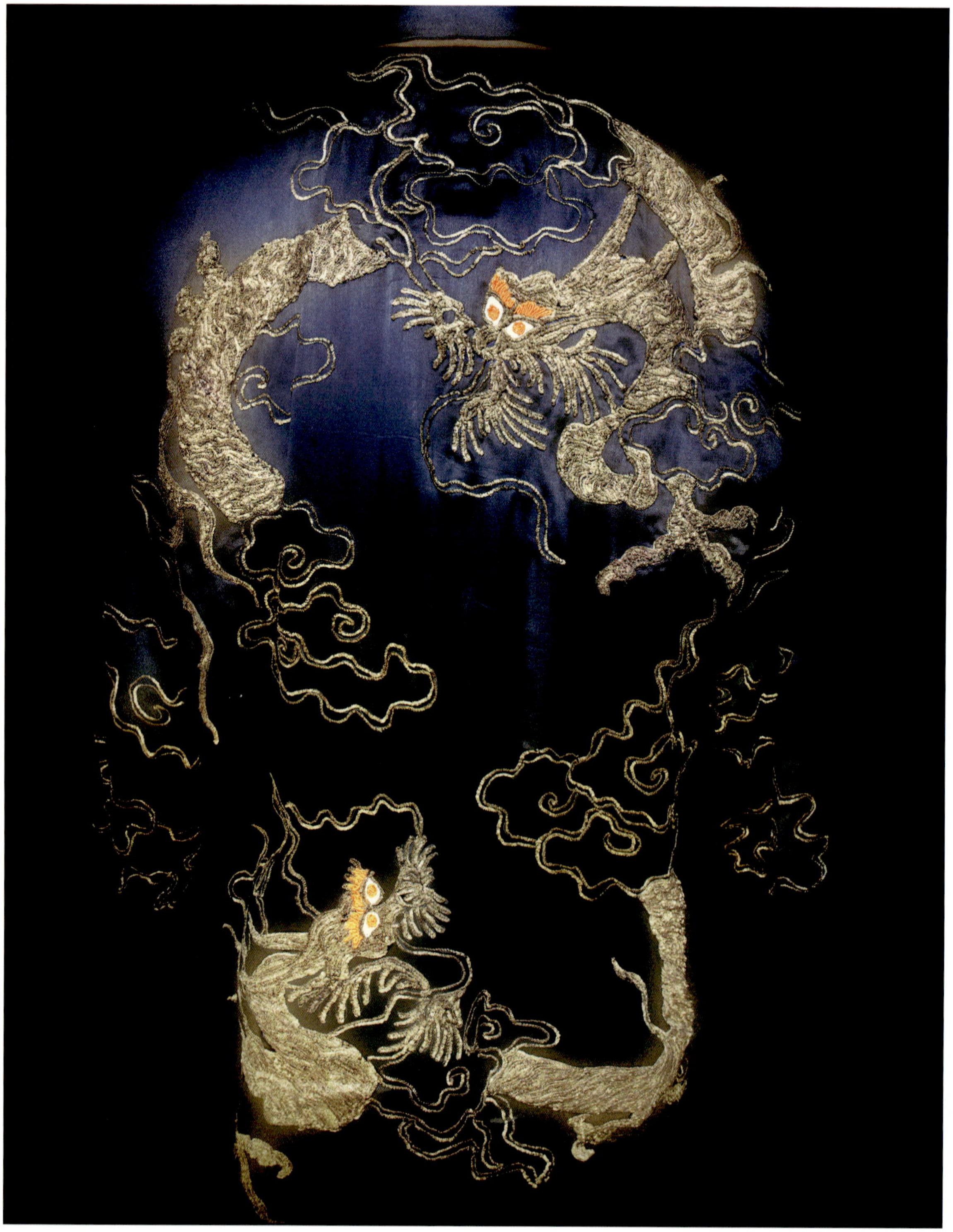

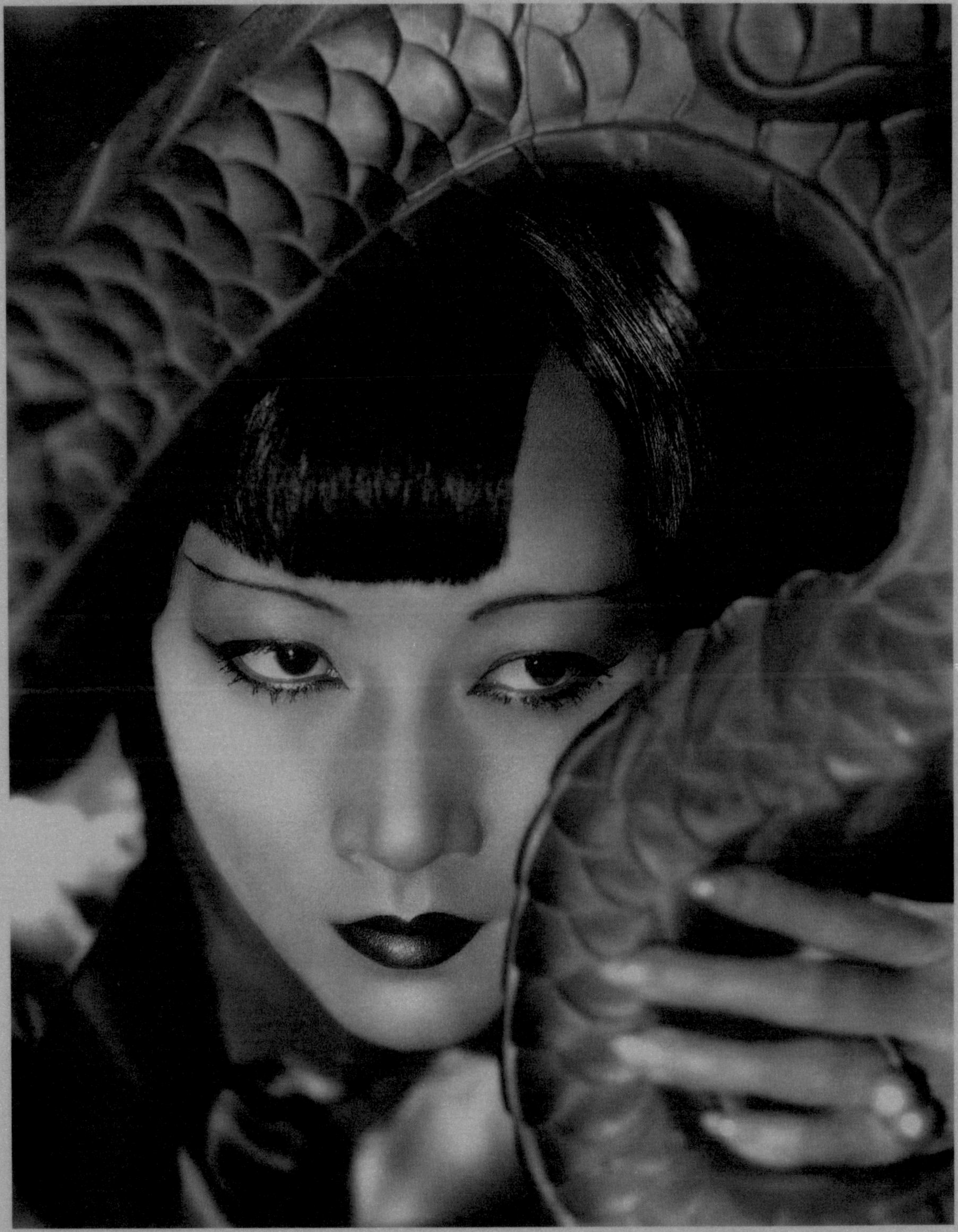

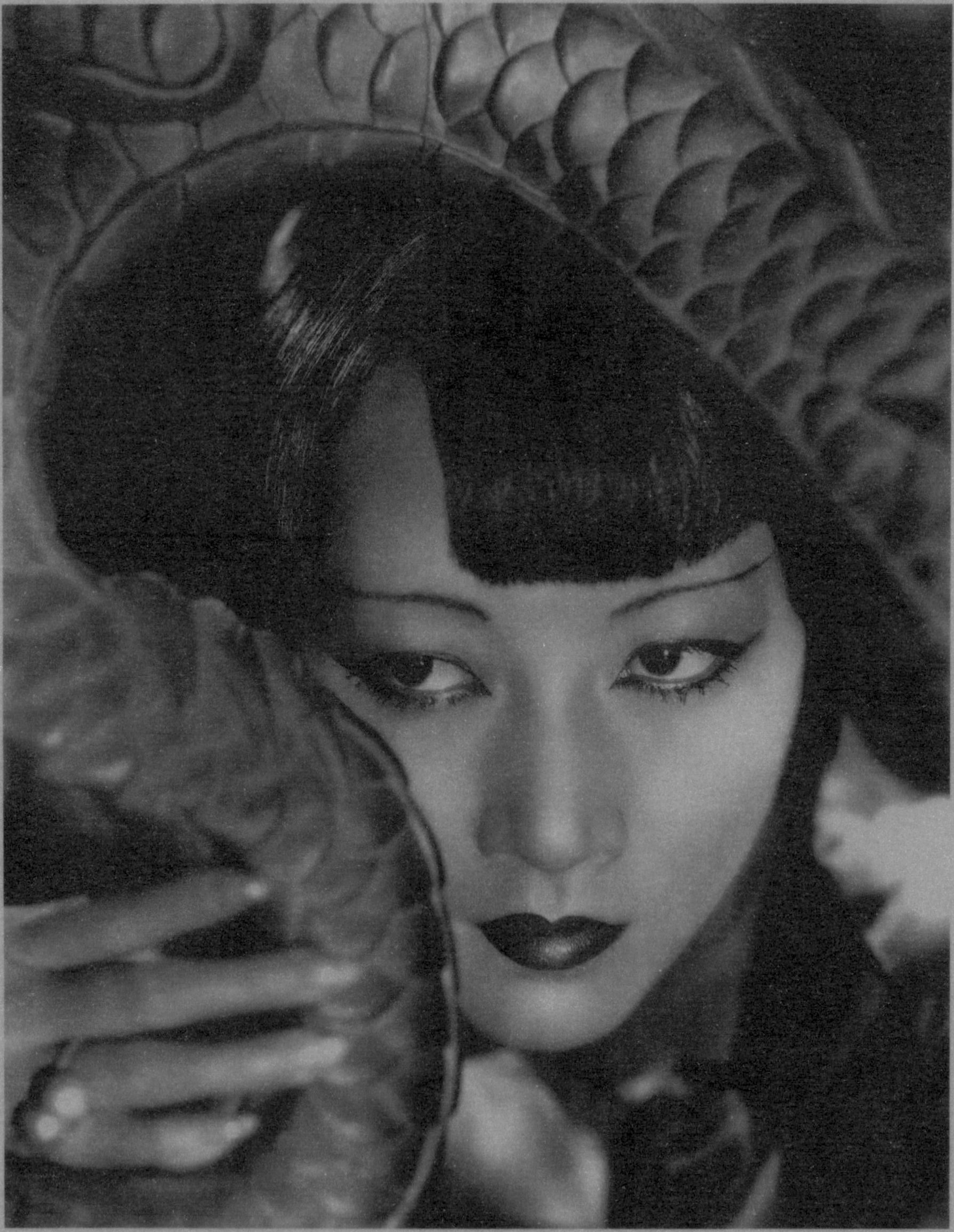

神秘的形体

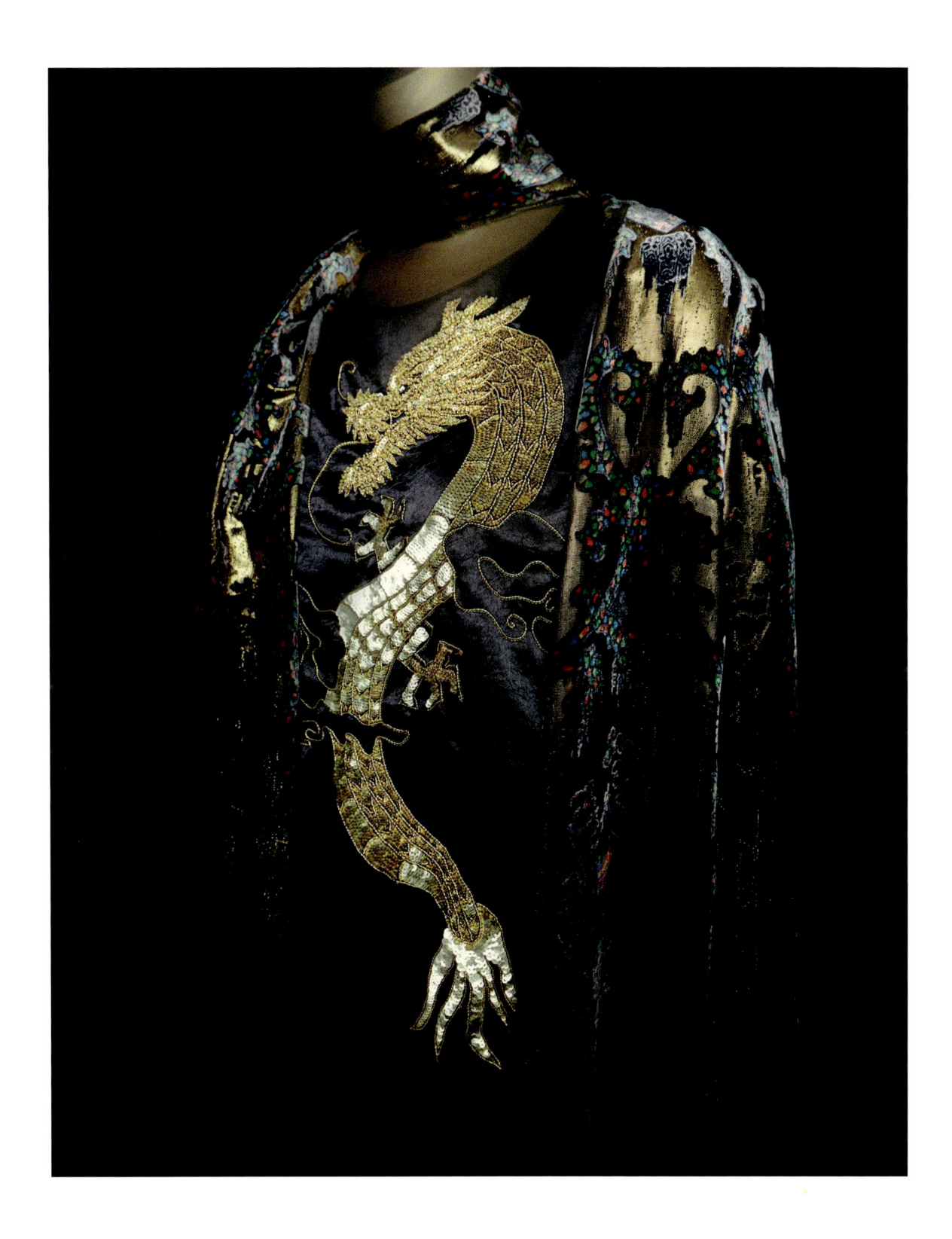

镜花水月：西方时尚里的中国风

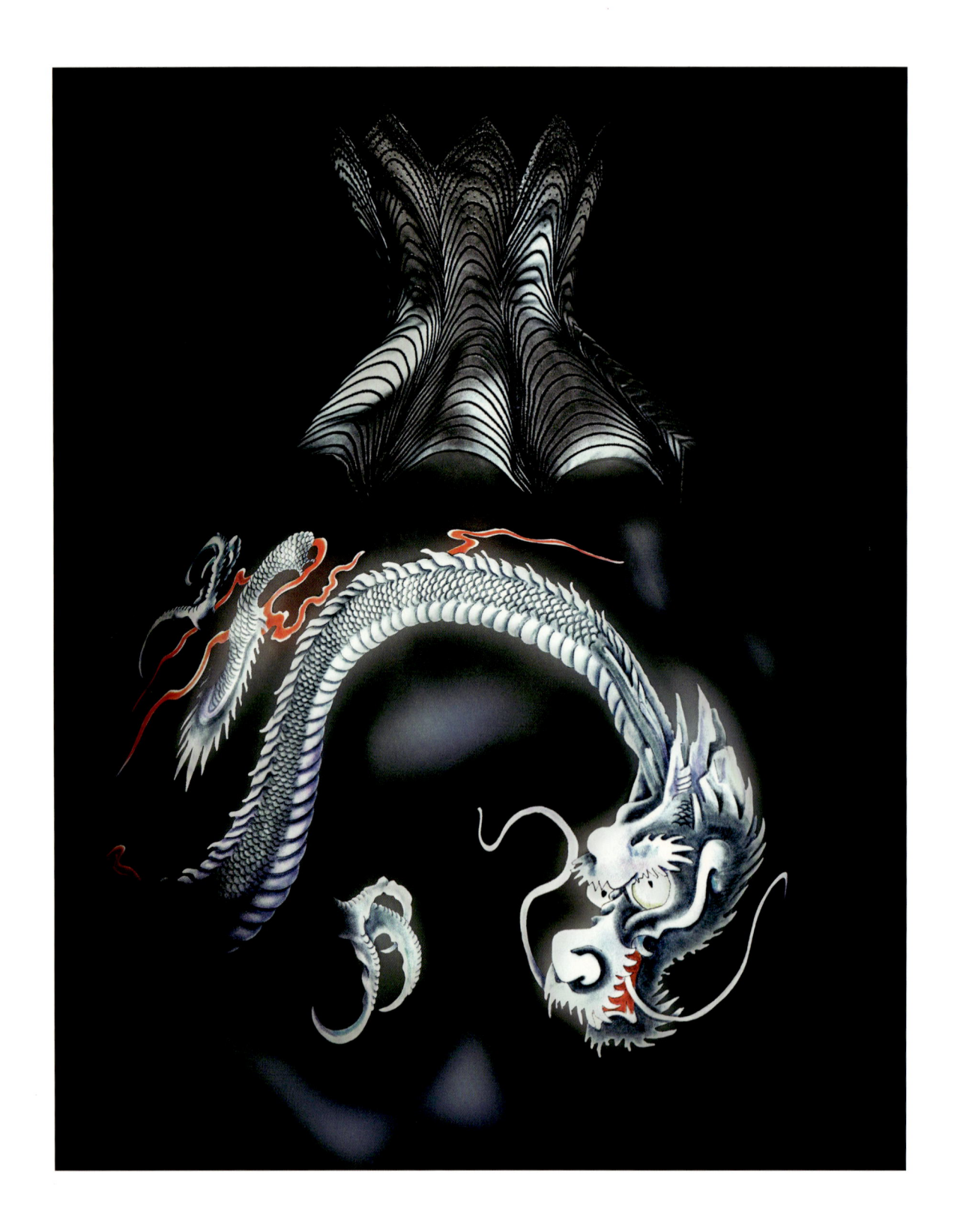

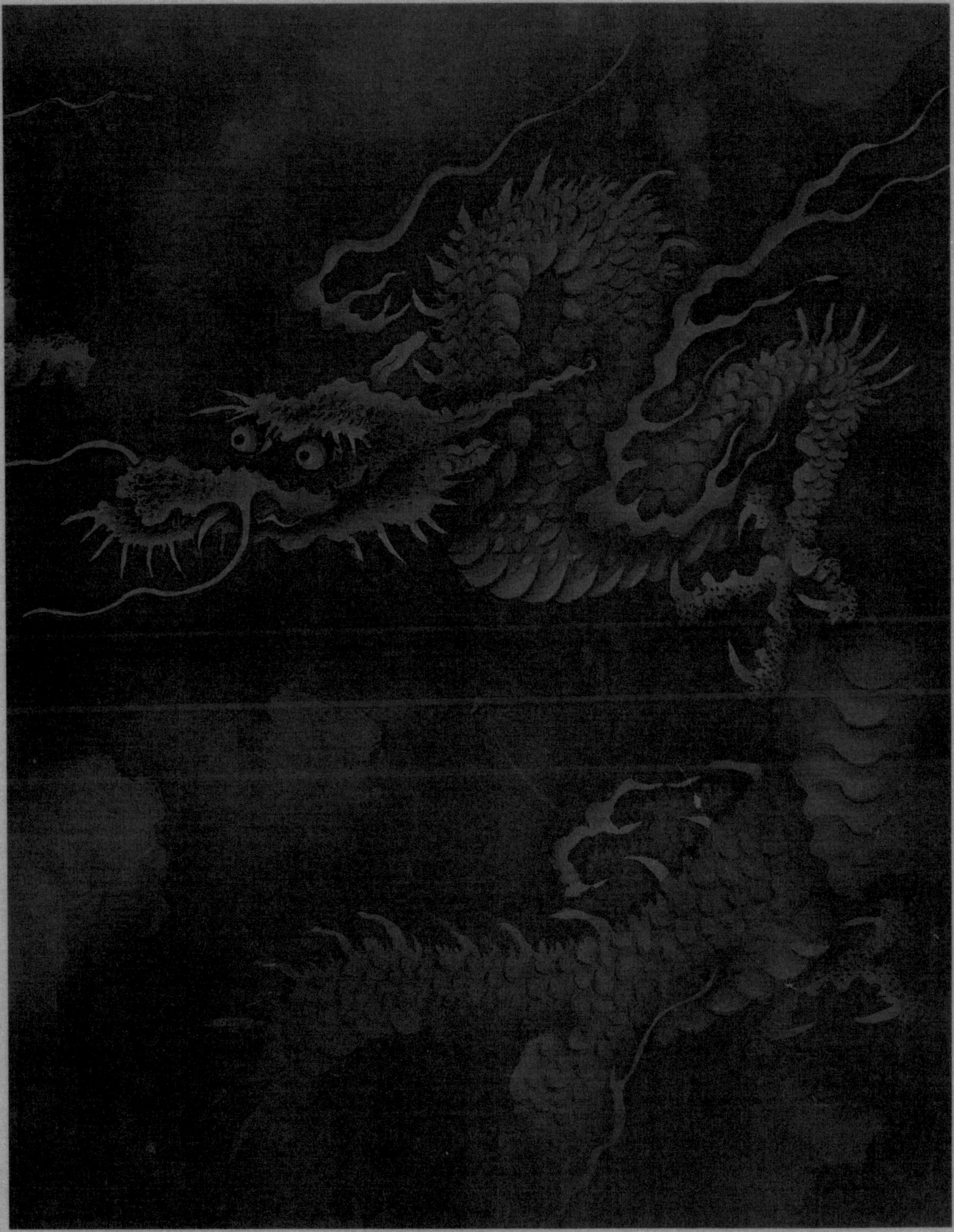

神秘的形体

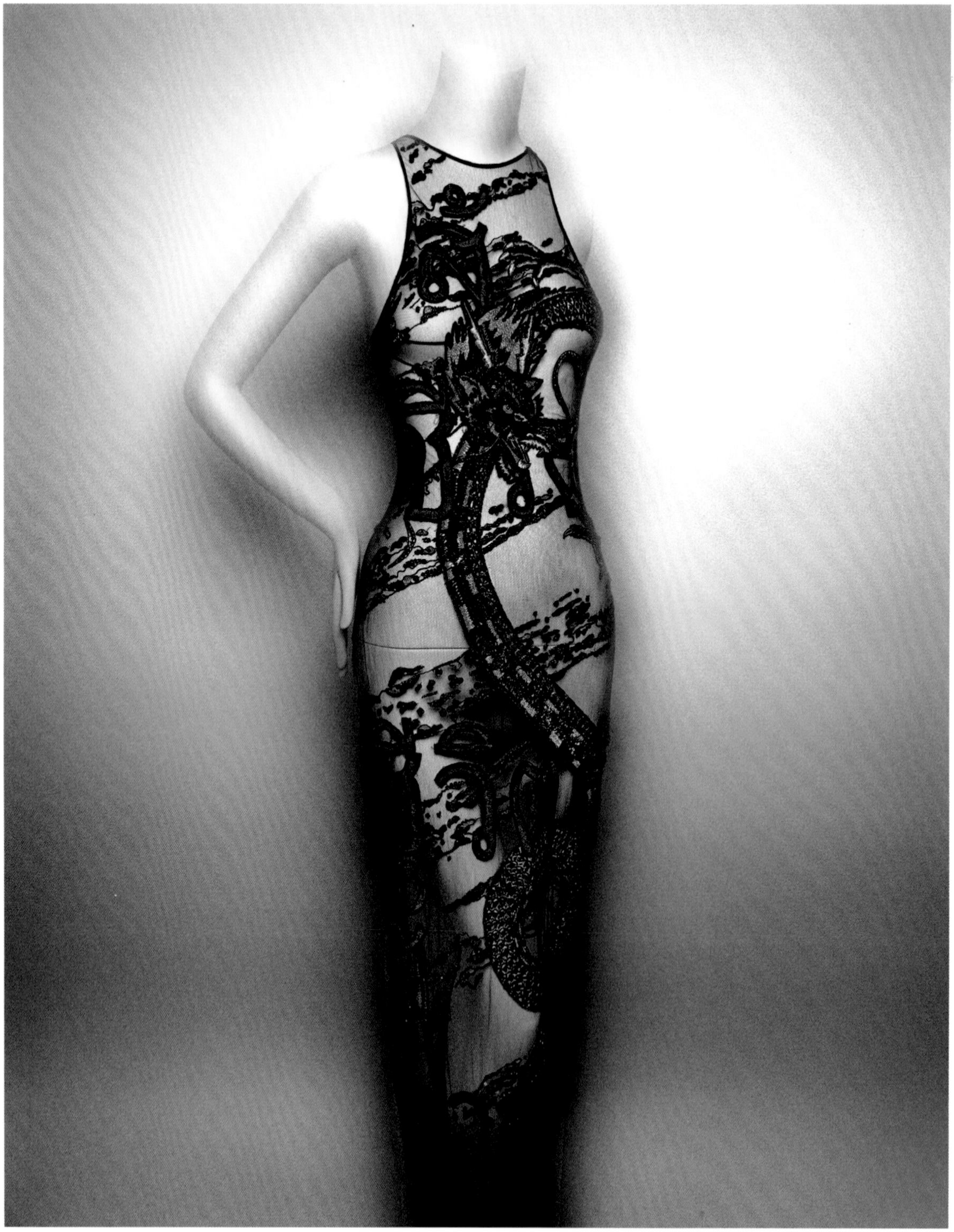

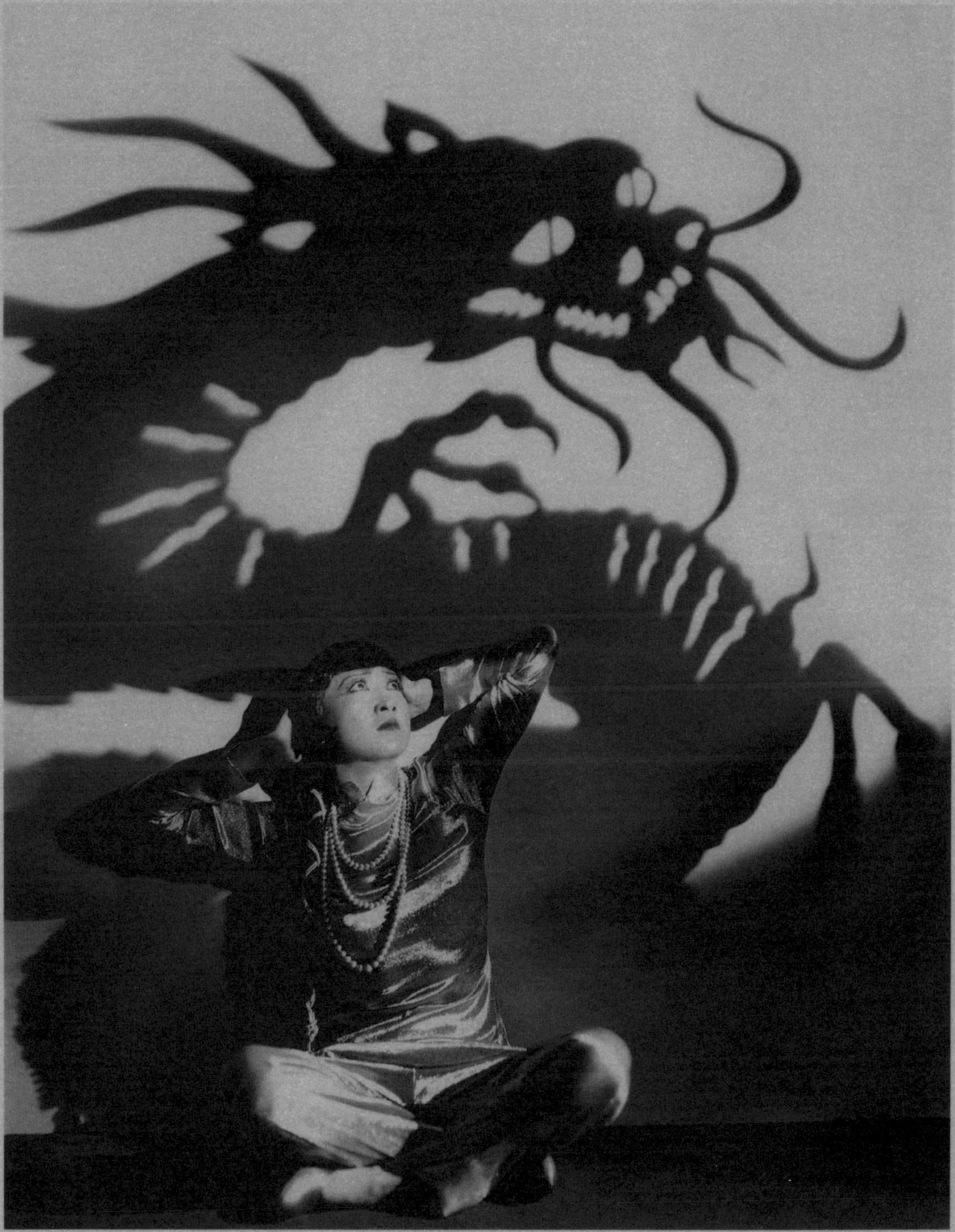

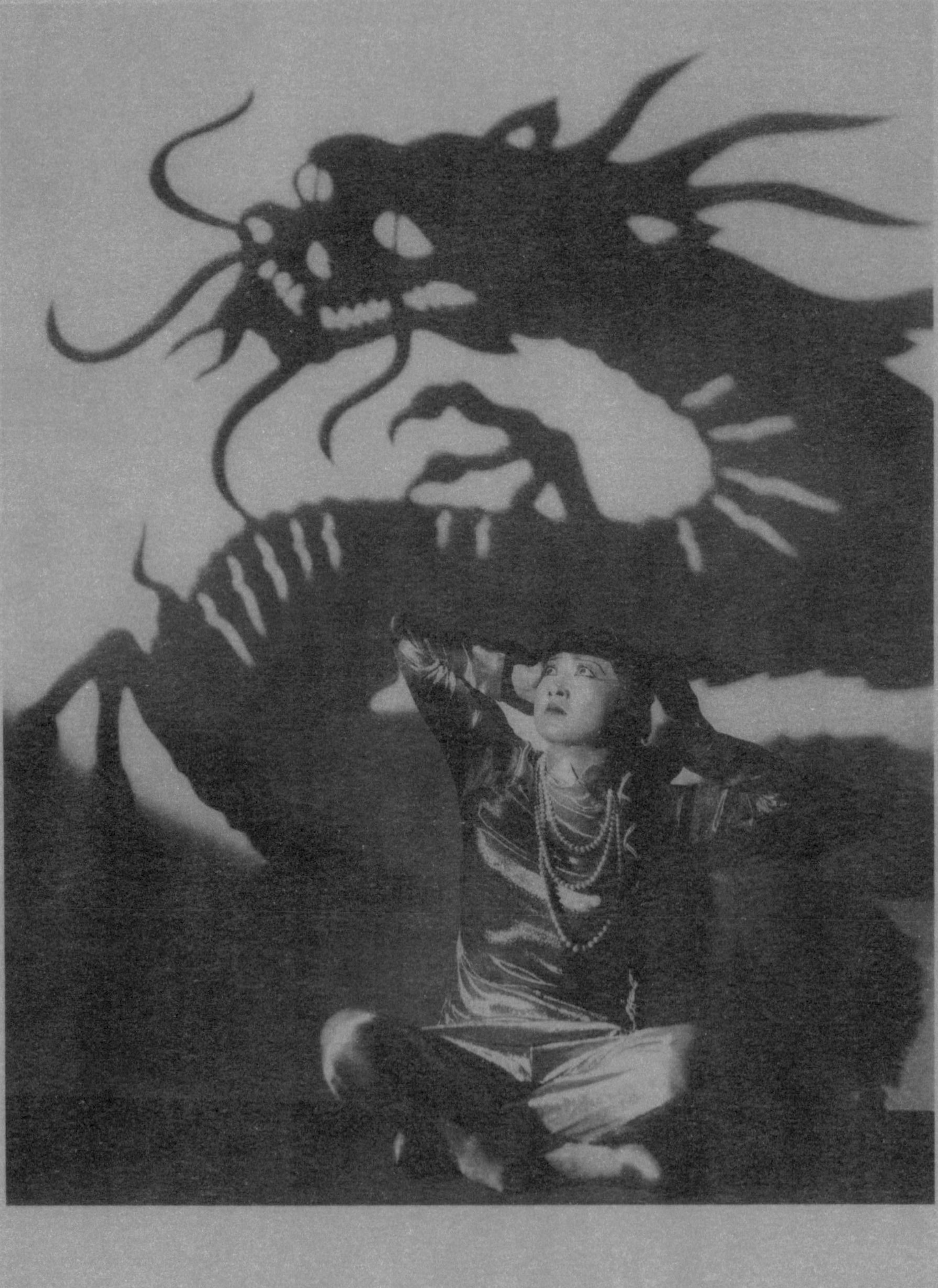

神秘的形体

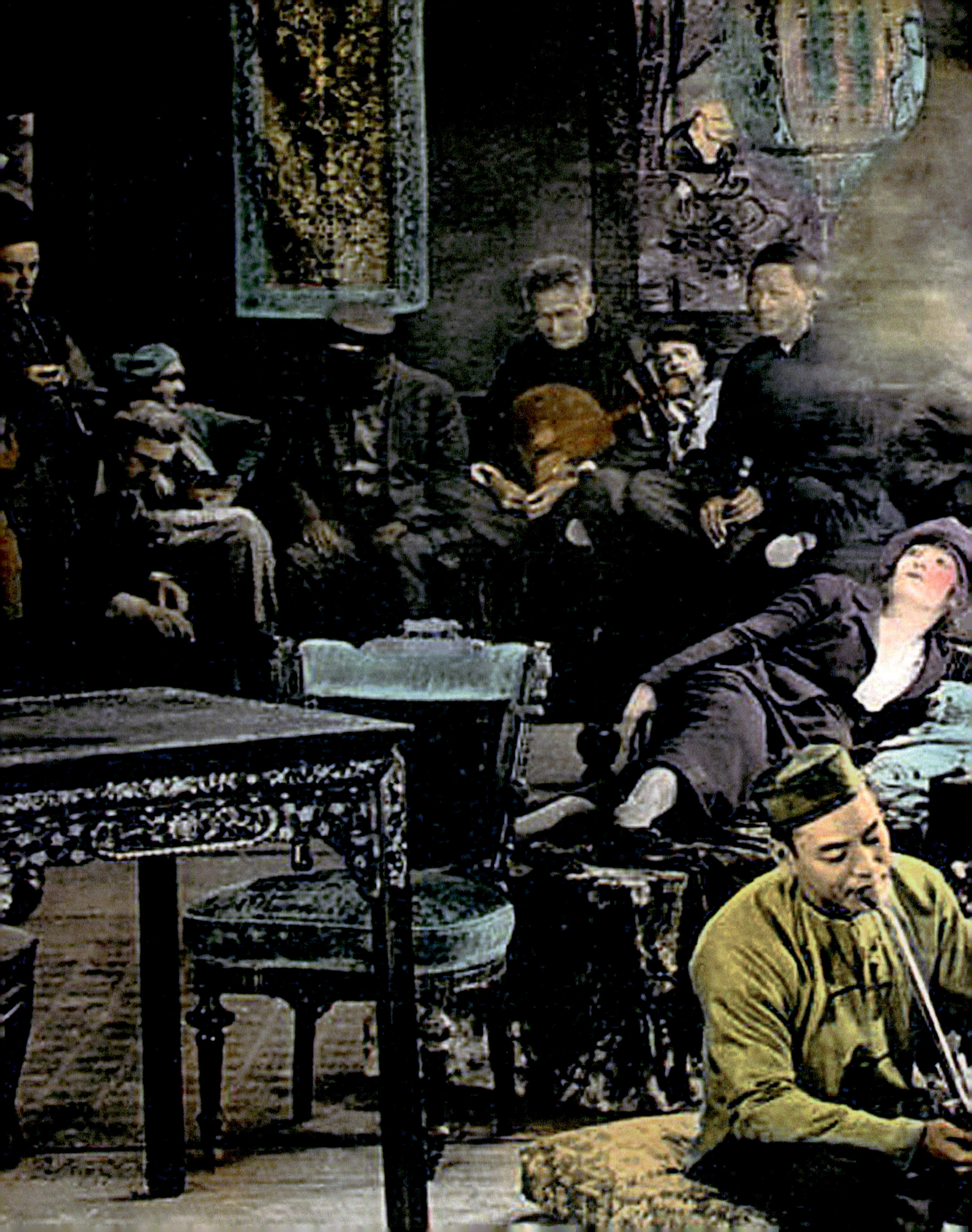

神秘的
空间

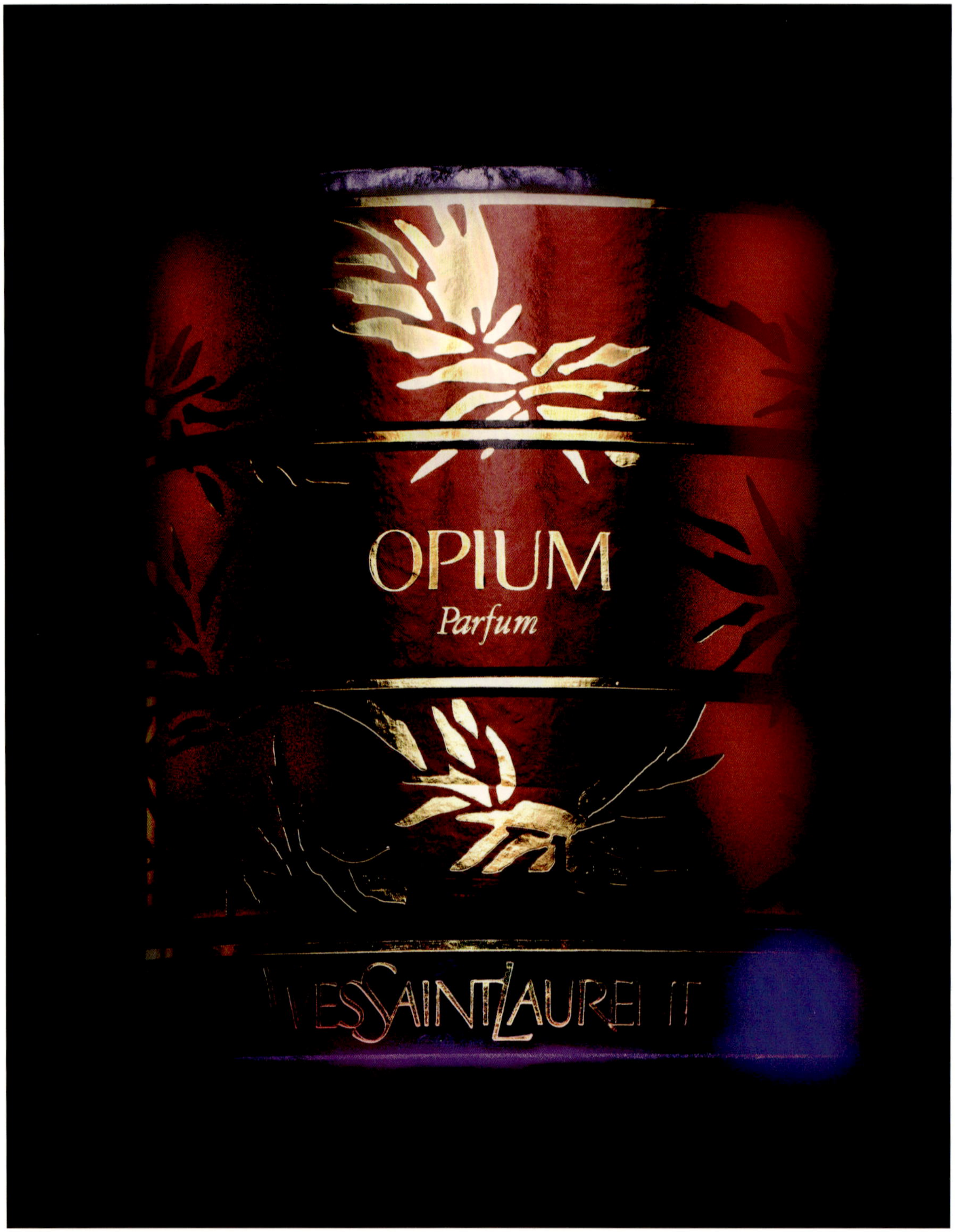
OPIUM
Parfum

OPIUM,
pour celles qui s'adonnent à Yves Saint Laurent.

Parfums
Yves Saint Laurent

OPIUM,
pour celles qui s'adonnent à Yves Saint Laurent.

Parfums
YVES SAINT LAURENT

神秘的空间

镜花水月：西方时尚里的中国风

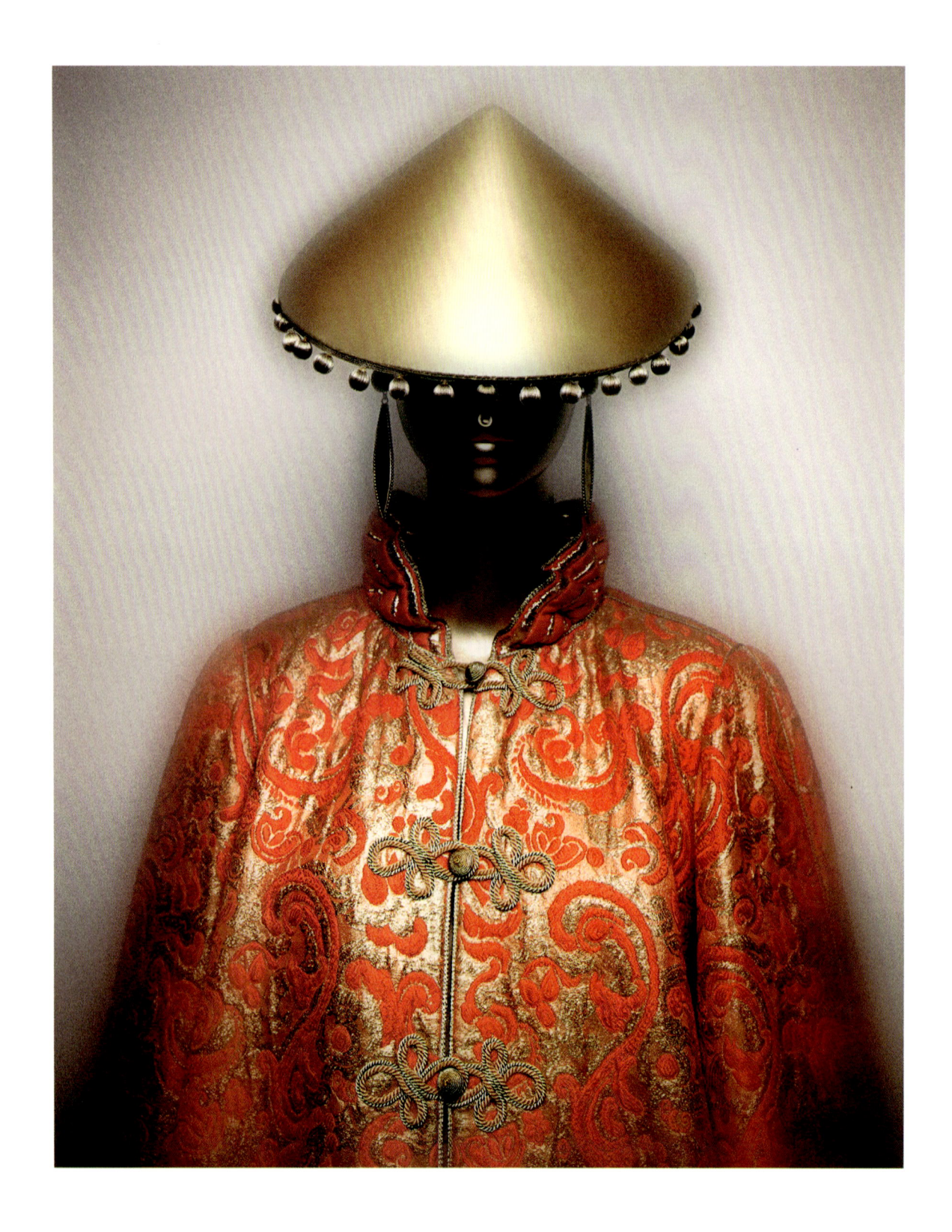

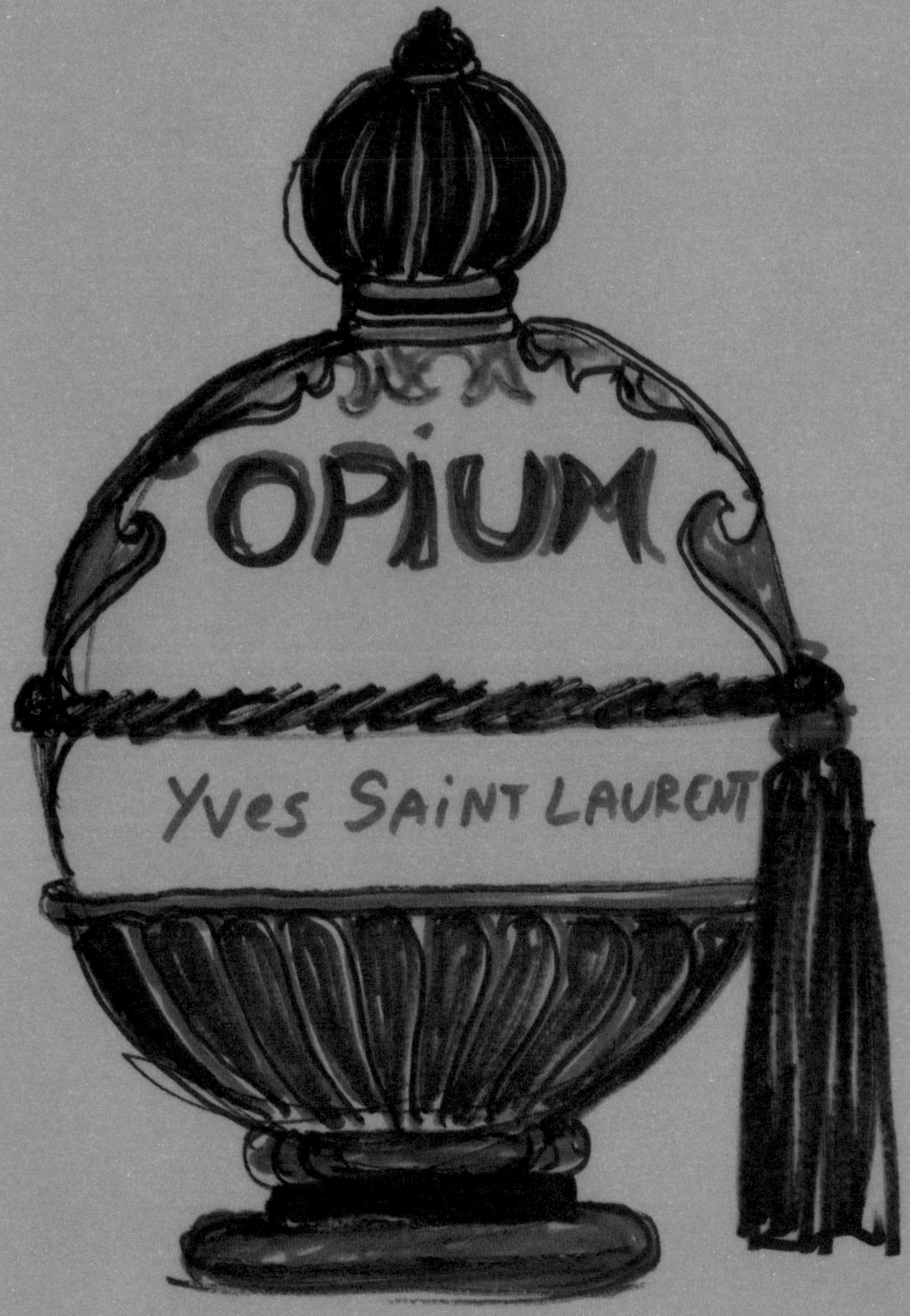
OPIUM
Yves SAINT LAURENT

神秘的空间

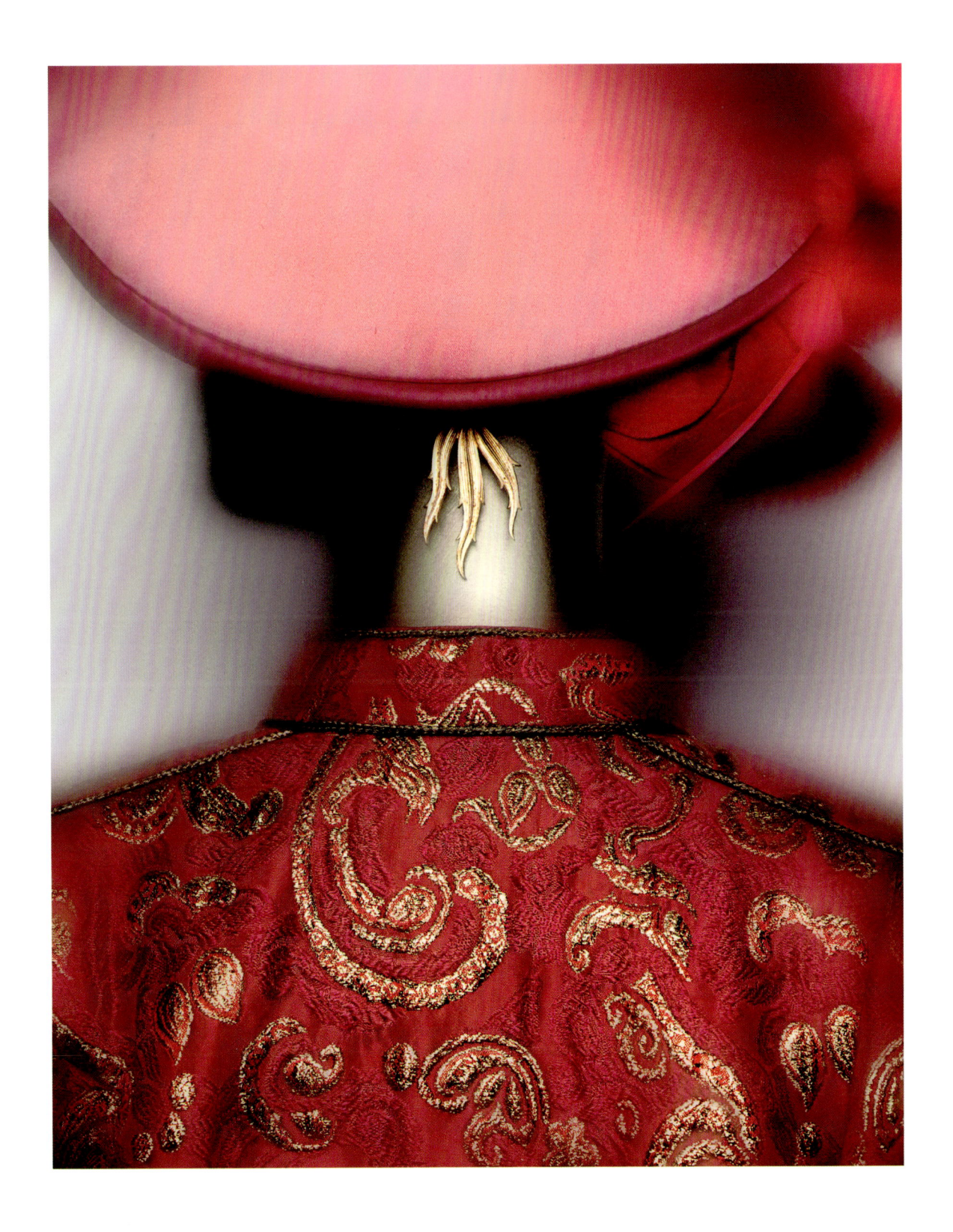

镜花水月：西方时尚里的中国风

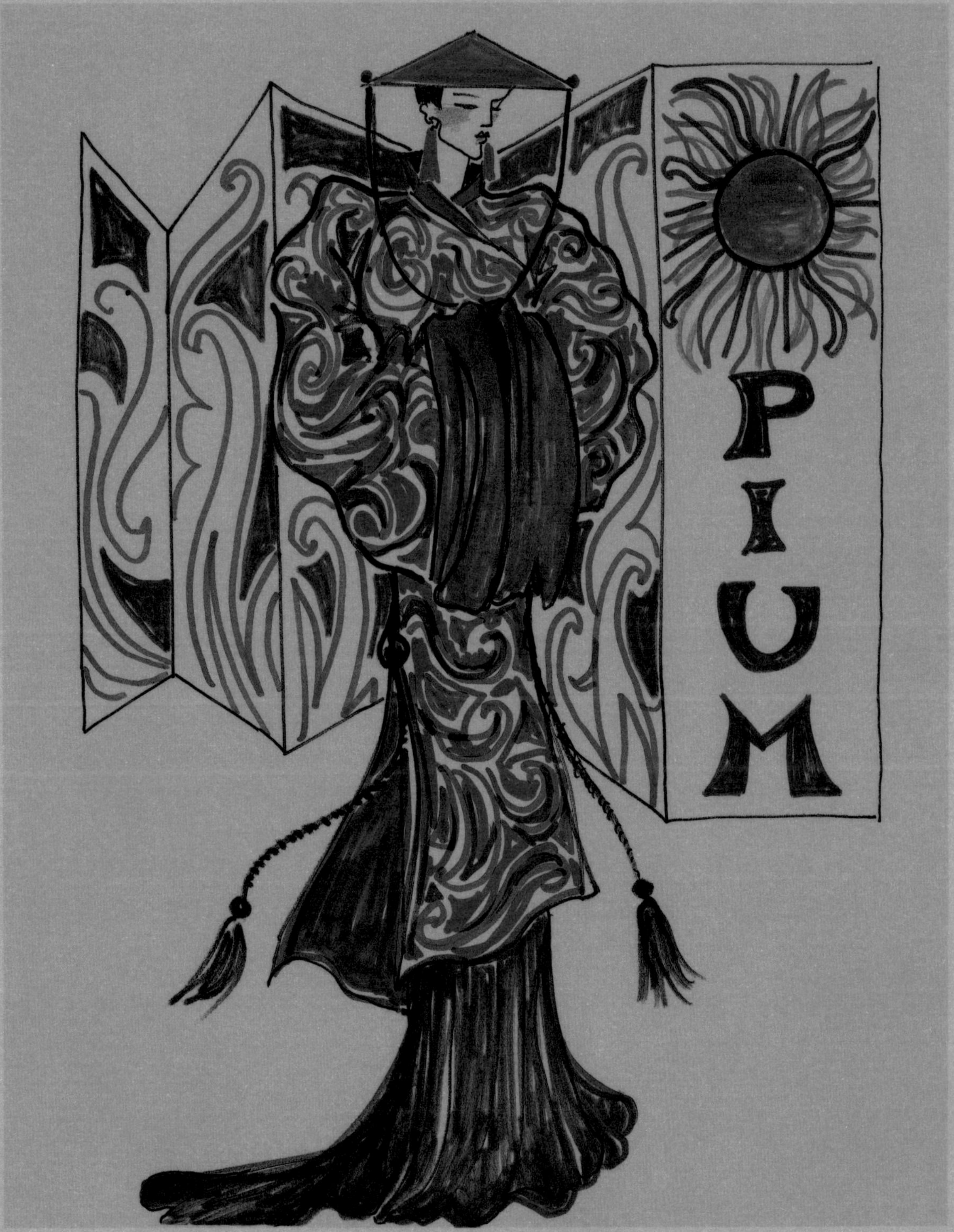
PIUM

神秘的空间

镜花水月：西方时尚里的中国风

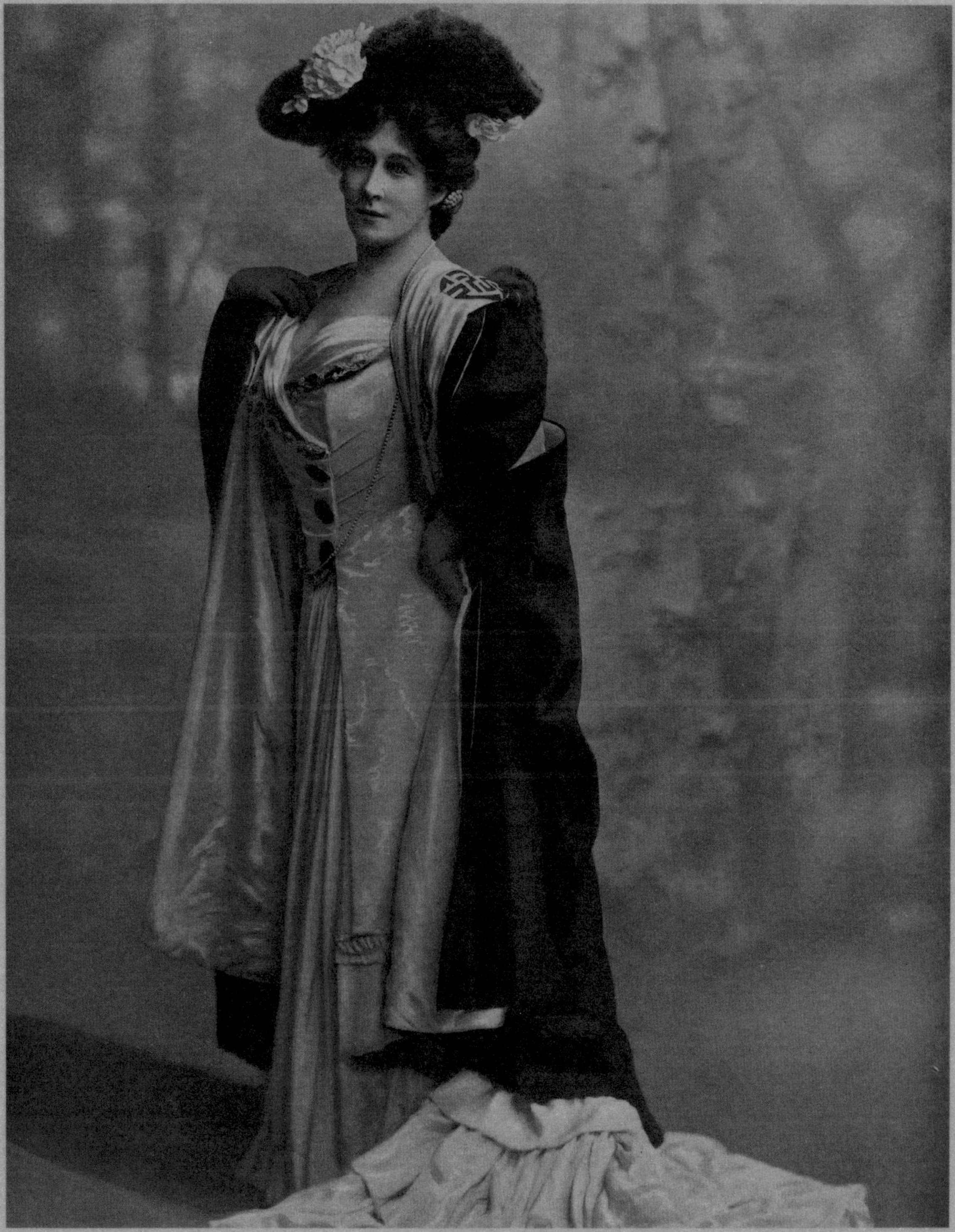

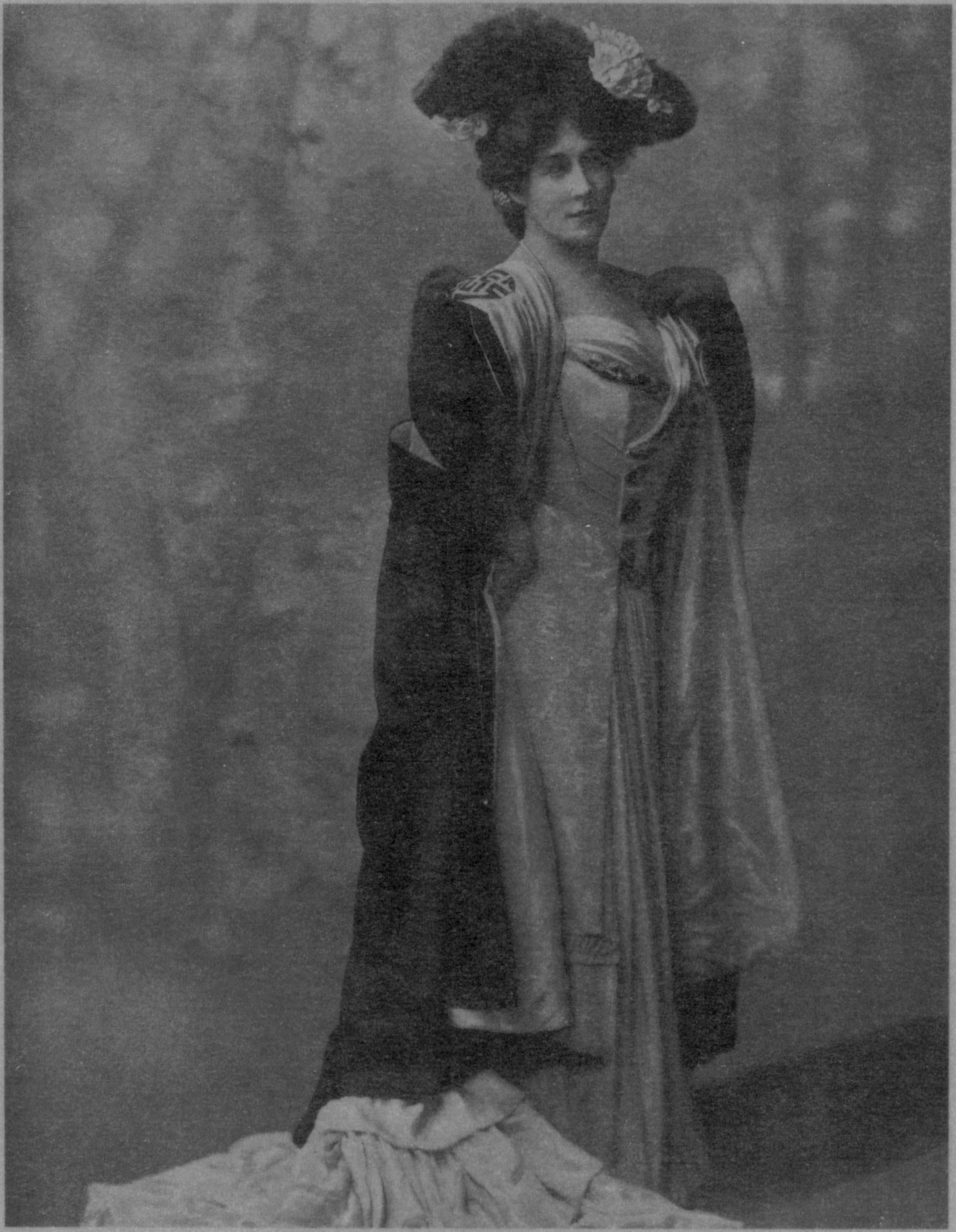

神秘的空间

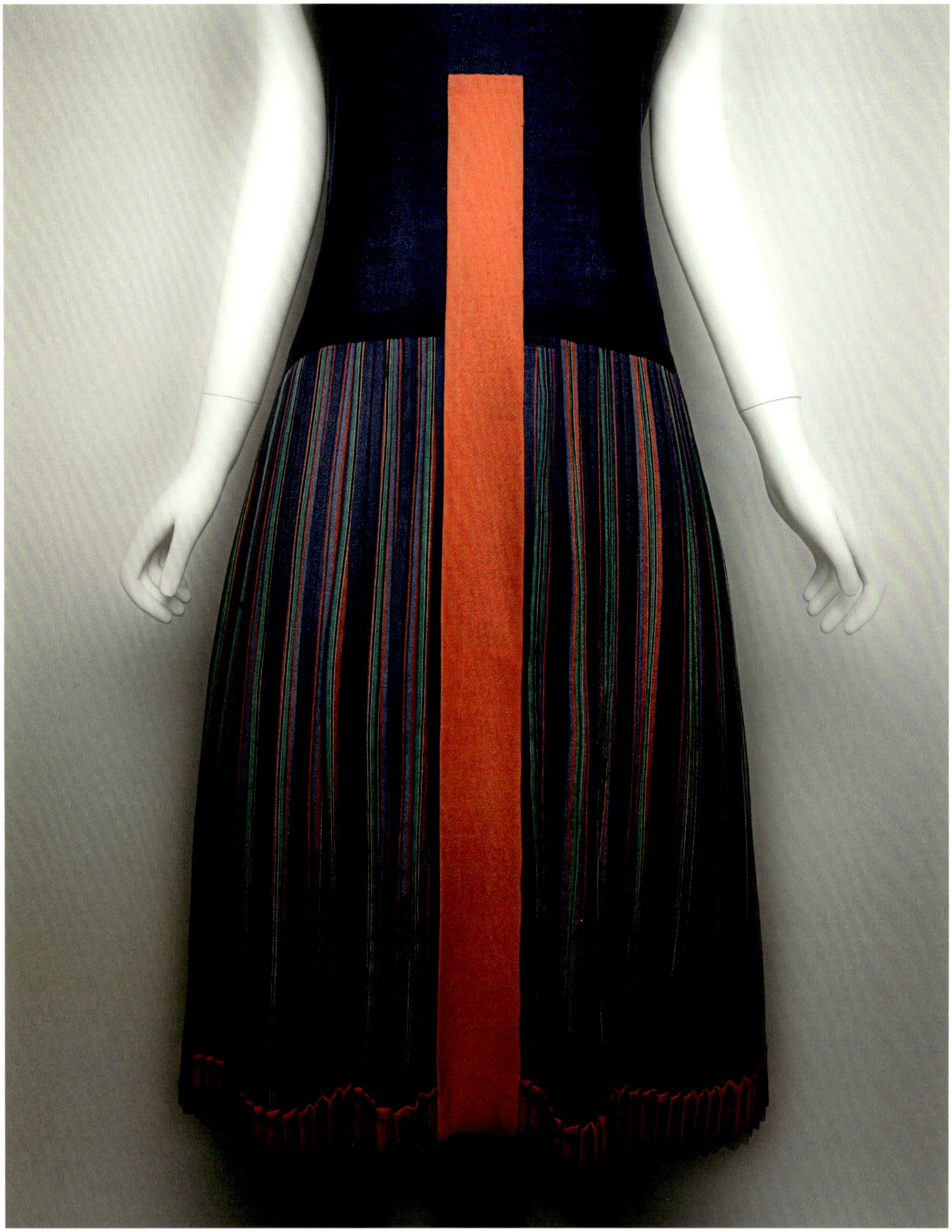

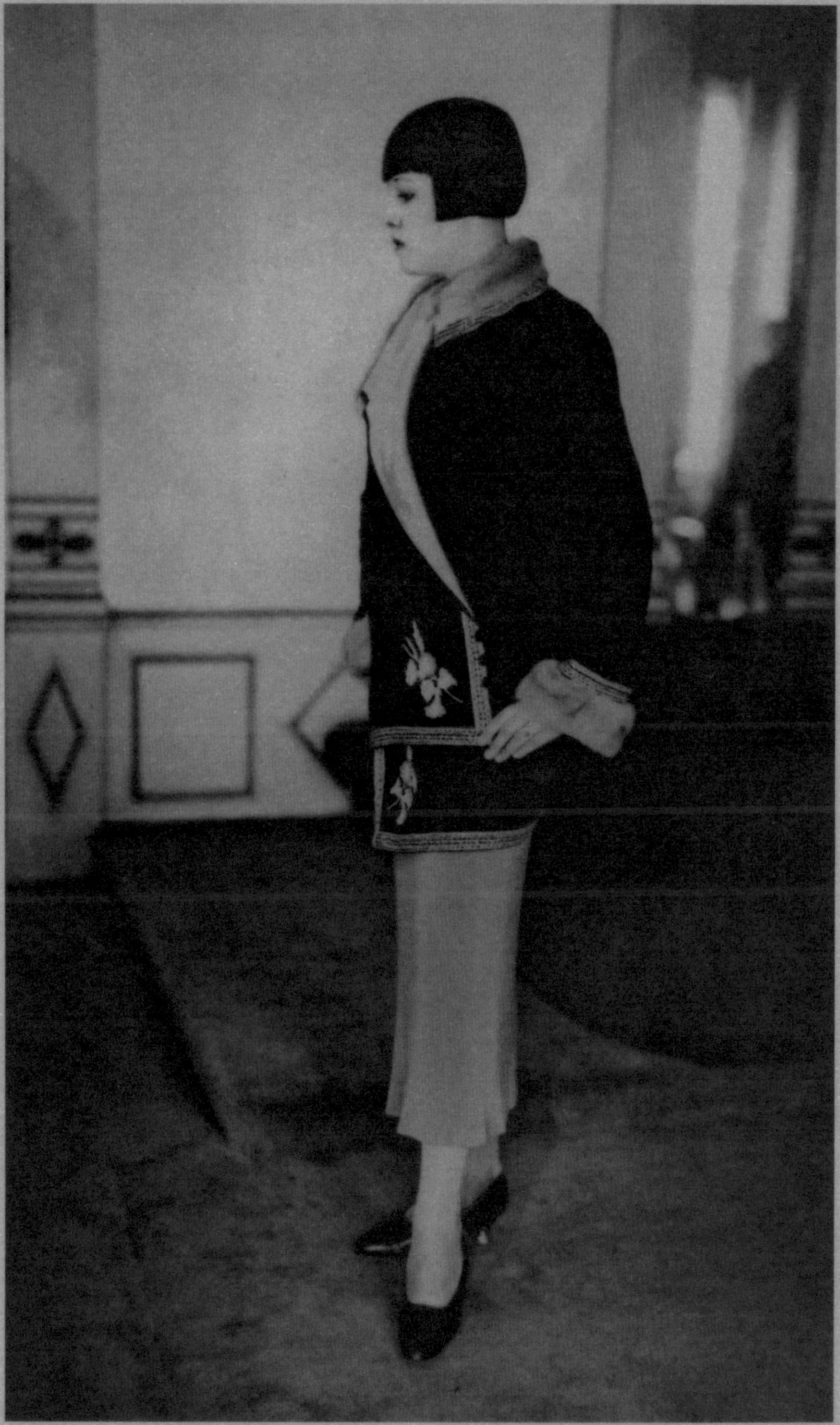

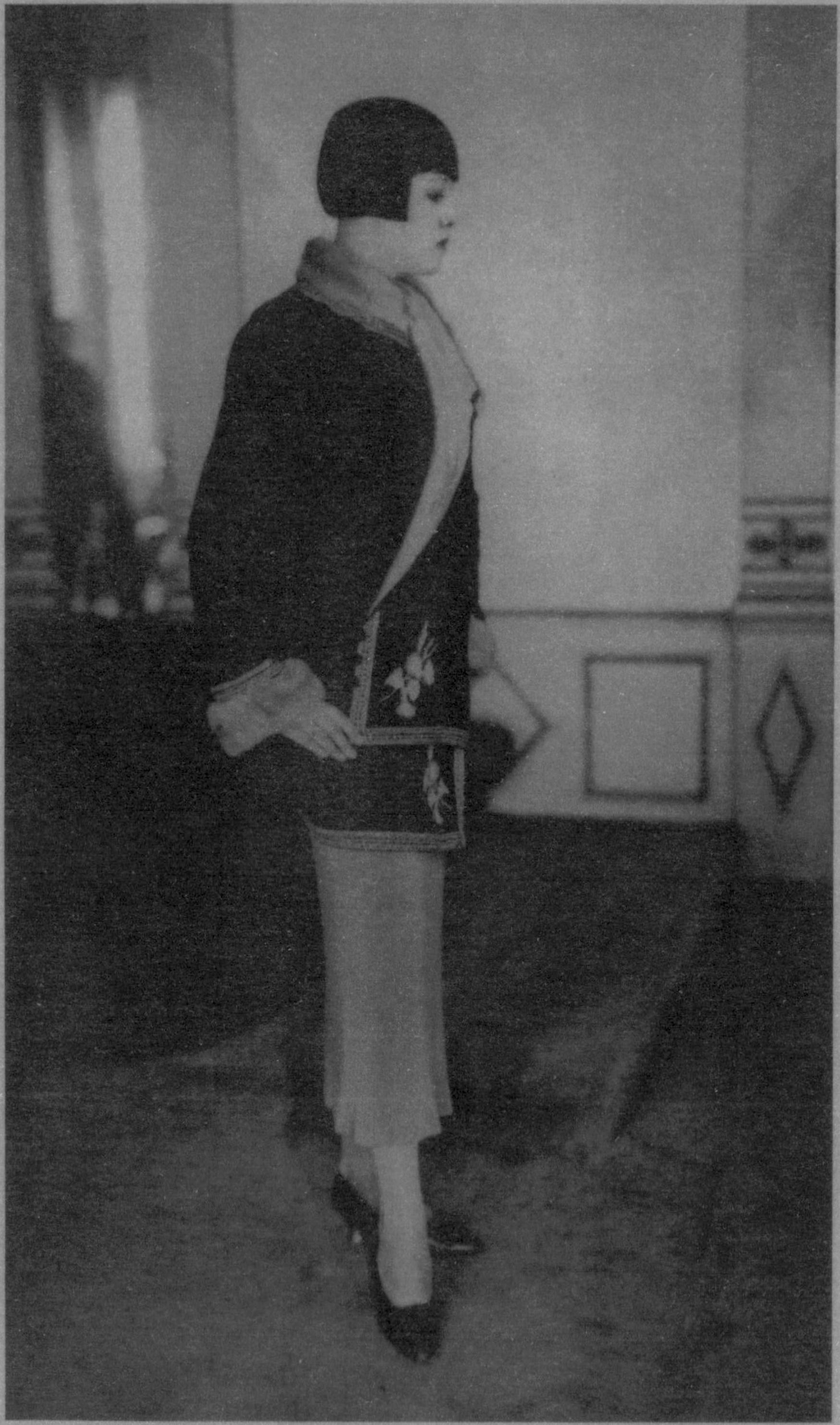

神秘的空间

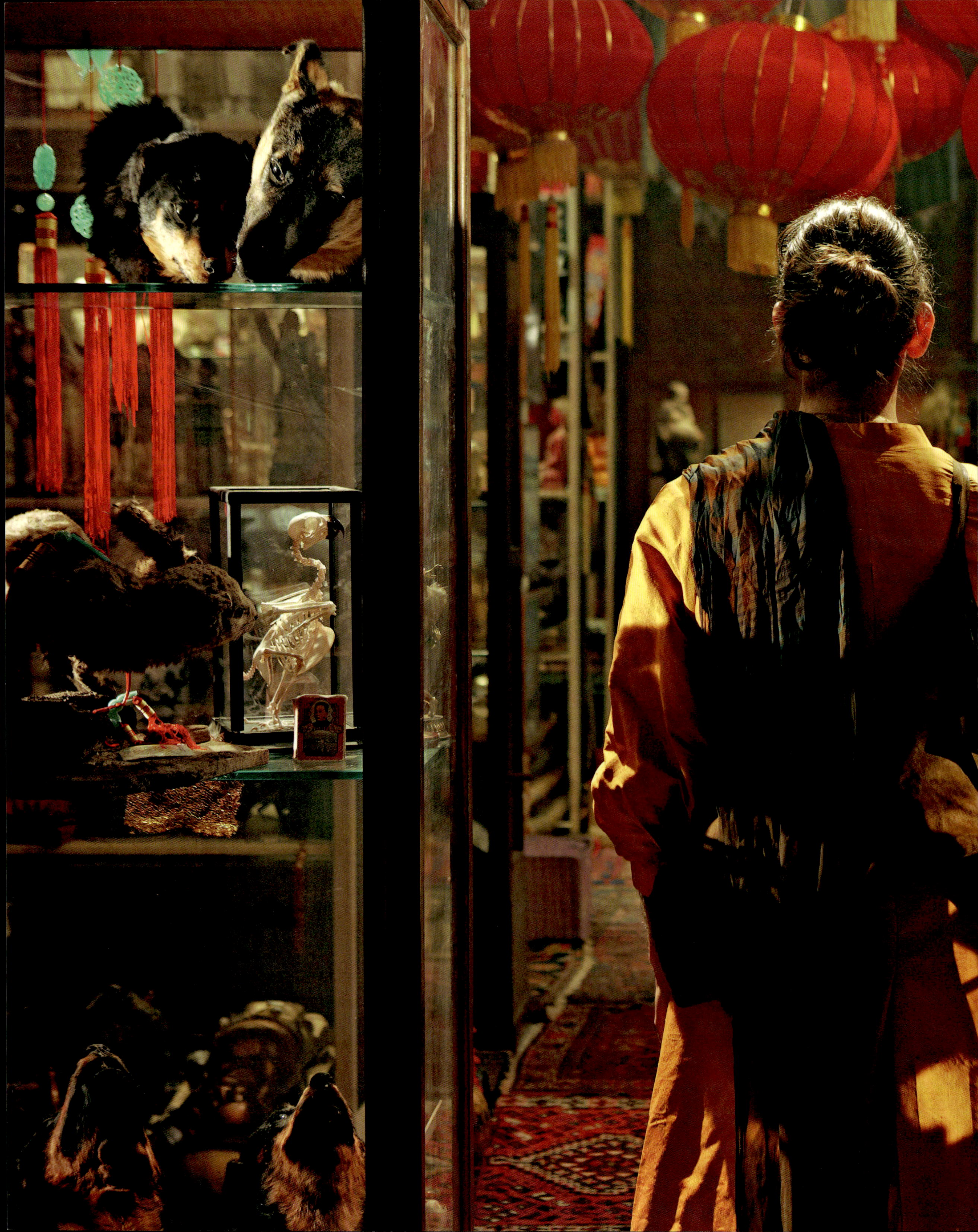

神秘的
物品

镜花水月：西方时尚里的中国风

觀其腾

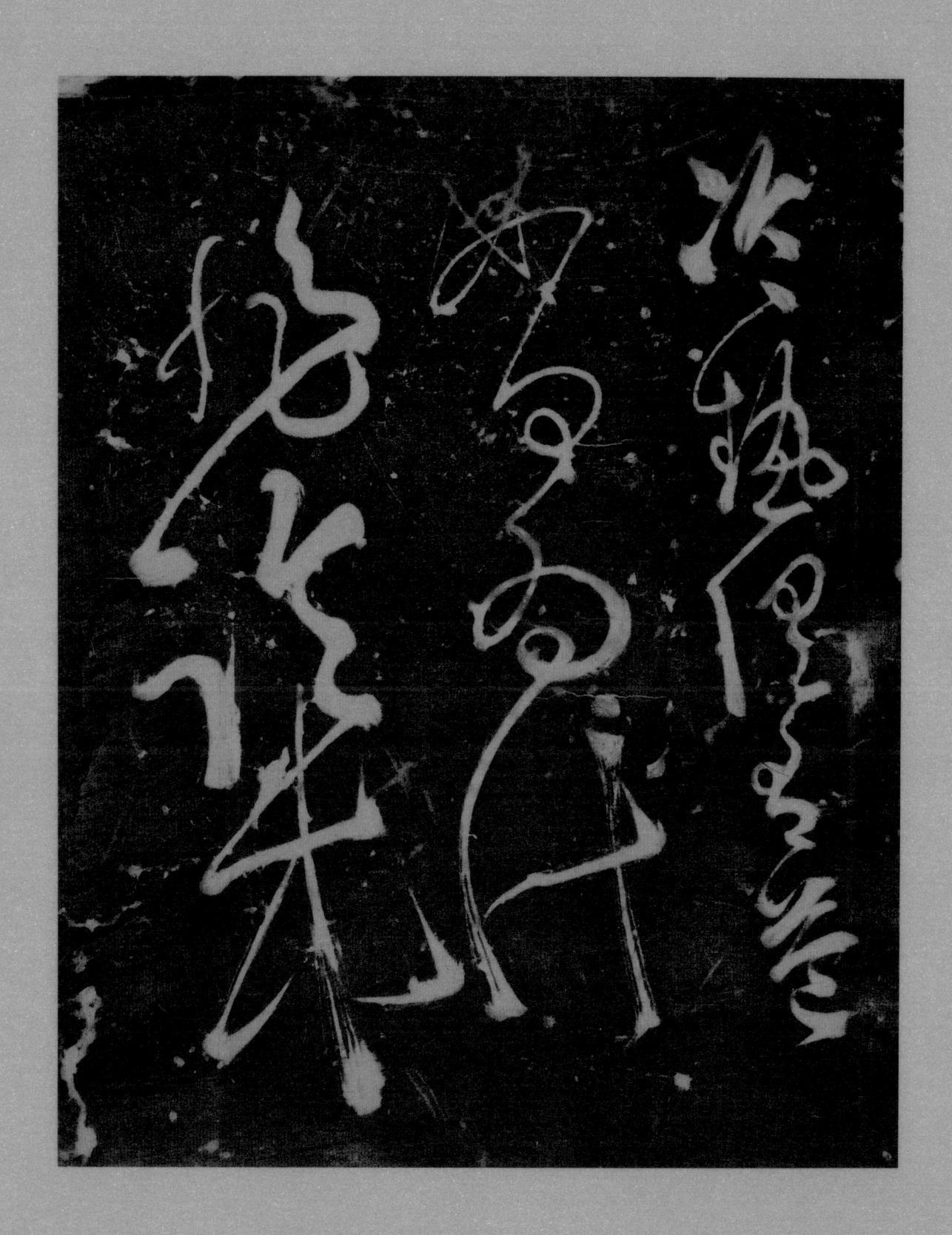

神秘的物品

镜花水月：西方时尚里的中国风

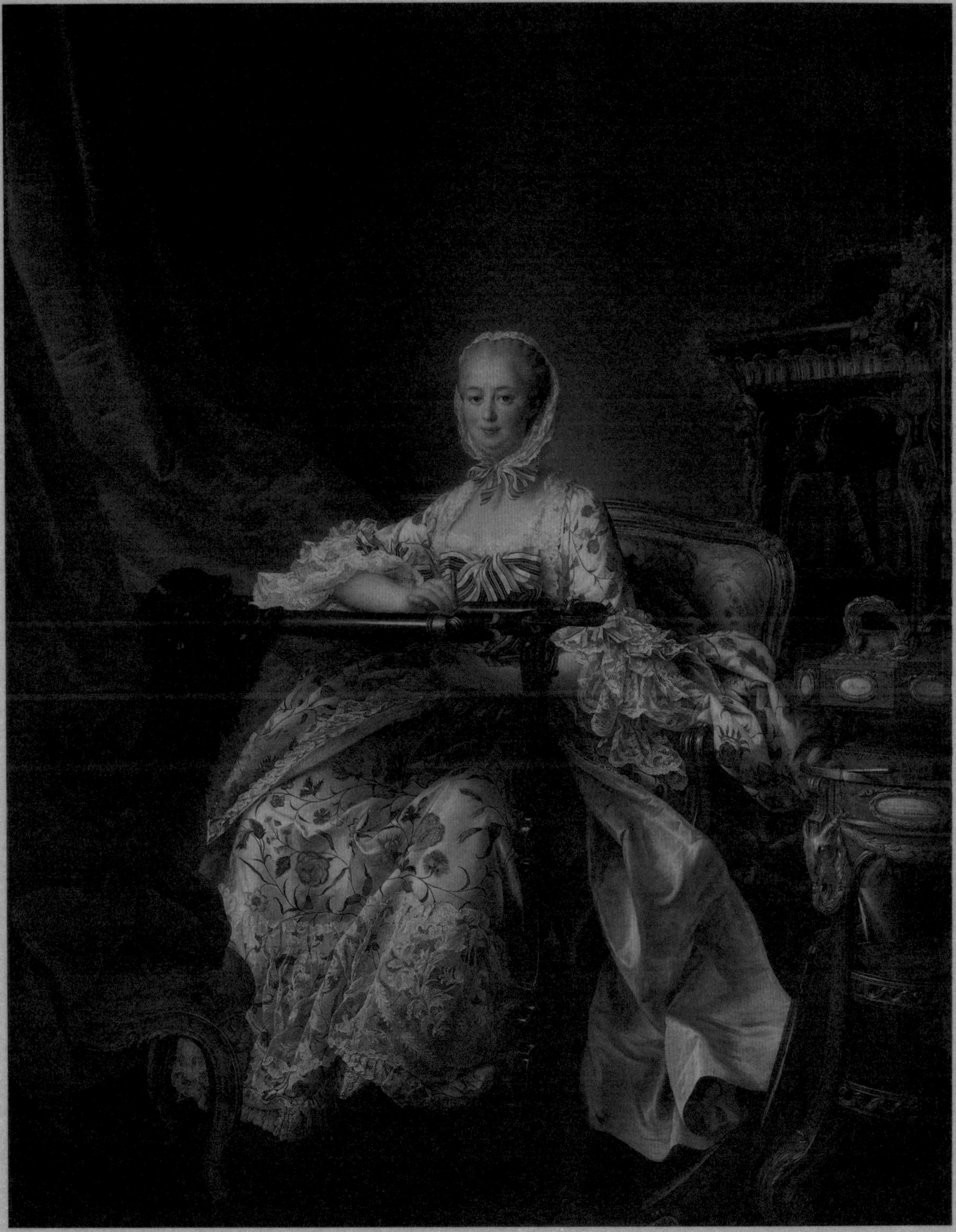

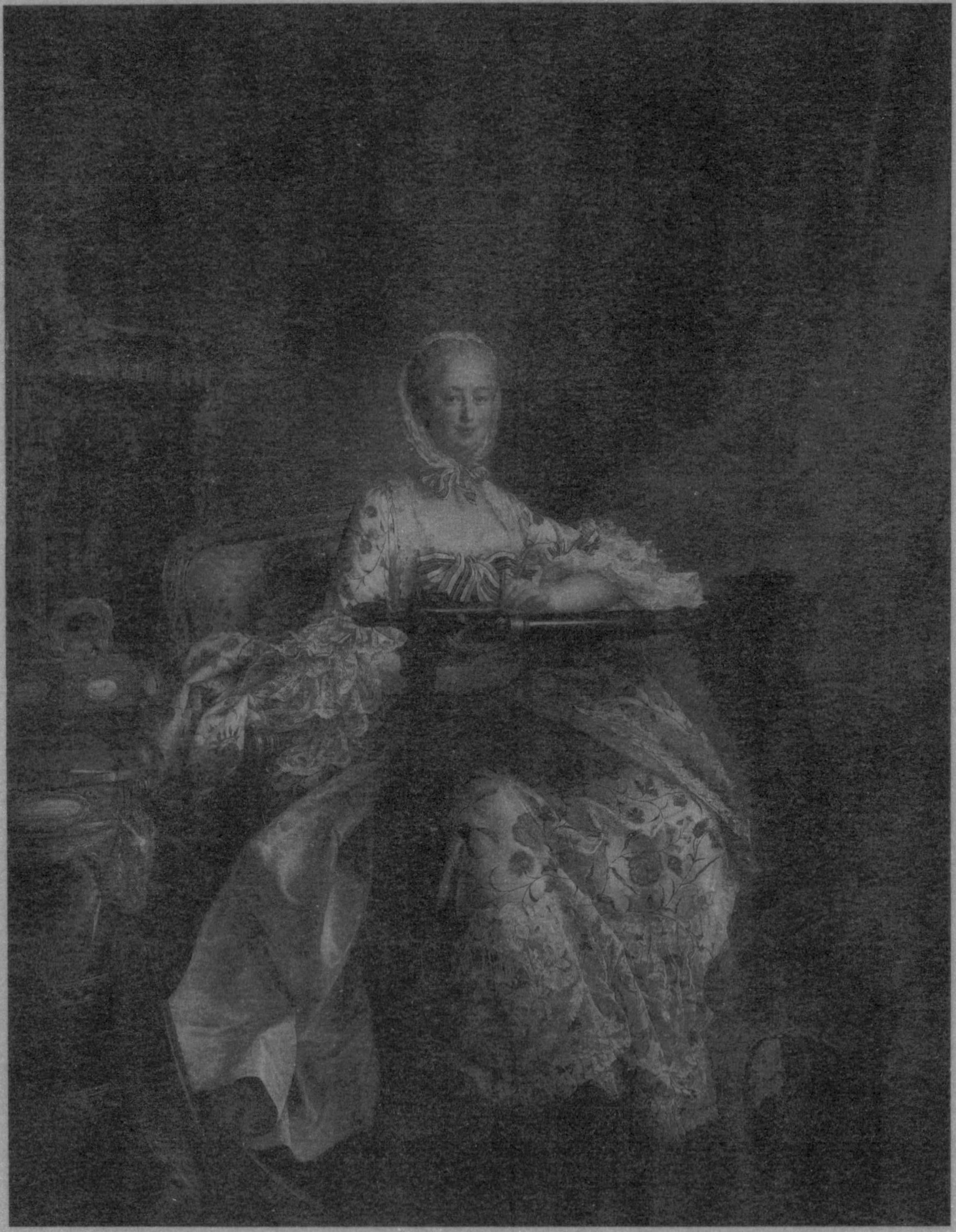

神秘的物品

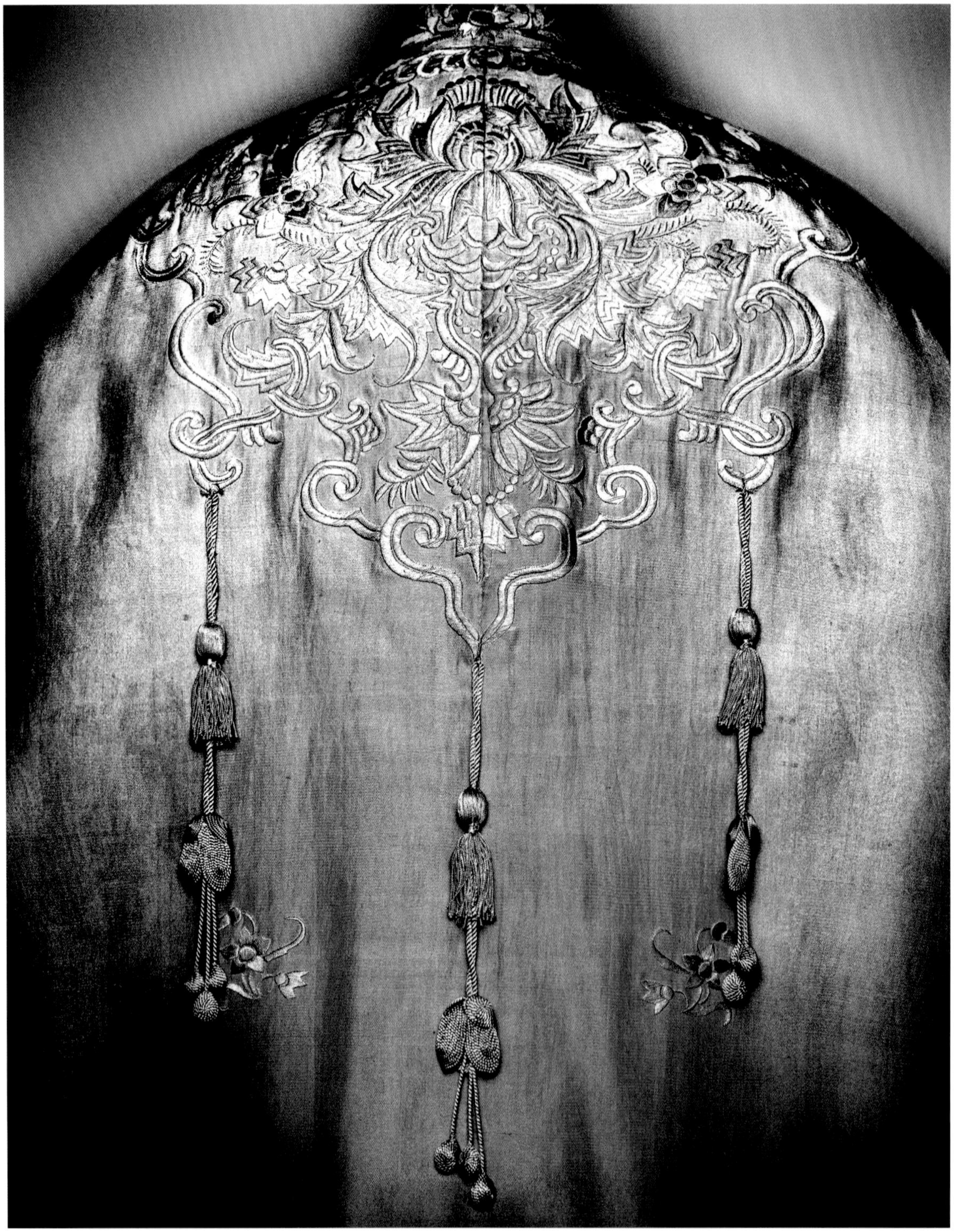

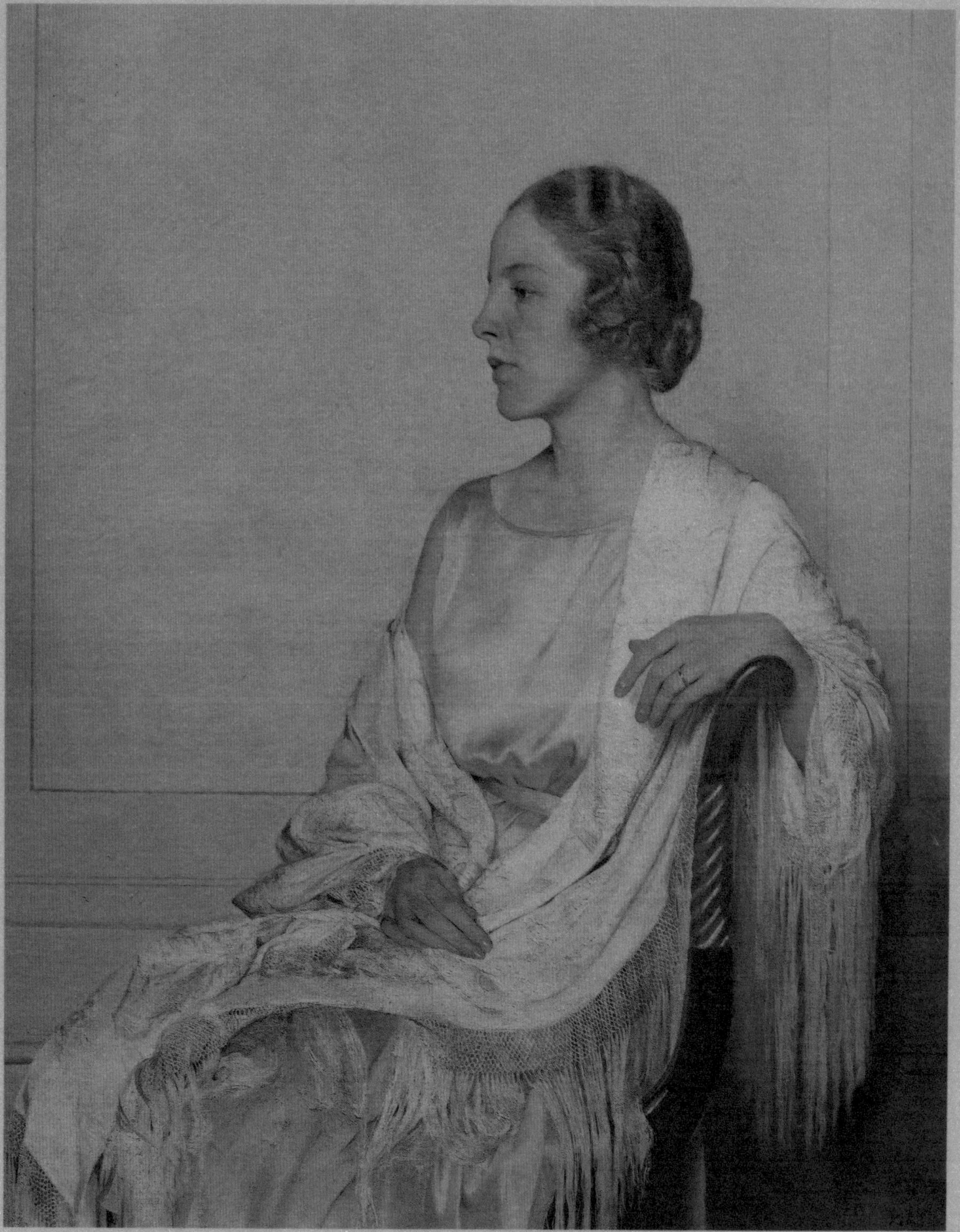

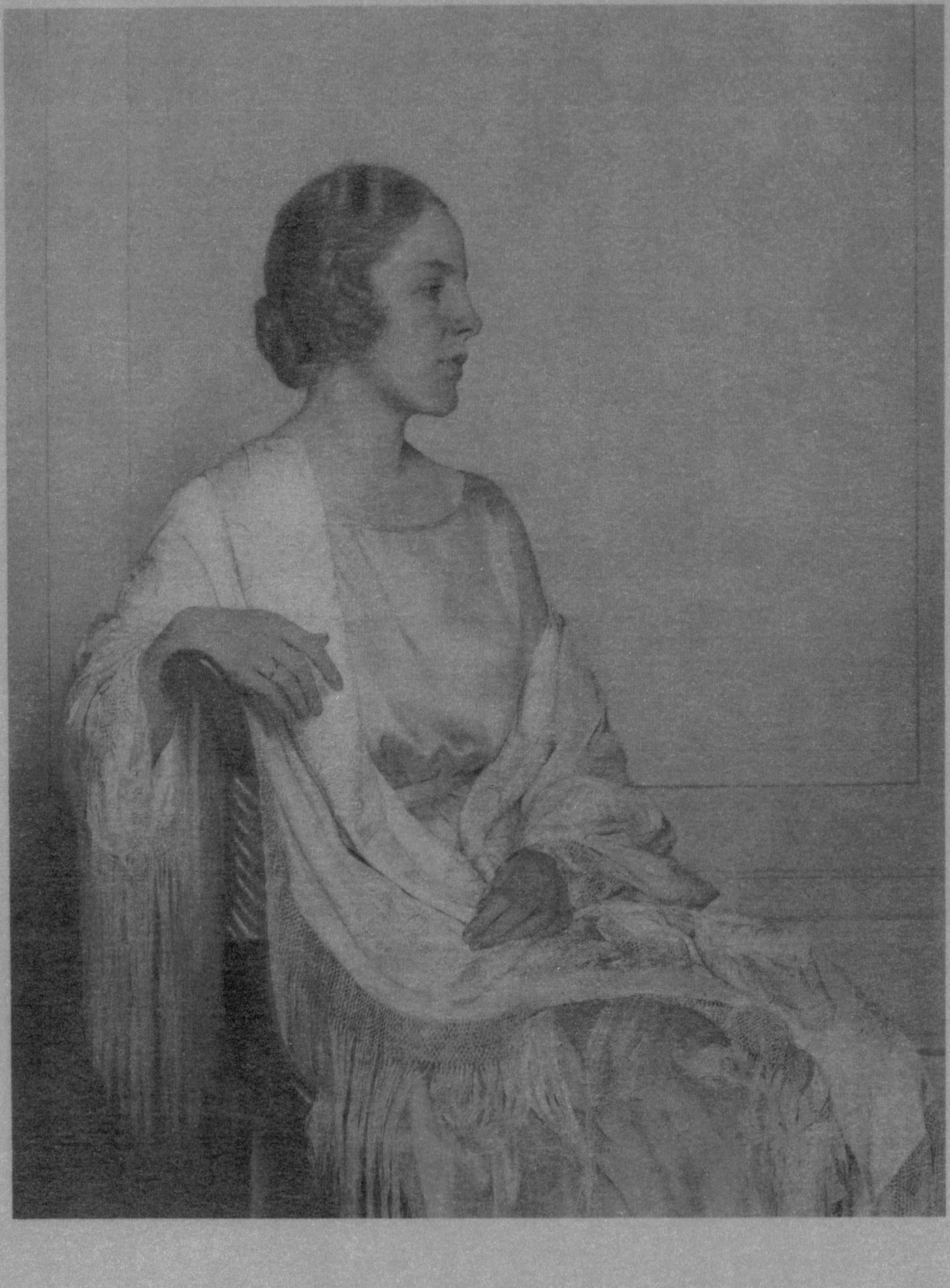

神秘的物品

镜花水月：西方时尚里的中国风

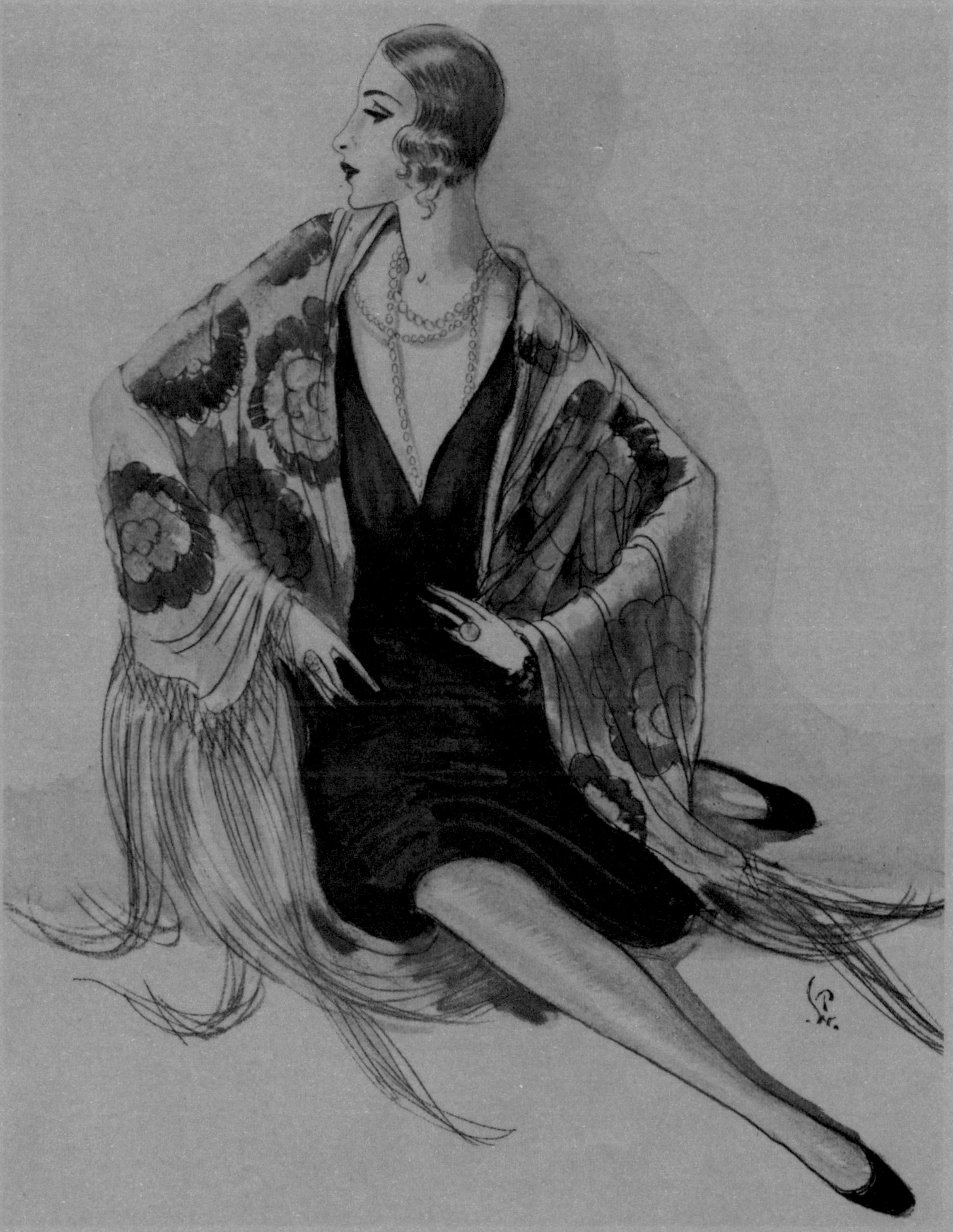

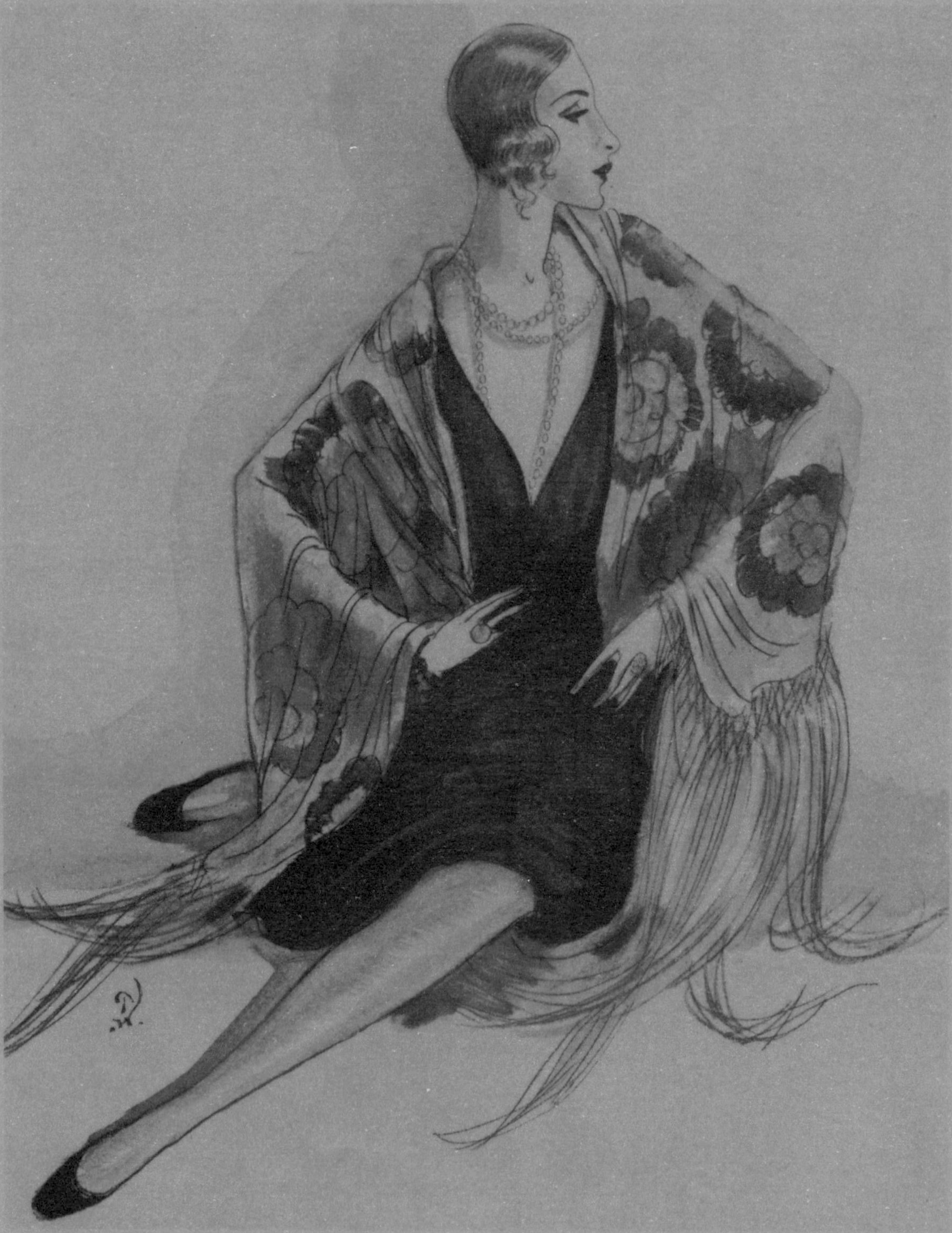

神秘的物品

镜花水月：西方时尚里的中国风

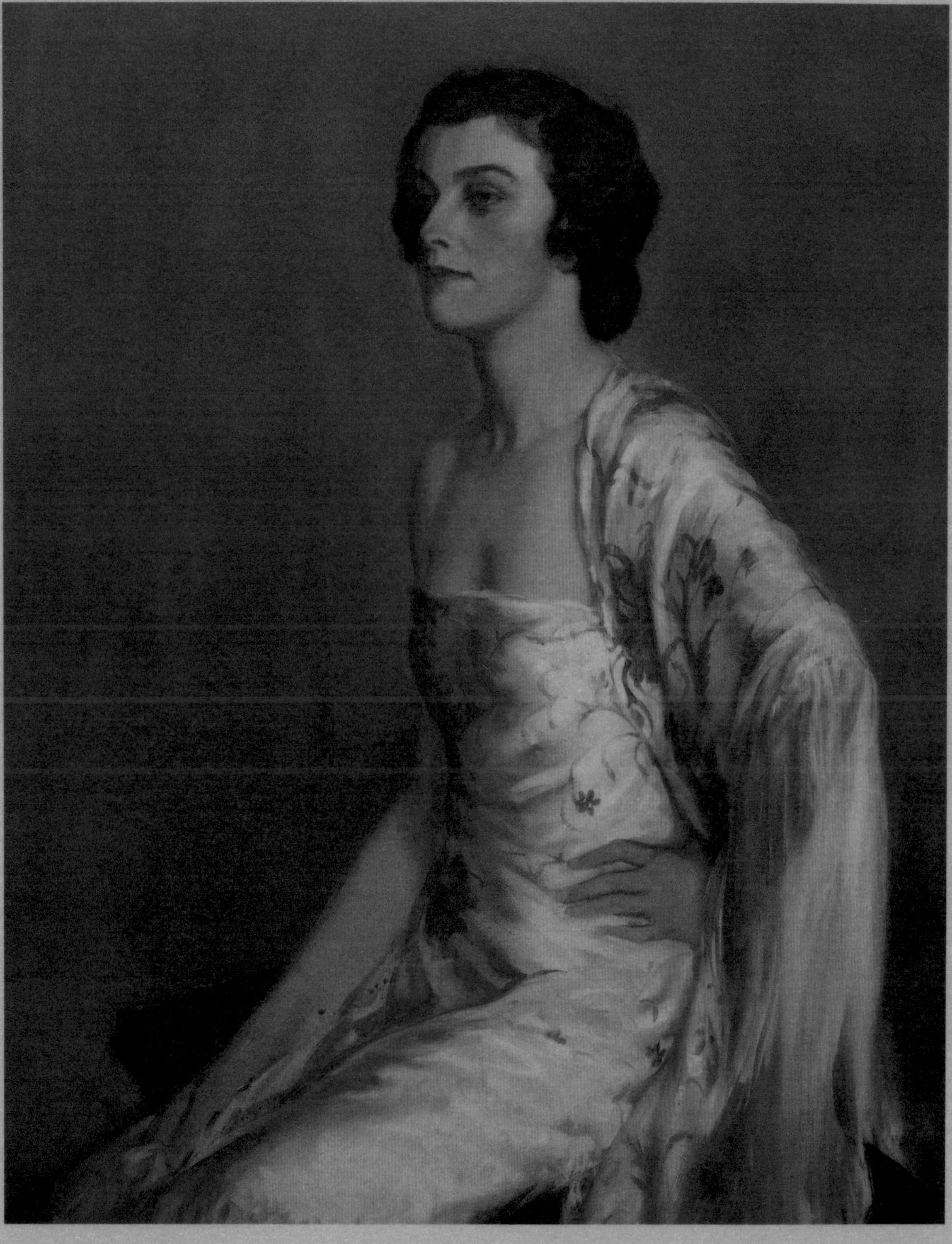

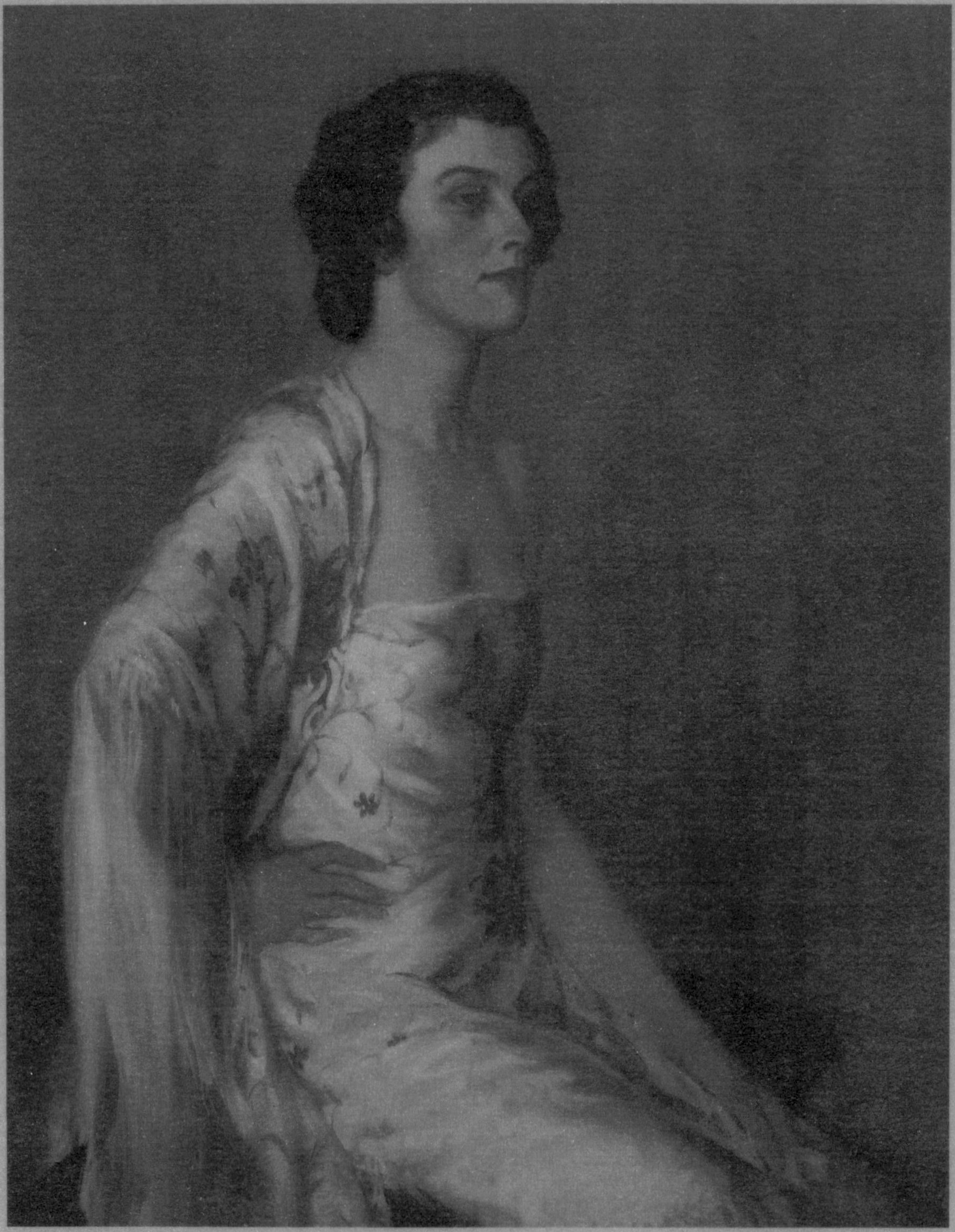

神秘的物品

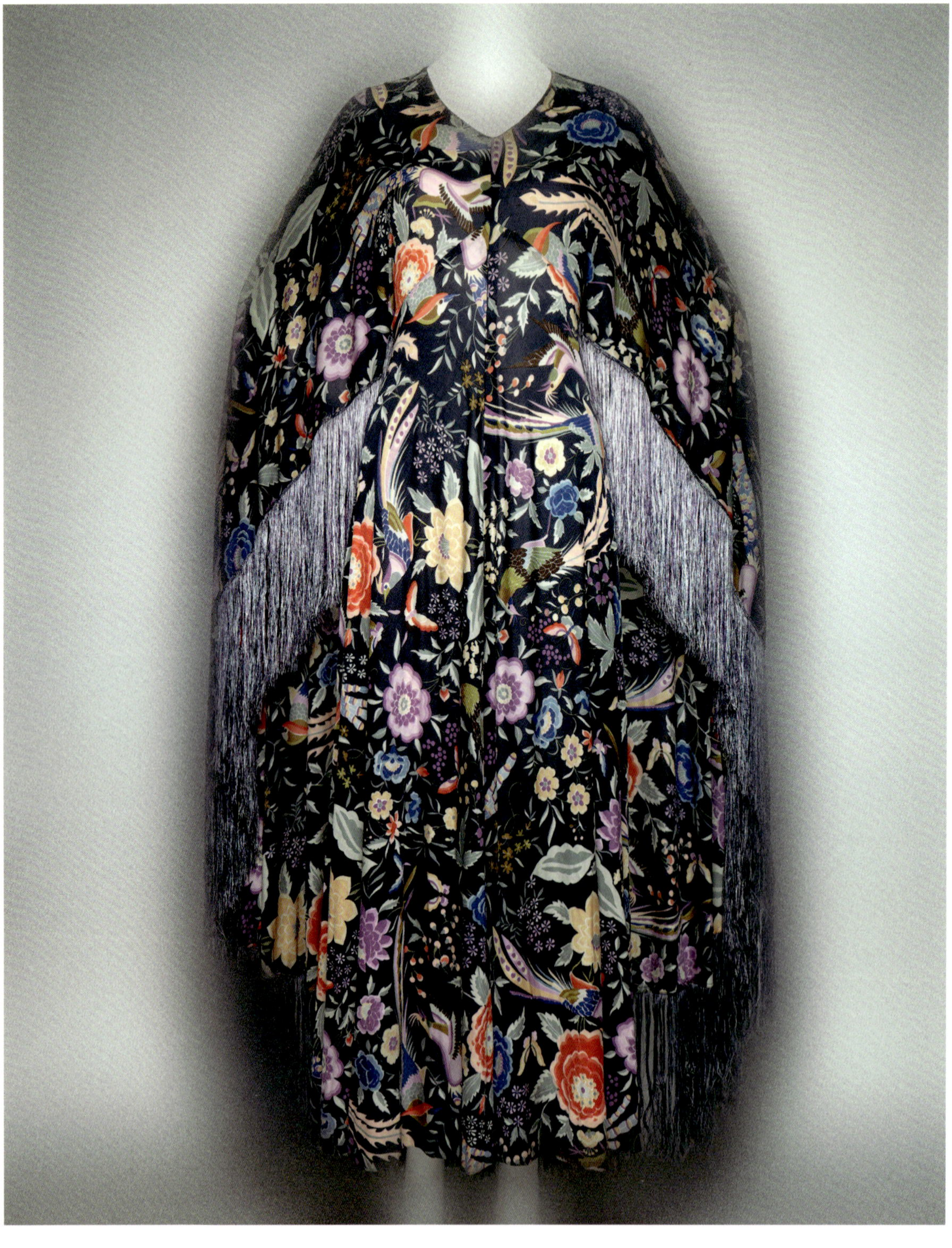

神秘的物品

镜花水月：西方时尚里的中国风

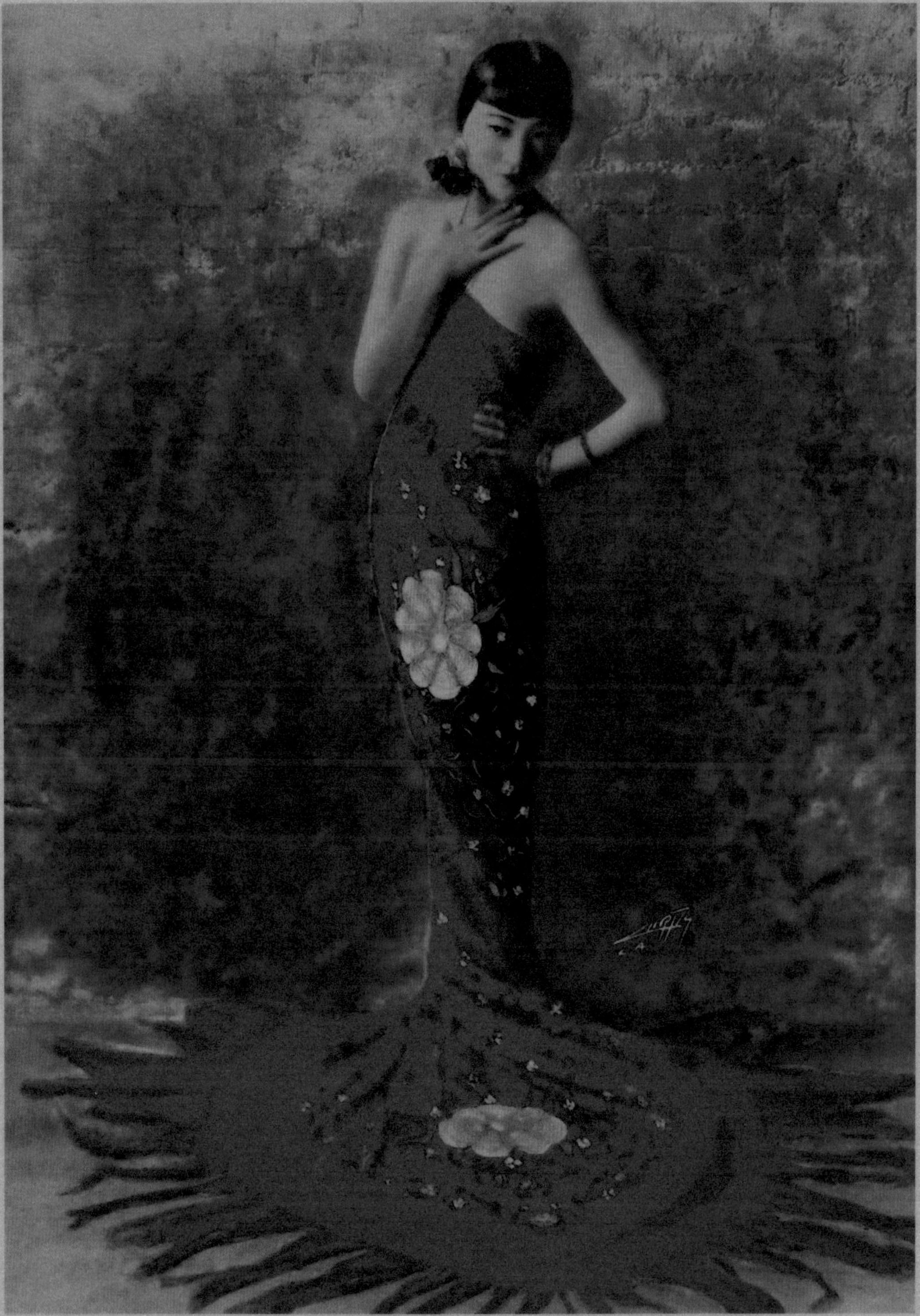

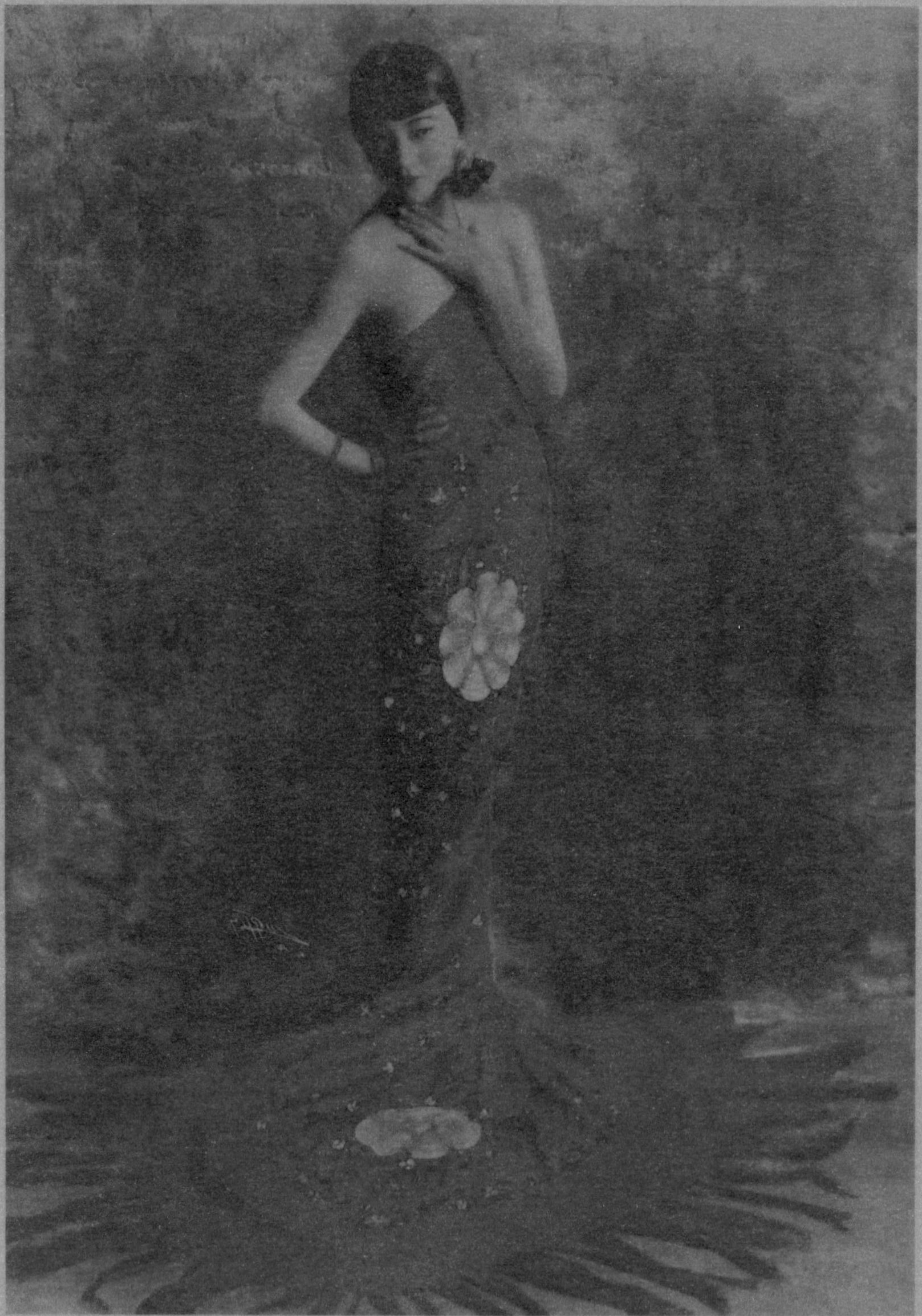

神秘的物品

镜花水月：西方时尚里的中国风

神秘的物品

镜花水月：西方时尚里的中国风

神秘的物品

镜花水月：西方时尚里的中国风

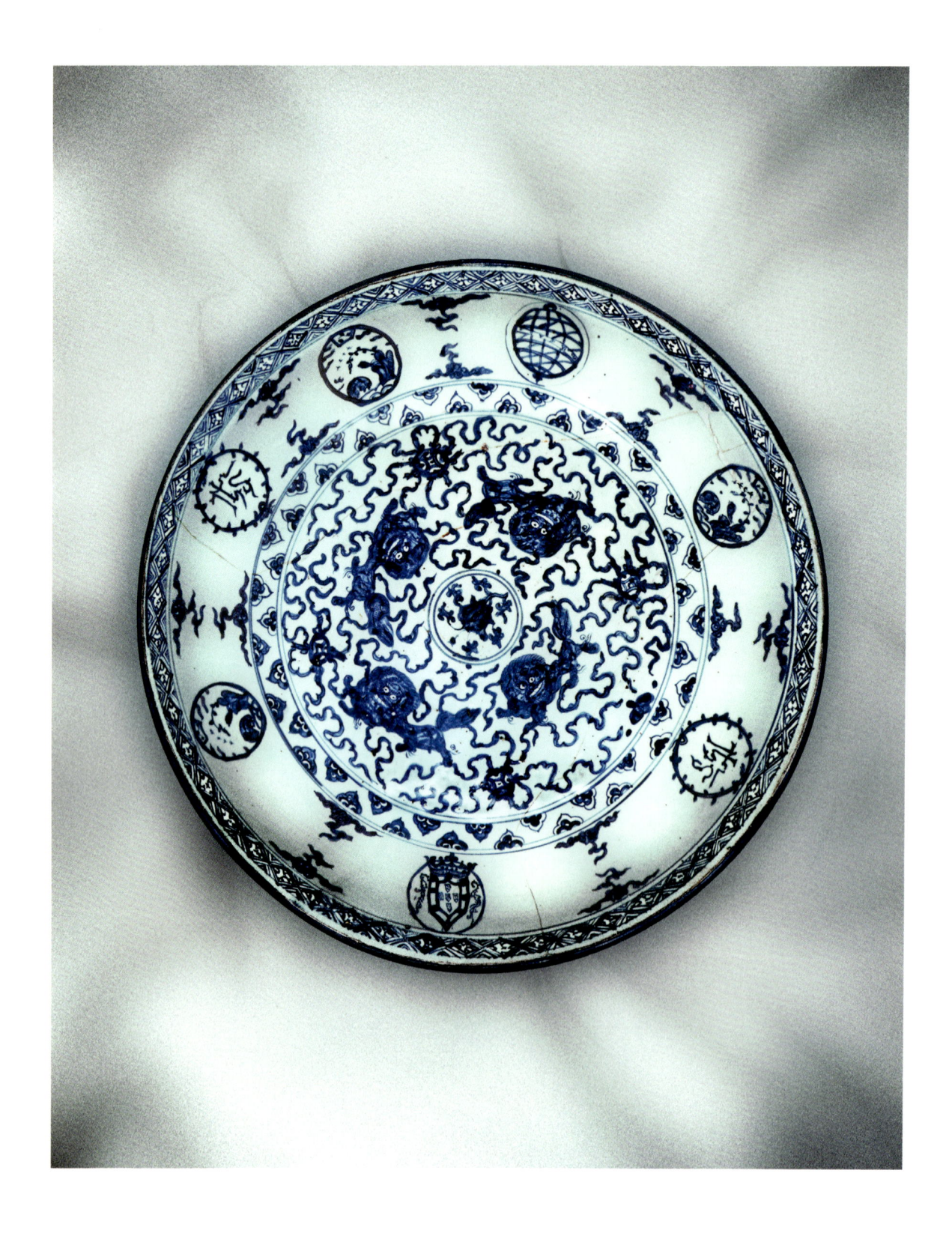

神秘的物品

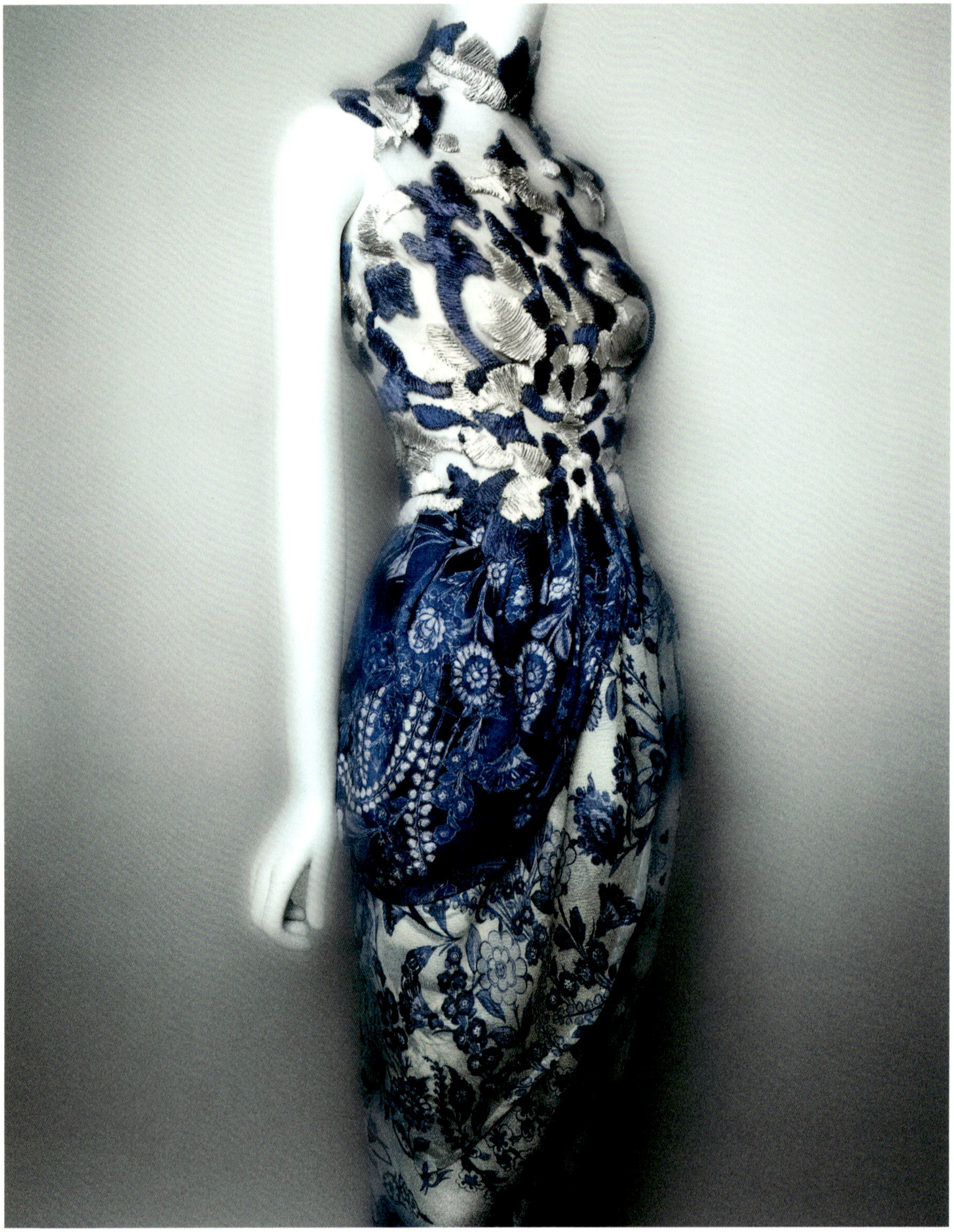

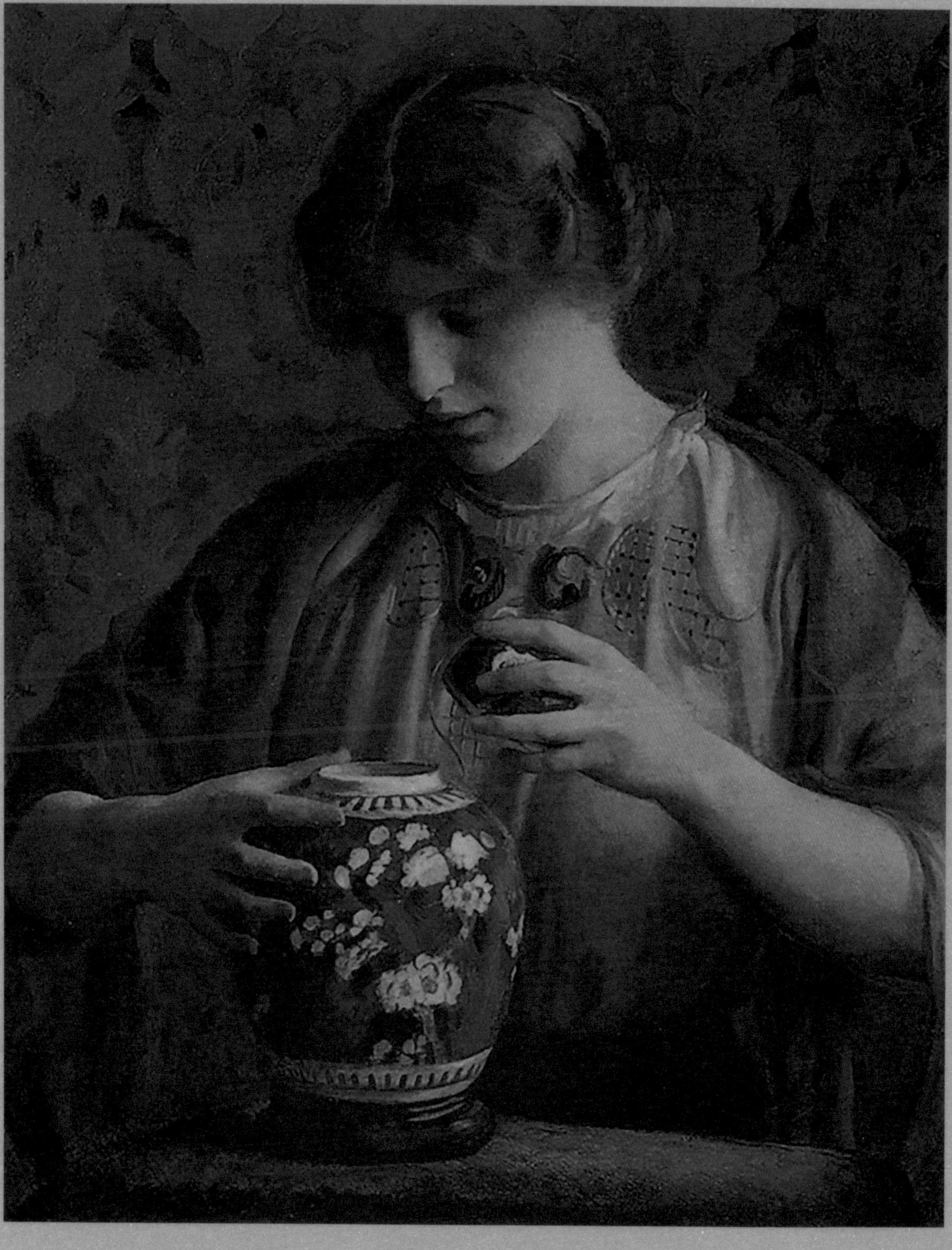

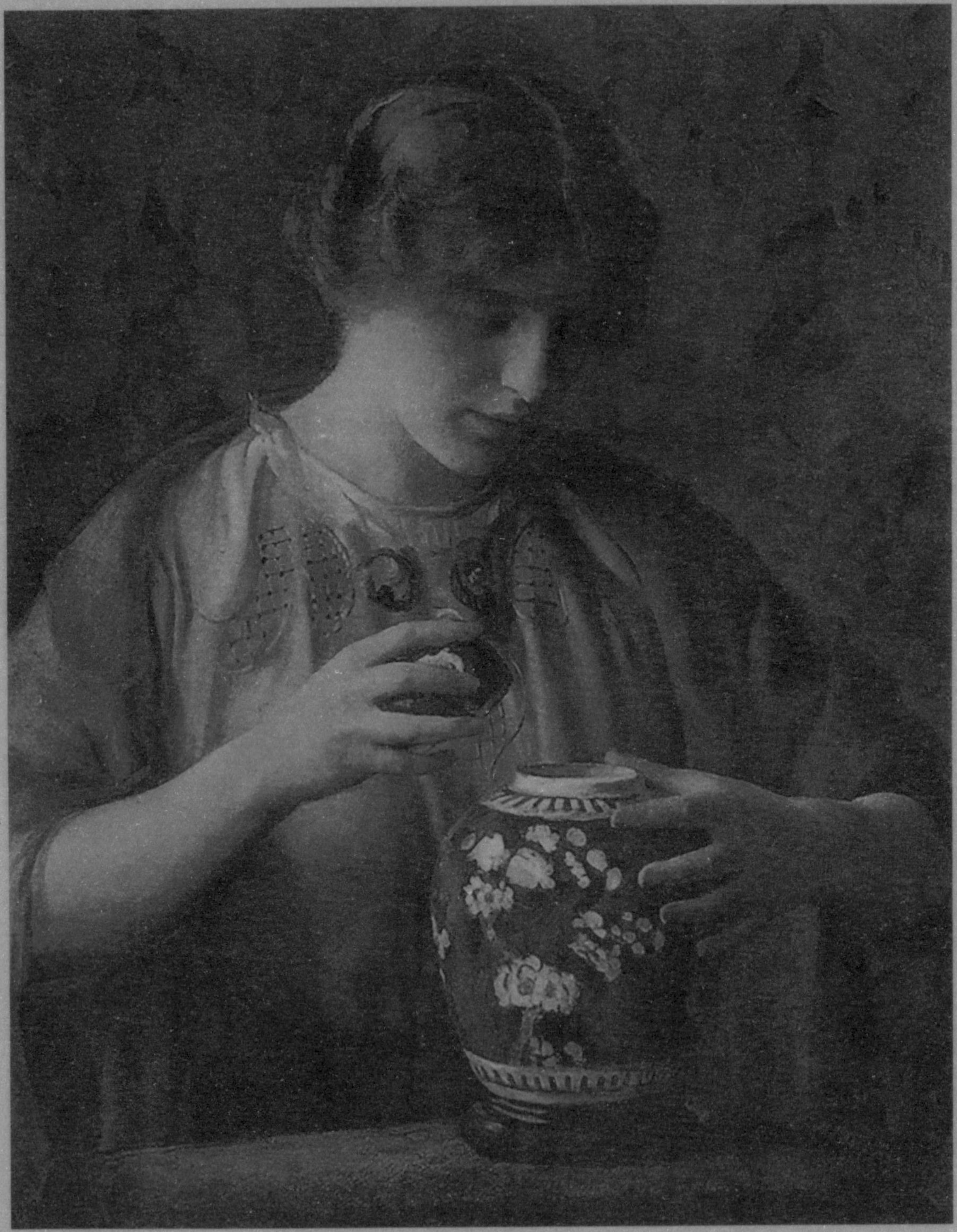

神秘的物品

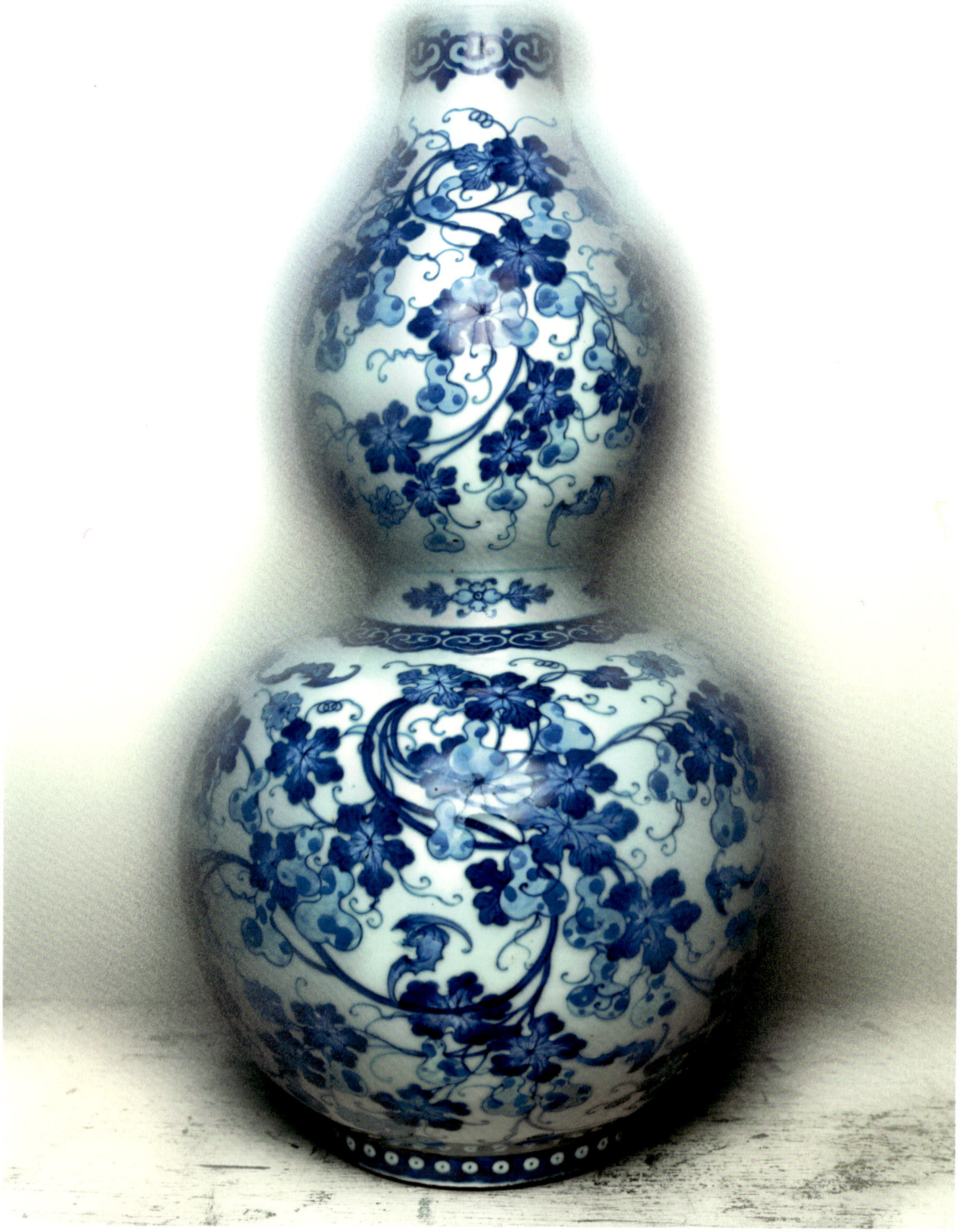

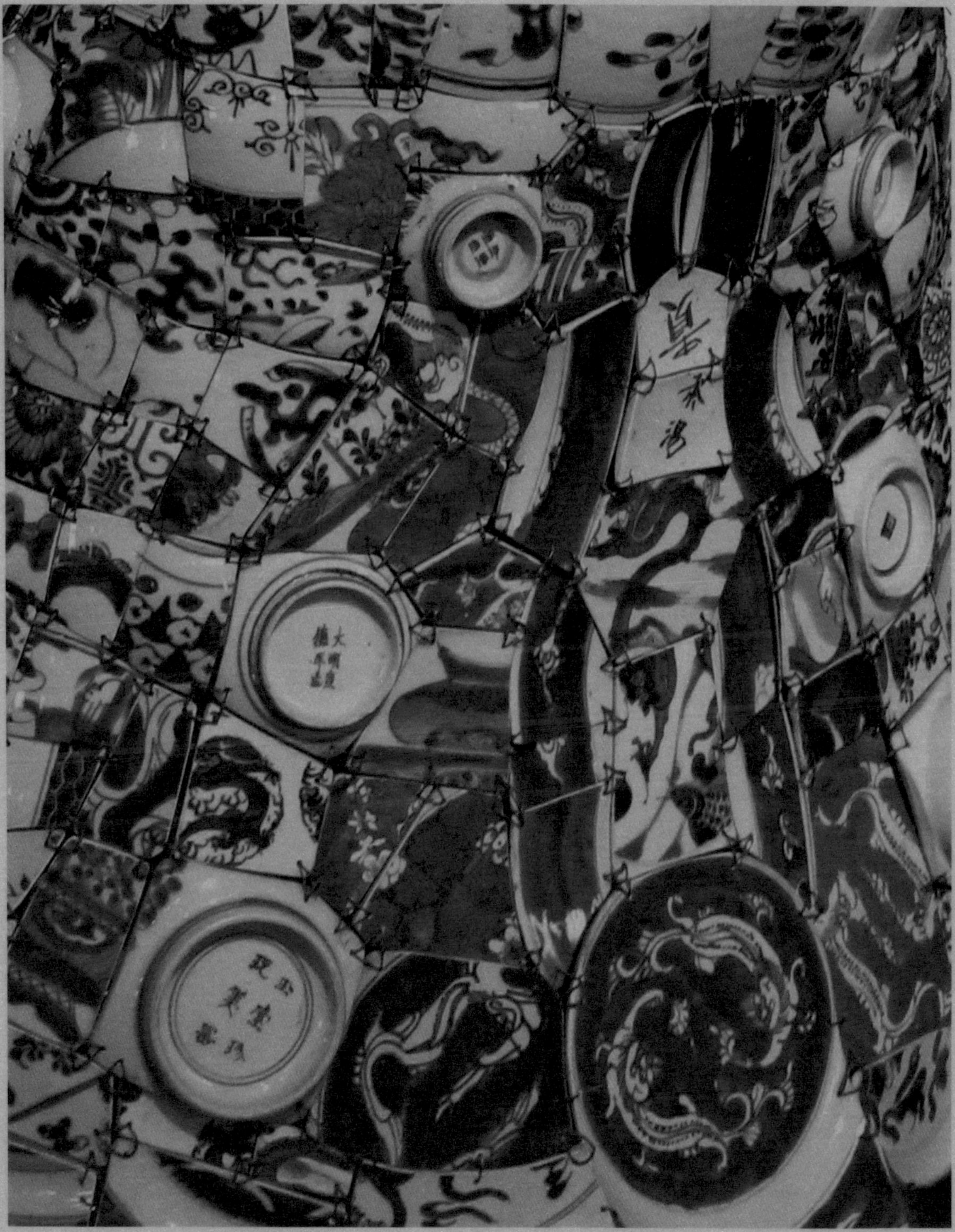

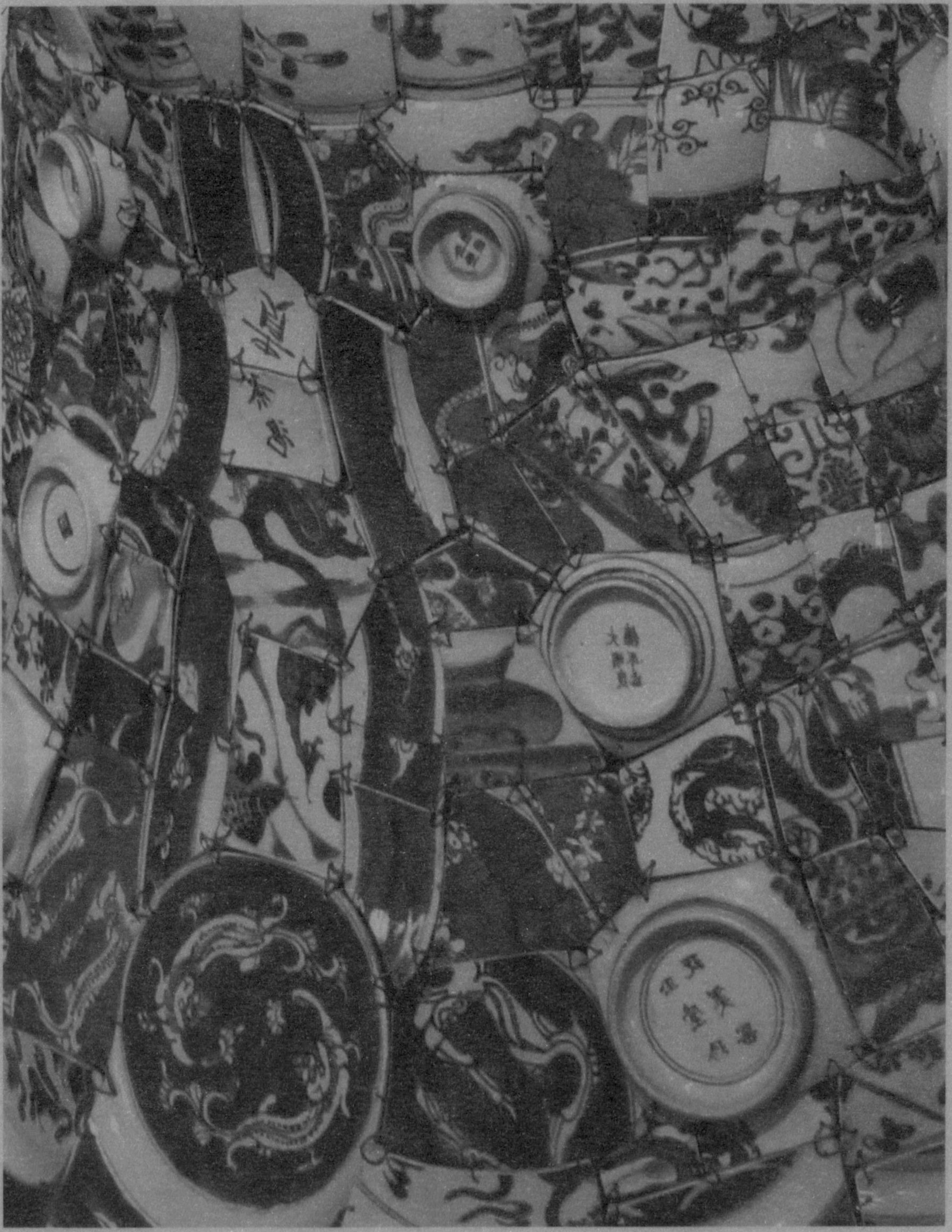

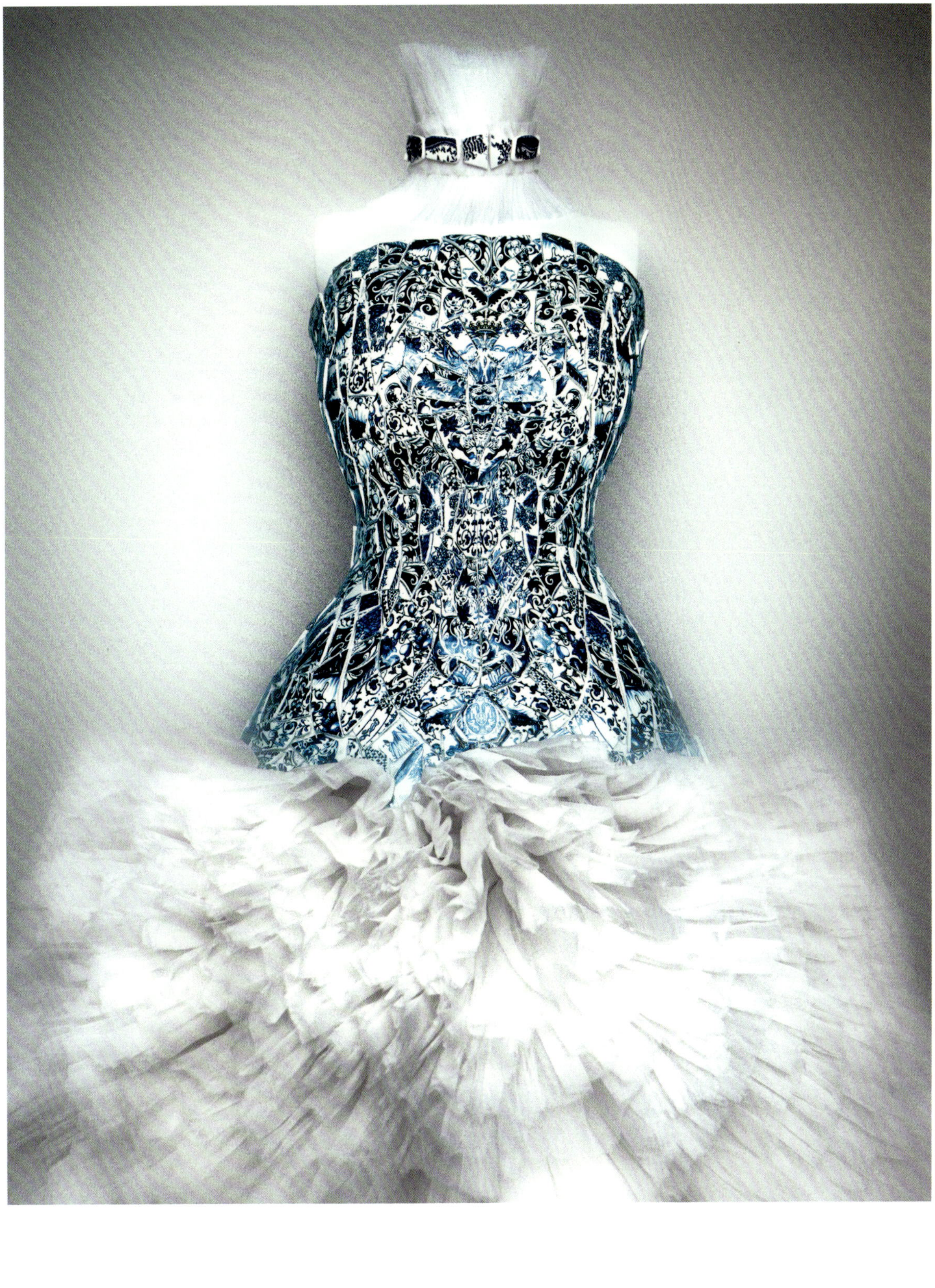

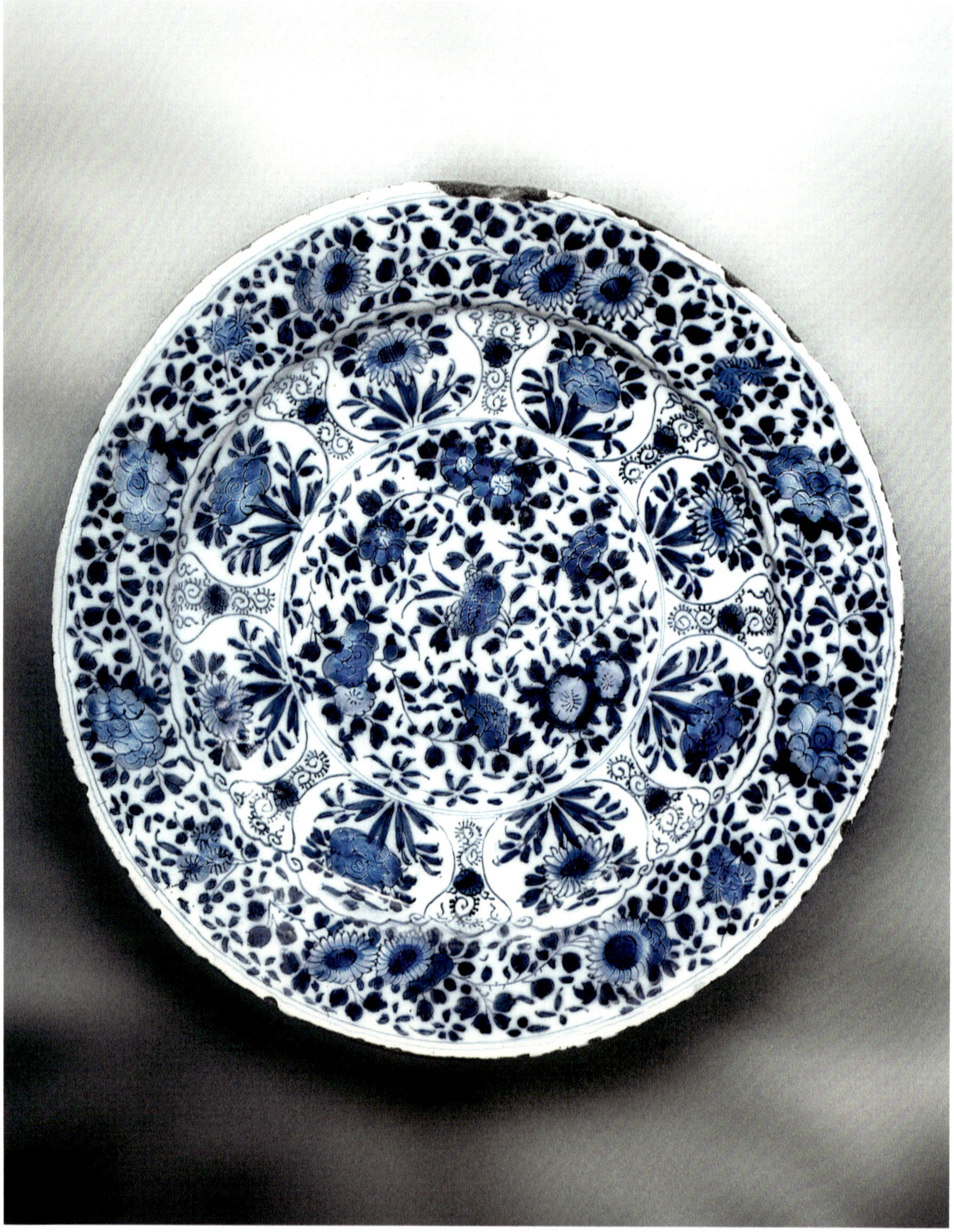

神秘的物品

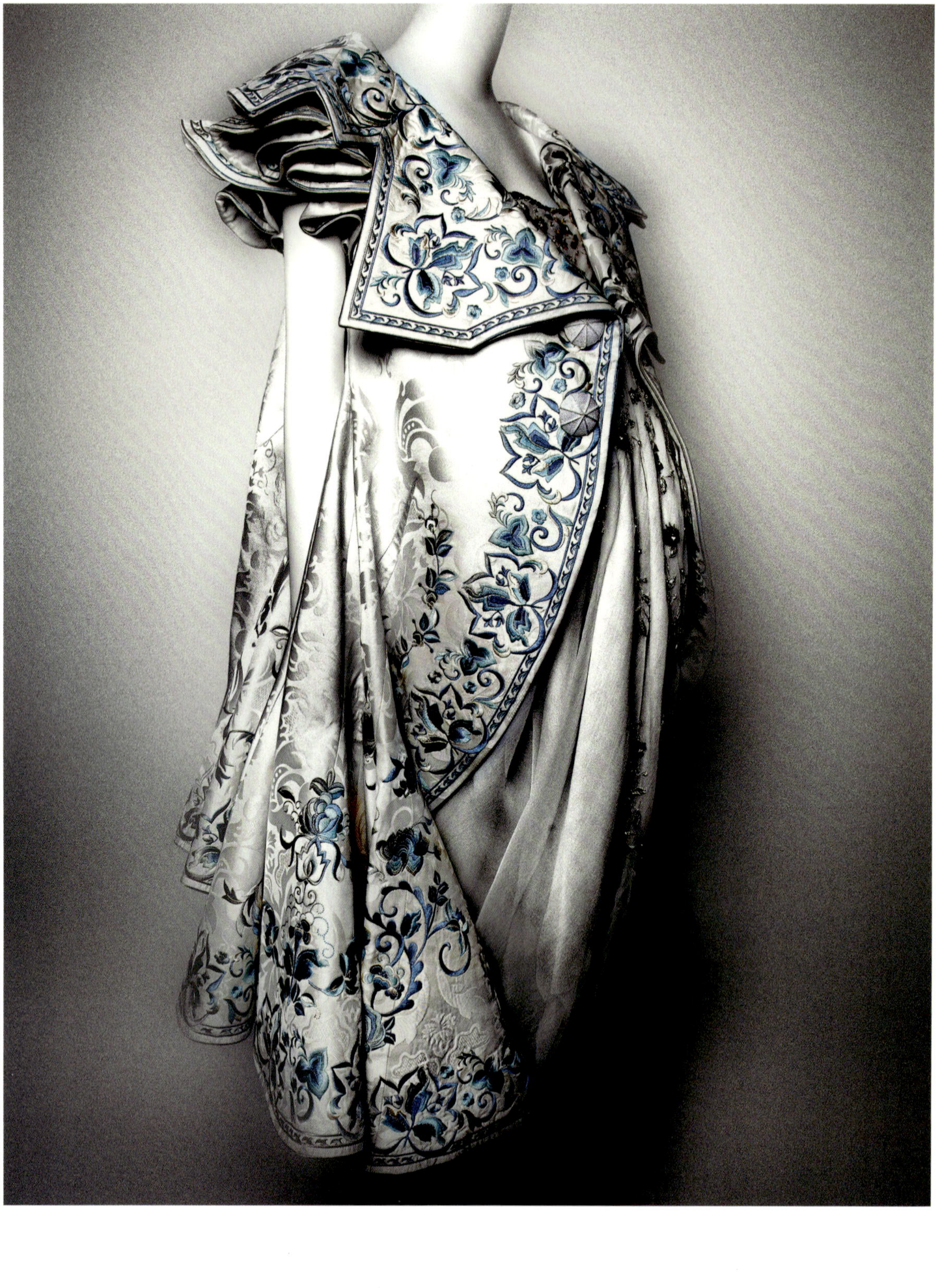

神秘的物品

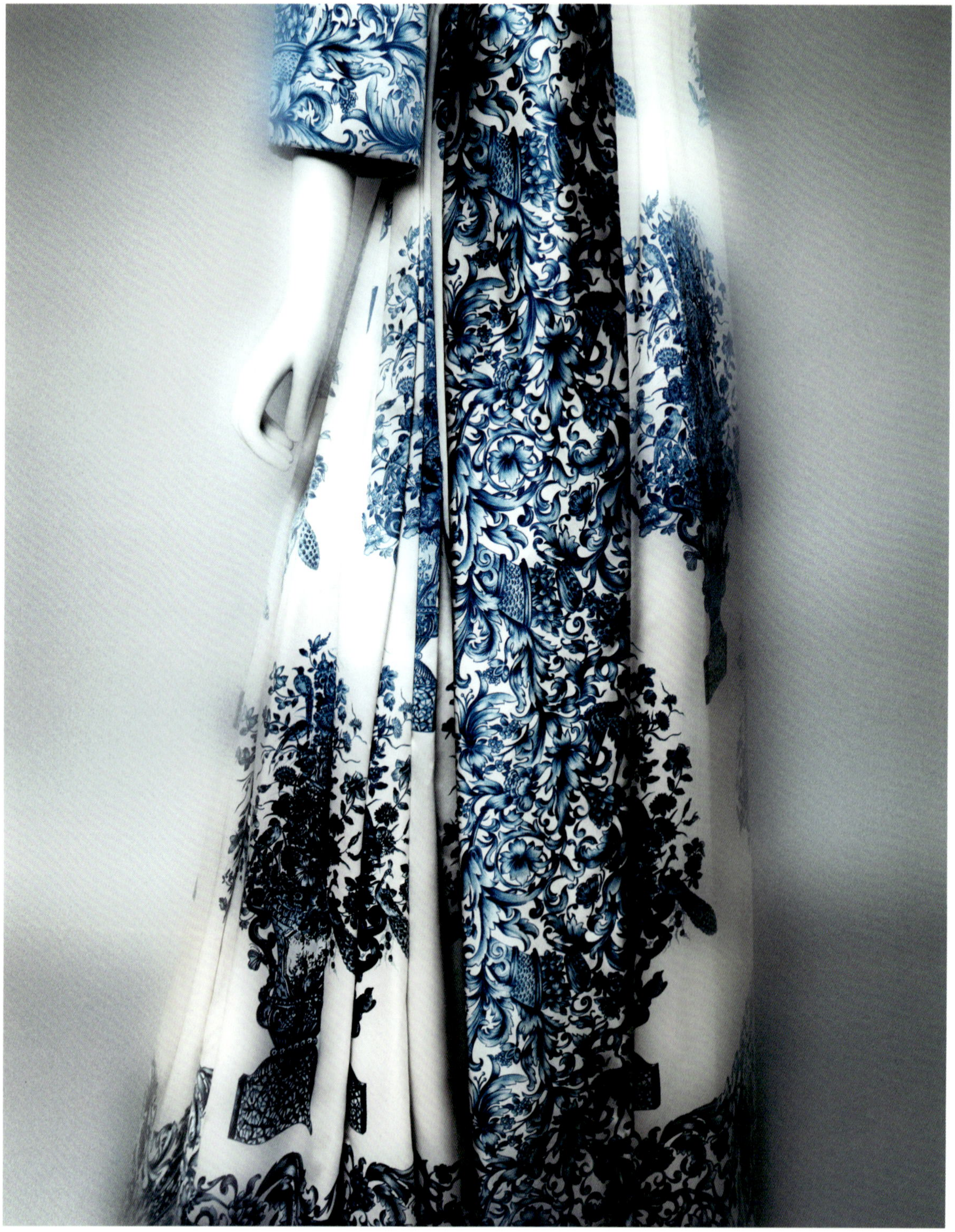

神秘的物品

镜花水月：西方时尚里的中国风

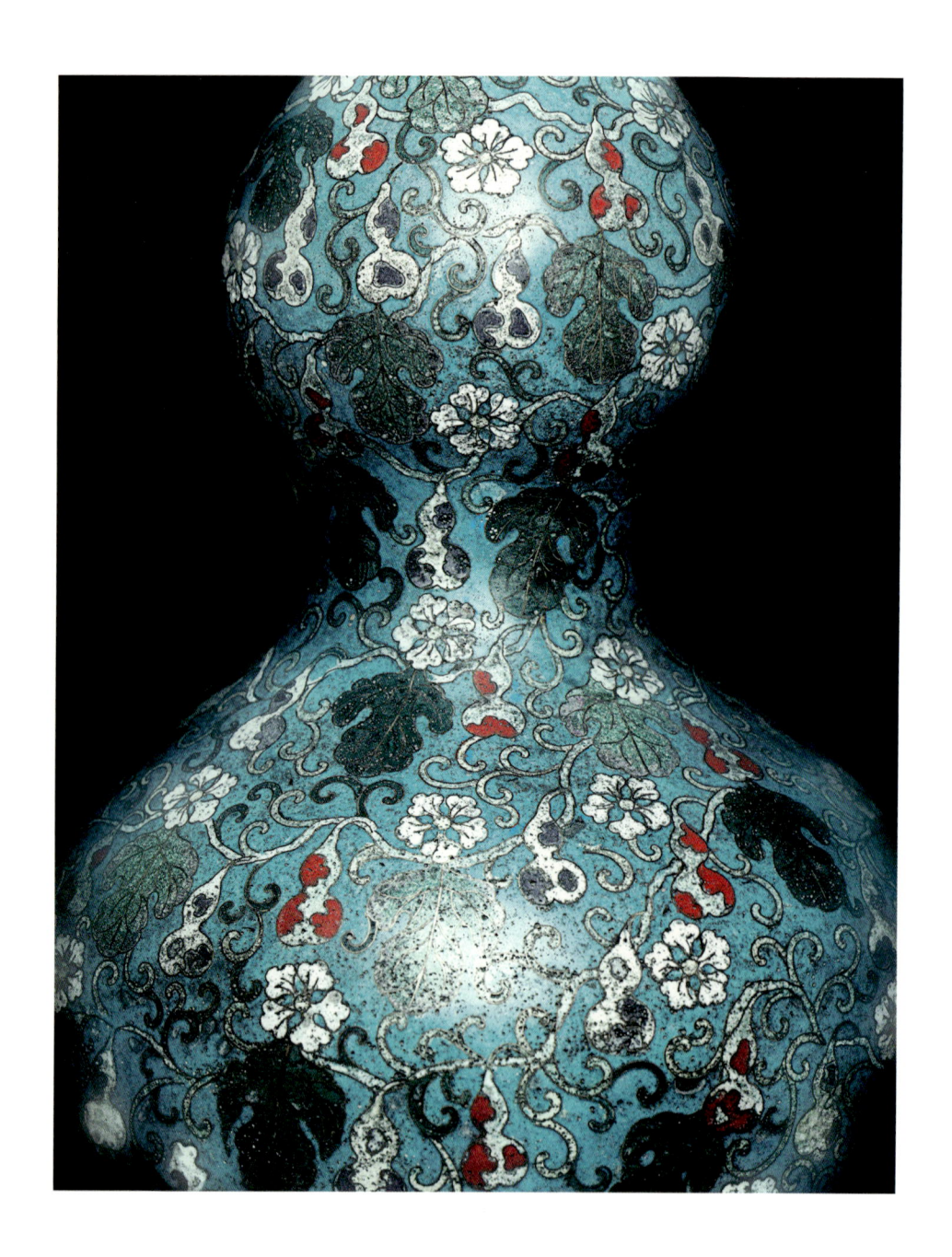

神秘的物品

镜花水月：西方时尚里的中国风

神秘的物品

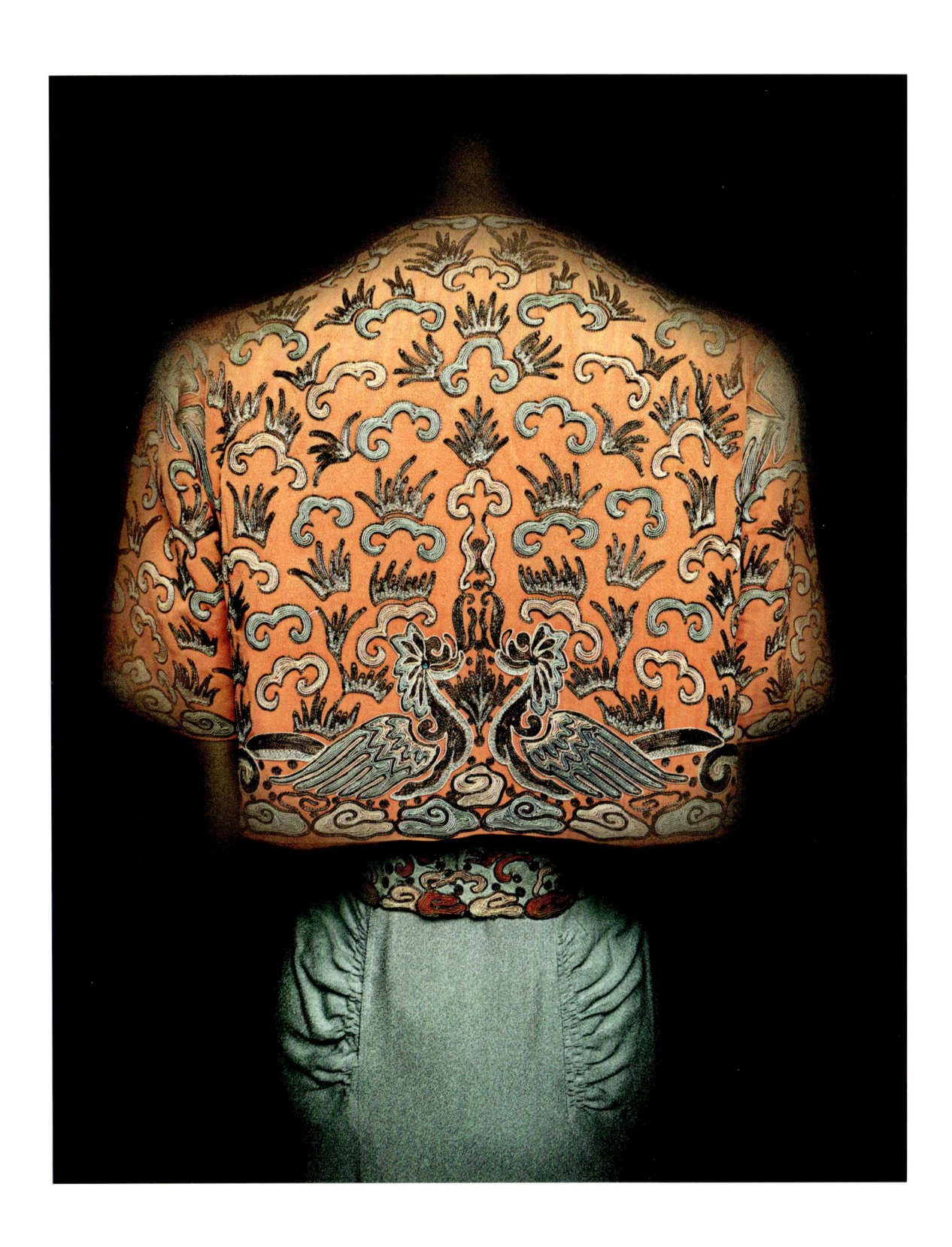

镜花水月：西方时尚里的中国风

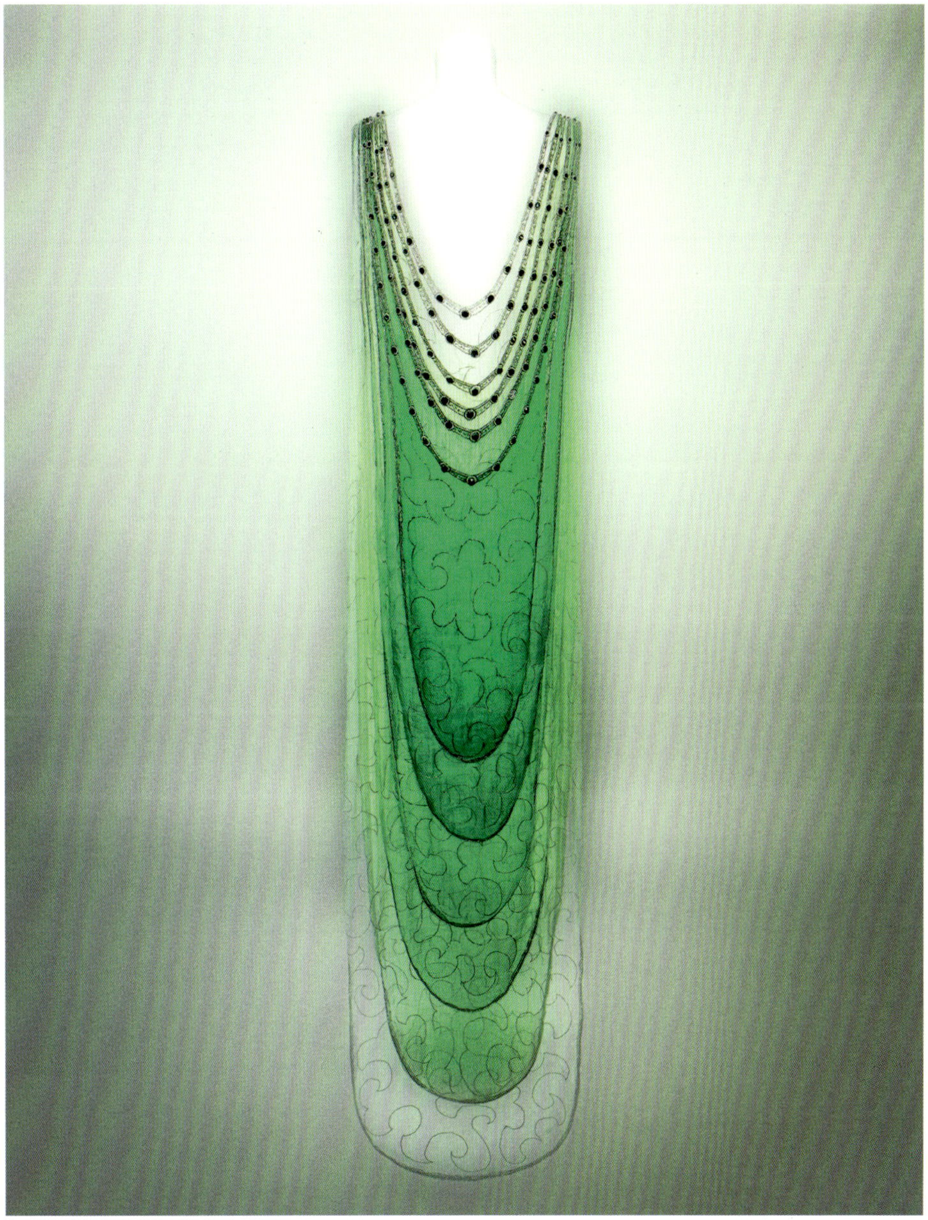

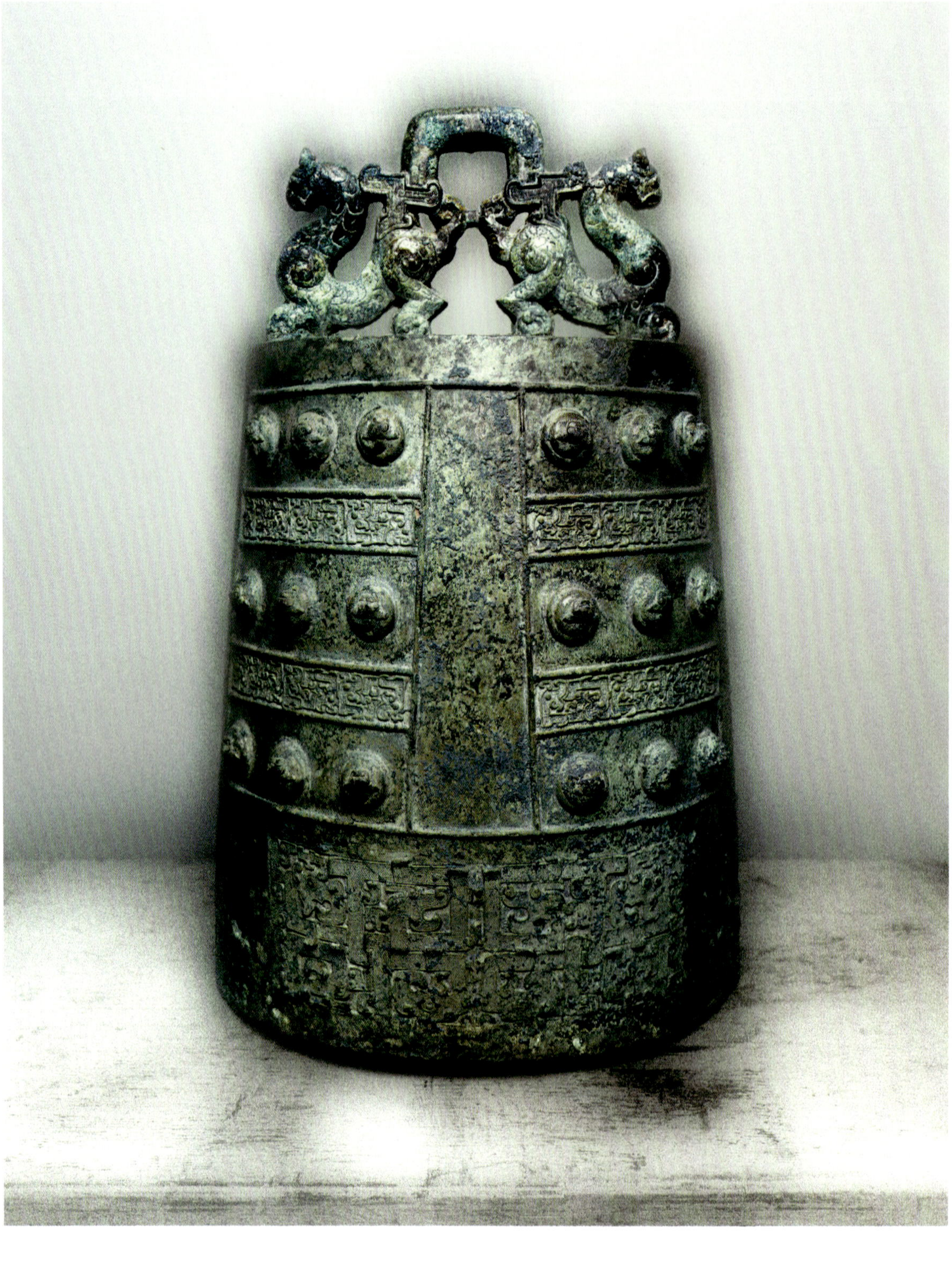

神秘的物品

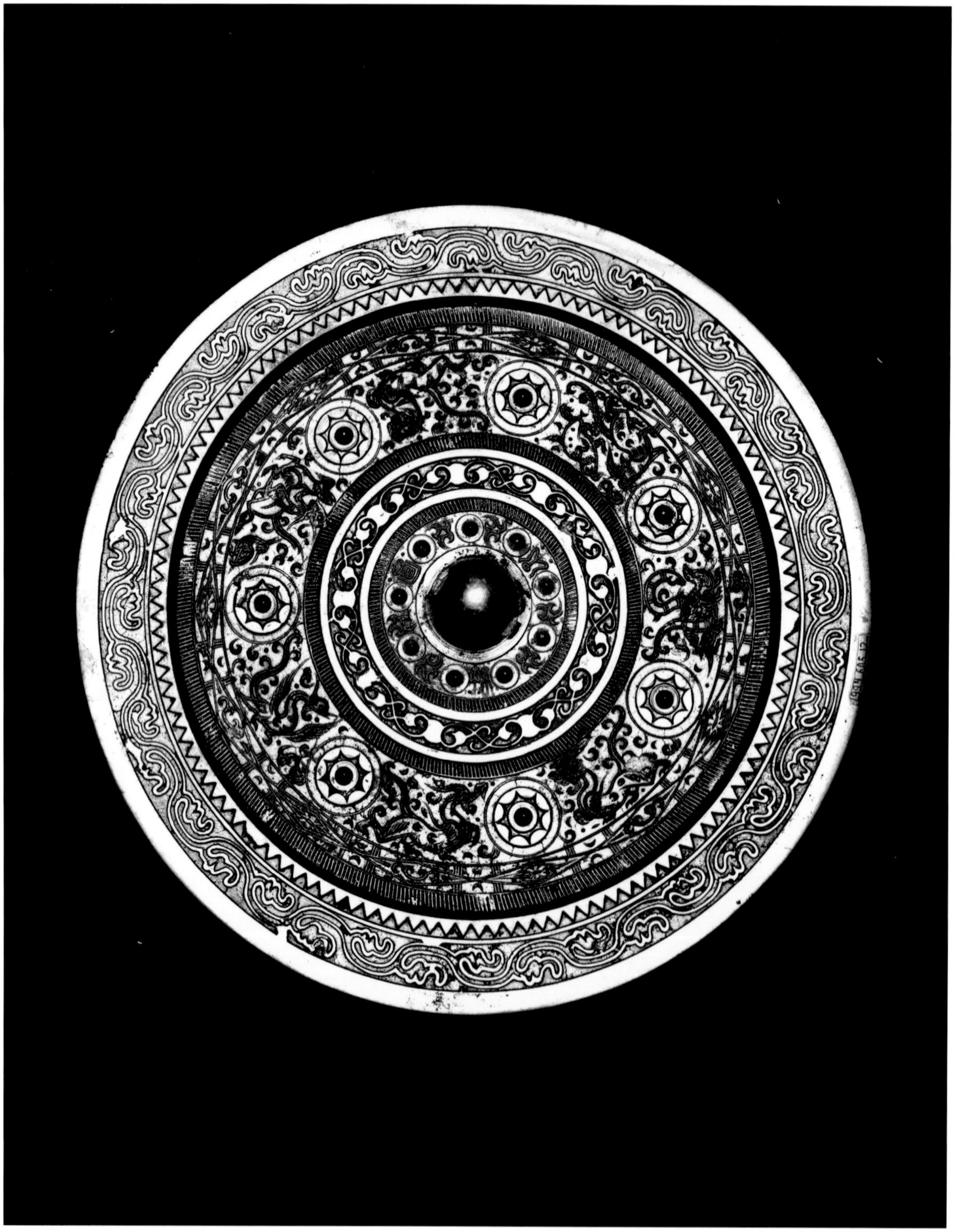

神秘的物品

镜花水月：西方时尚里的中国风

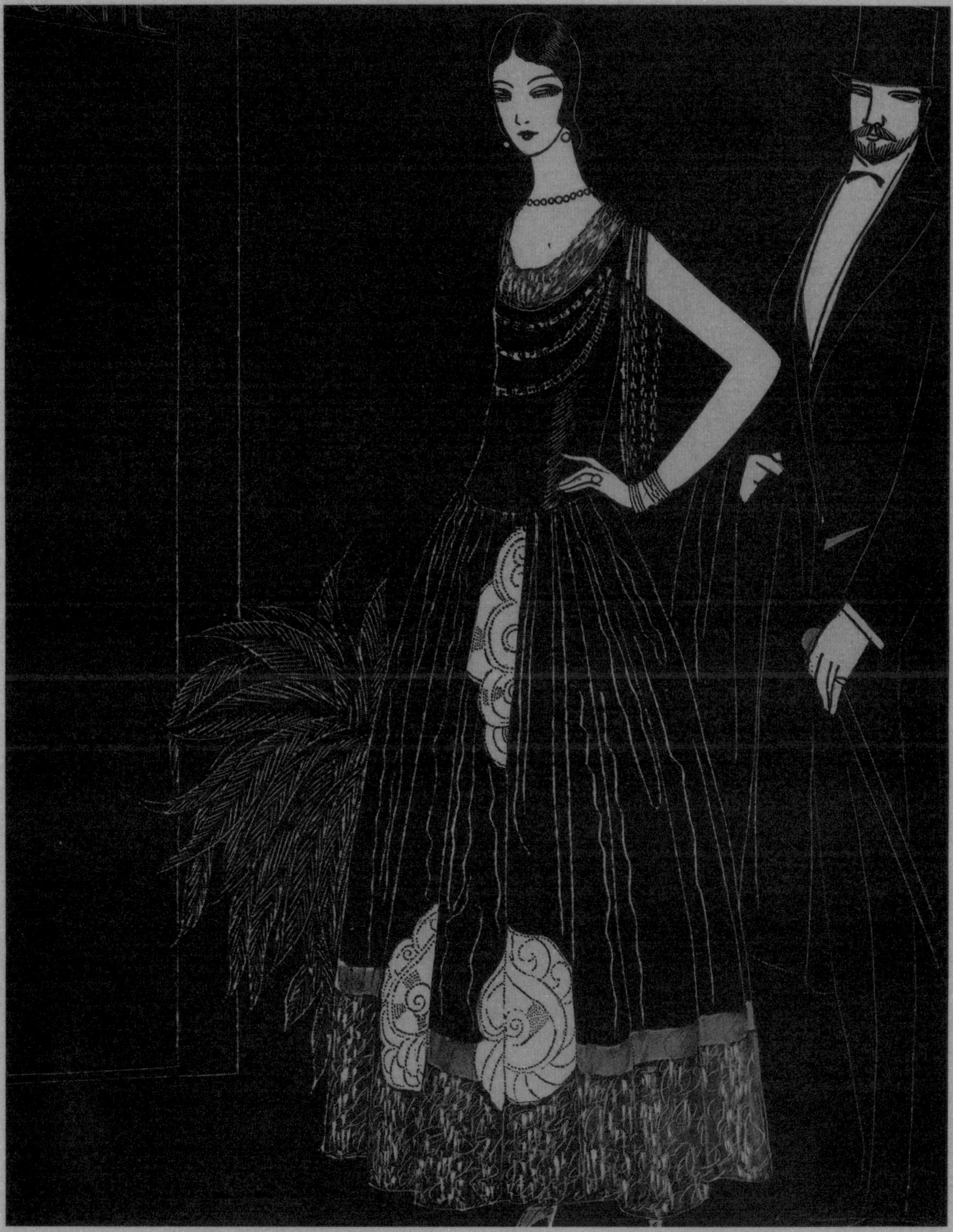

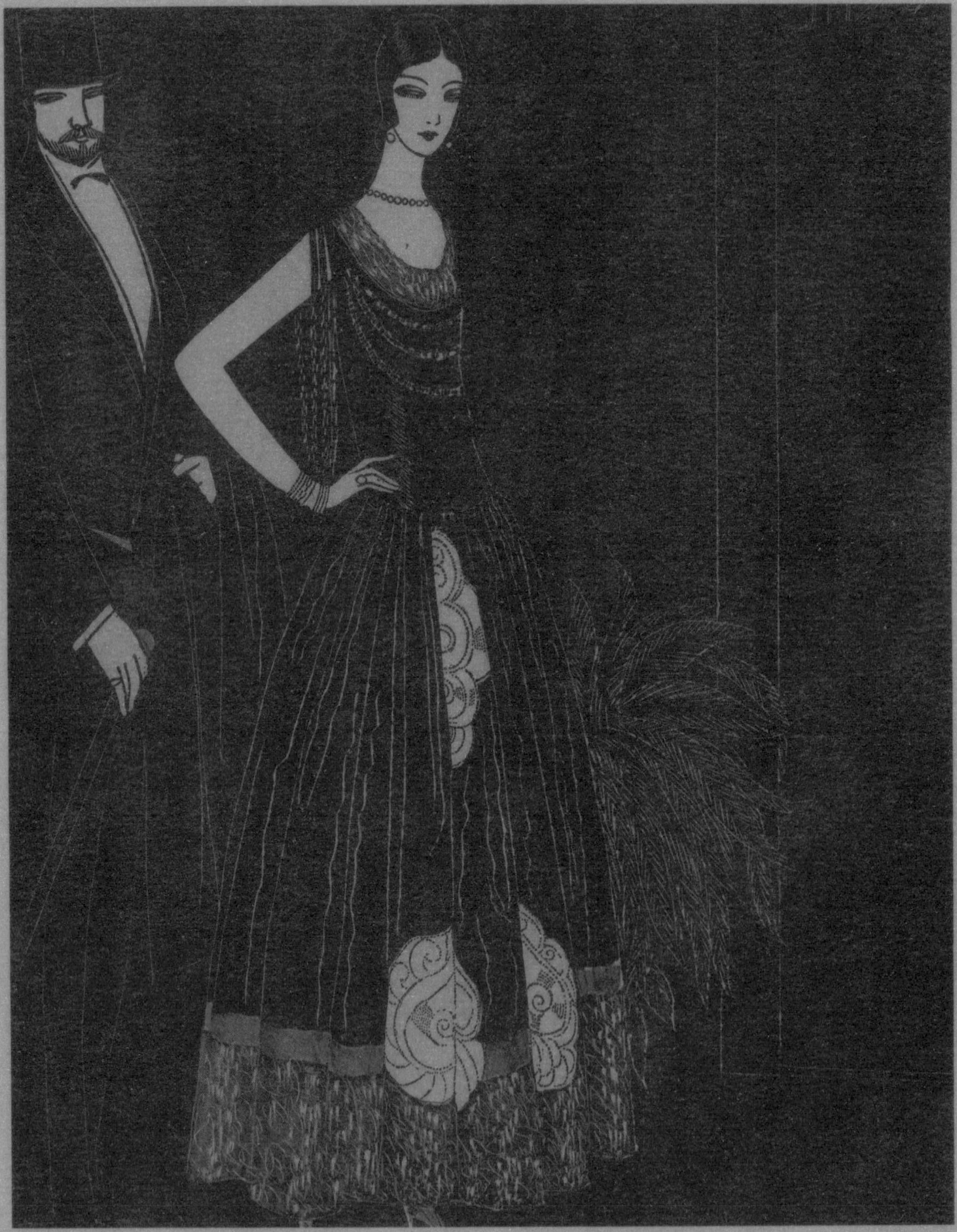

神秘的物品

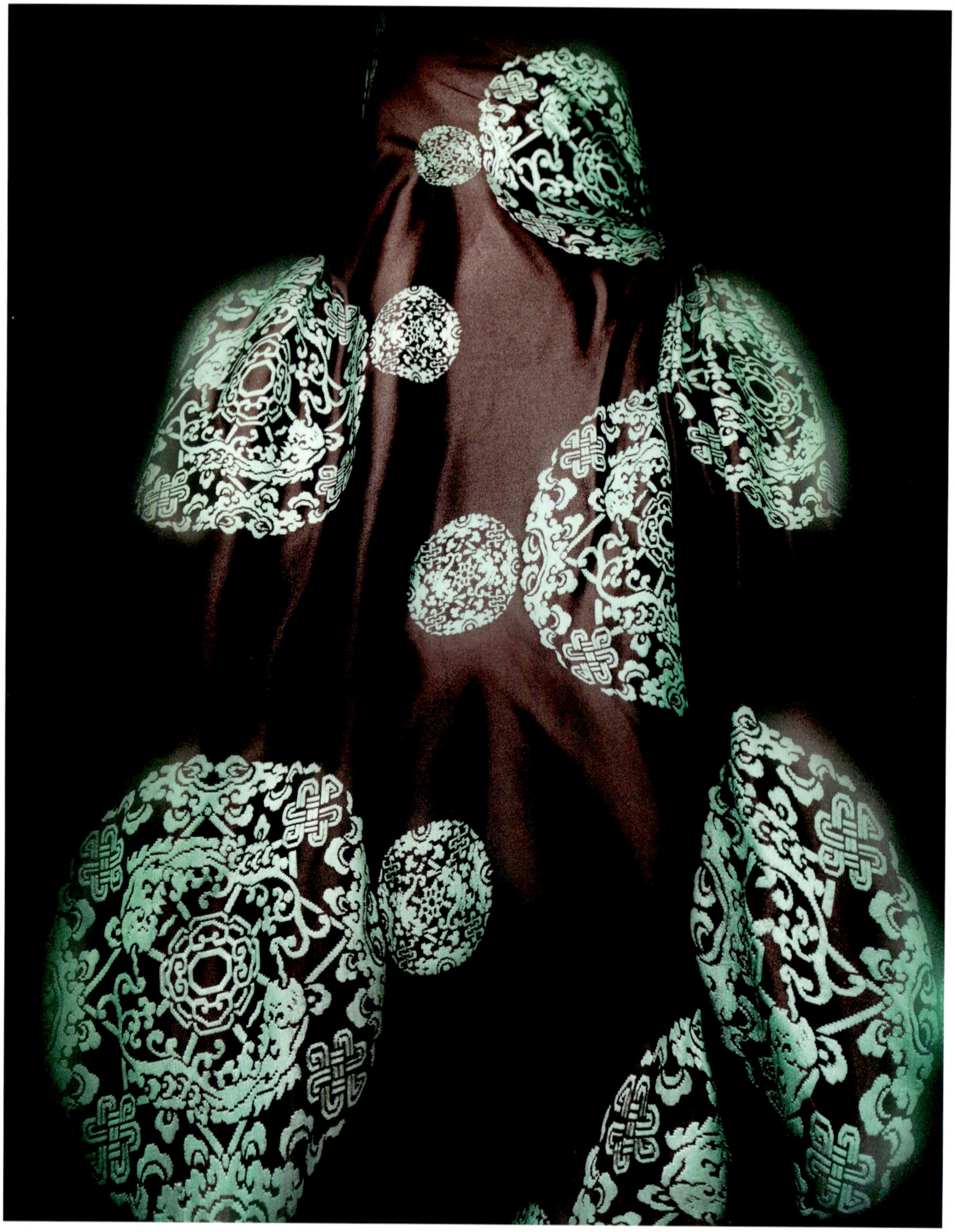

神秘的物品

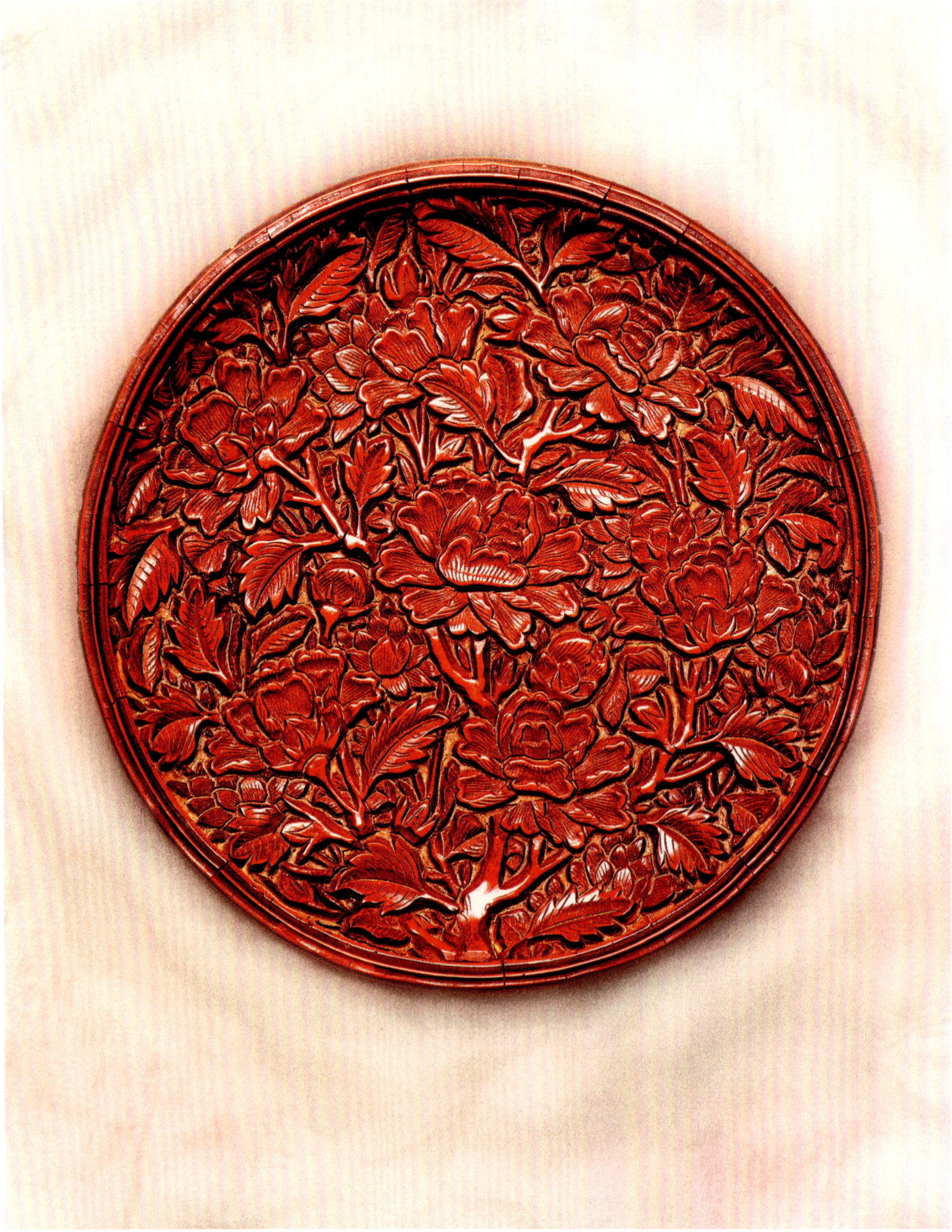

神秘的物品

镜花水月：西方时尚里的中国风

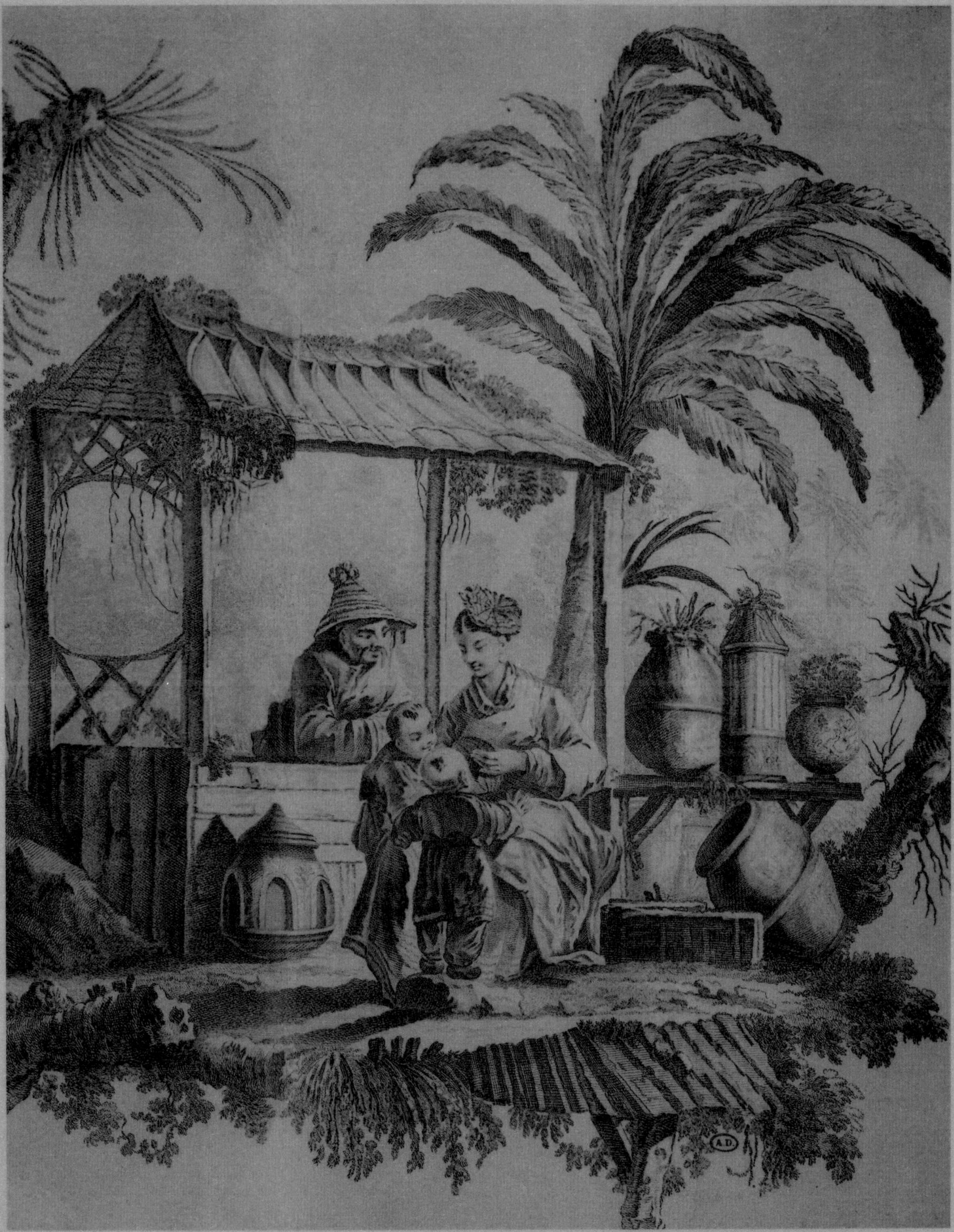

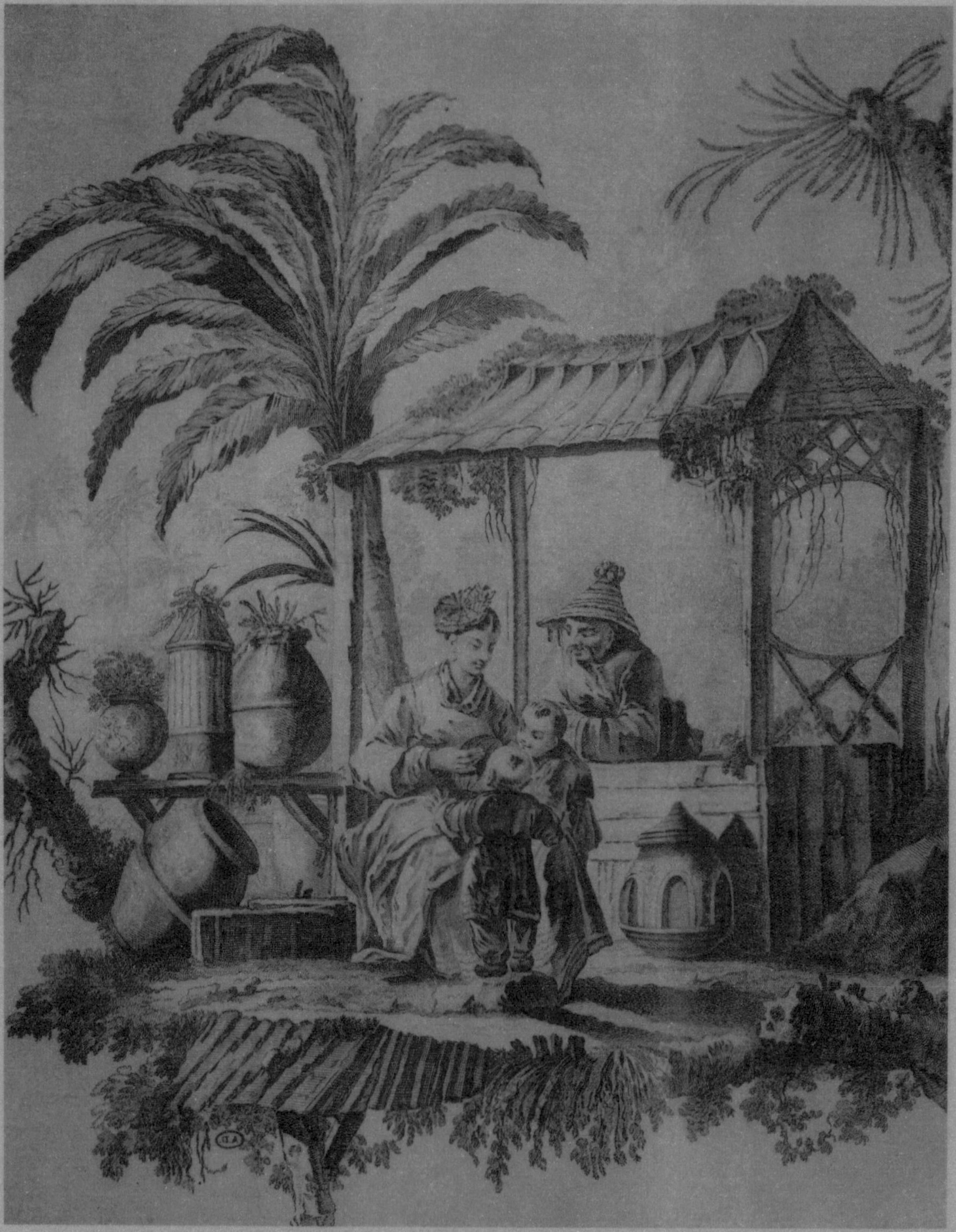

神秘的物品

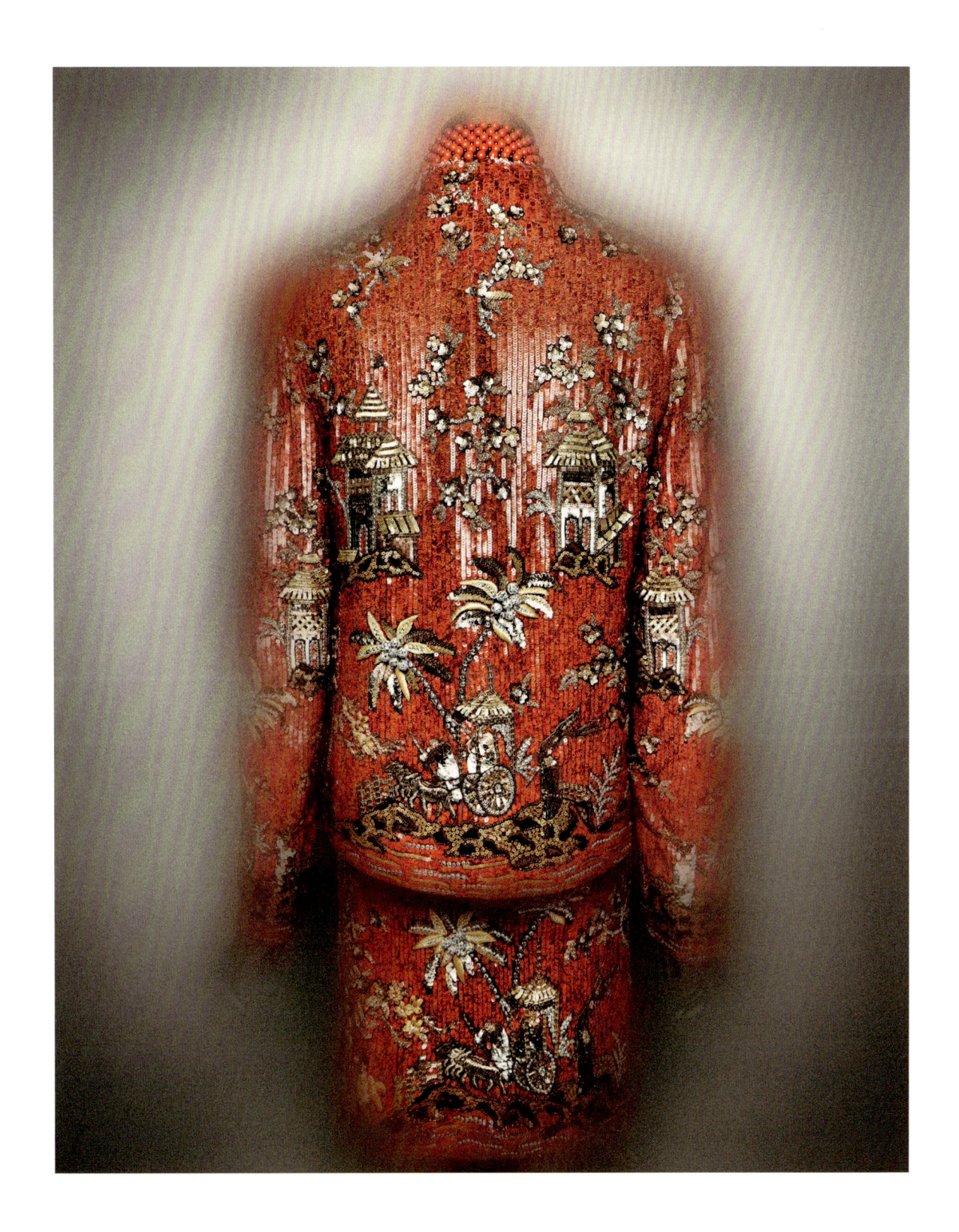

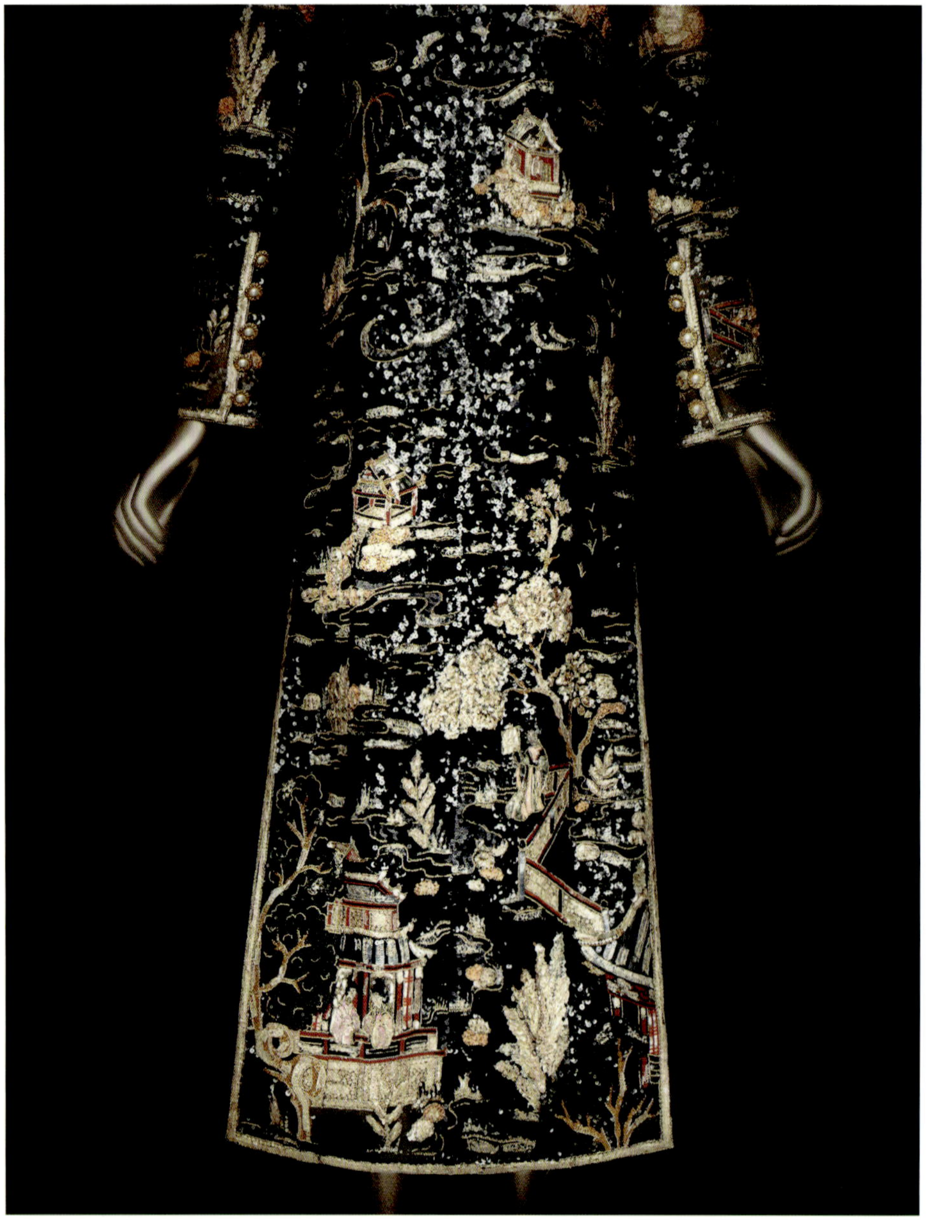

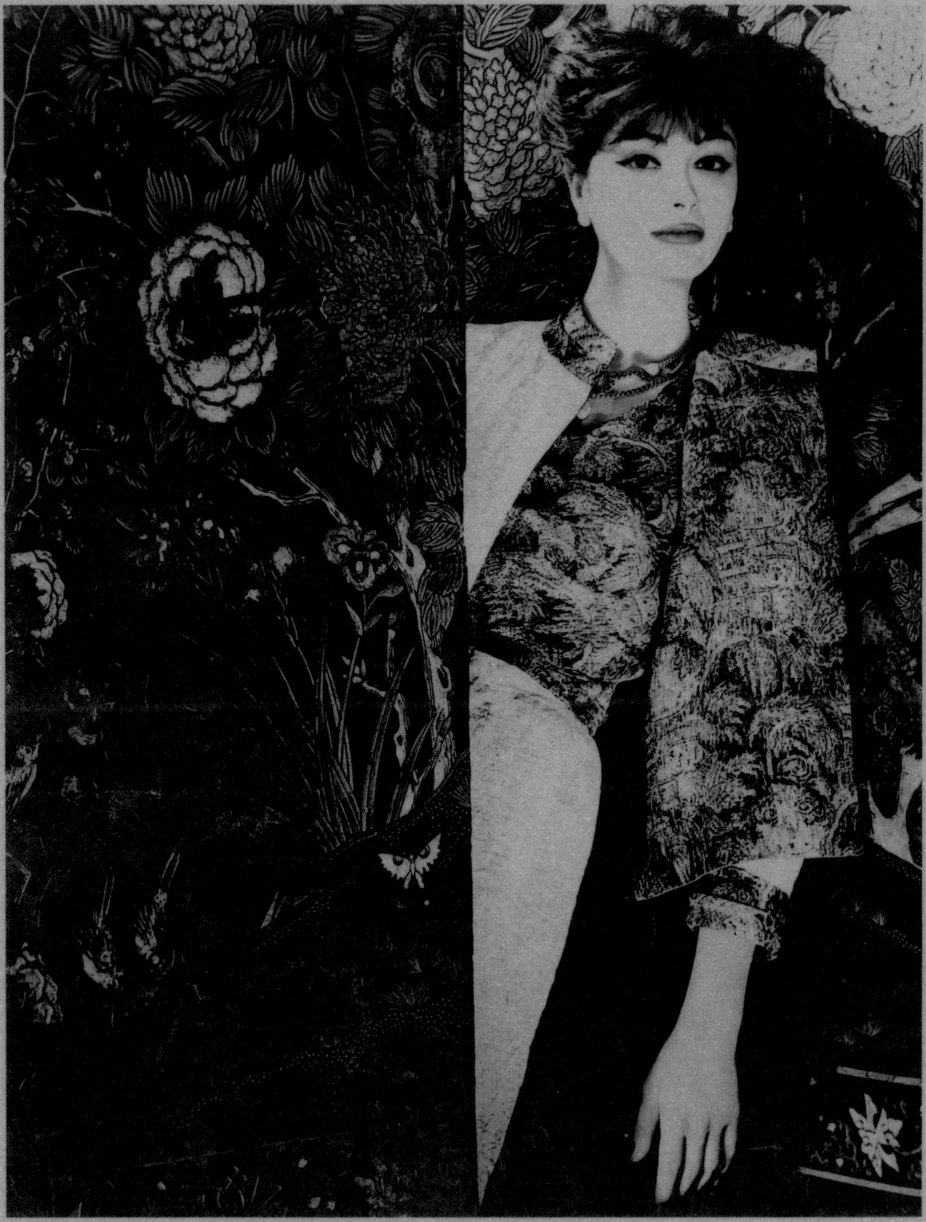

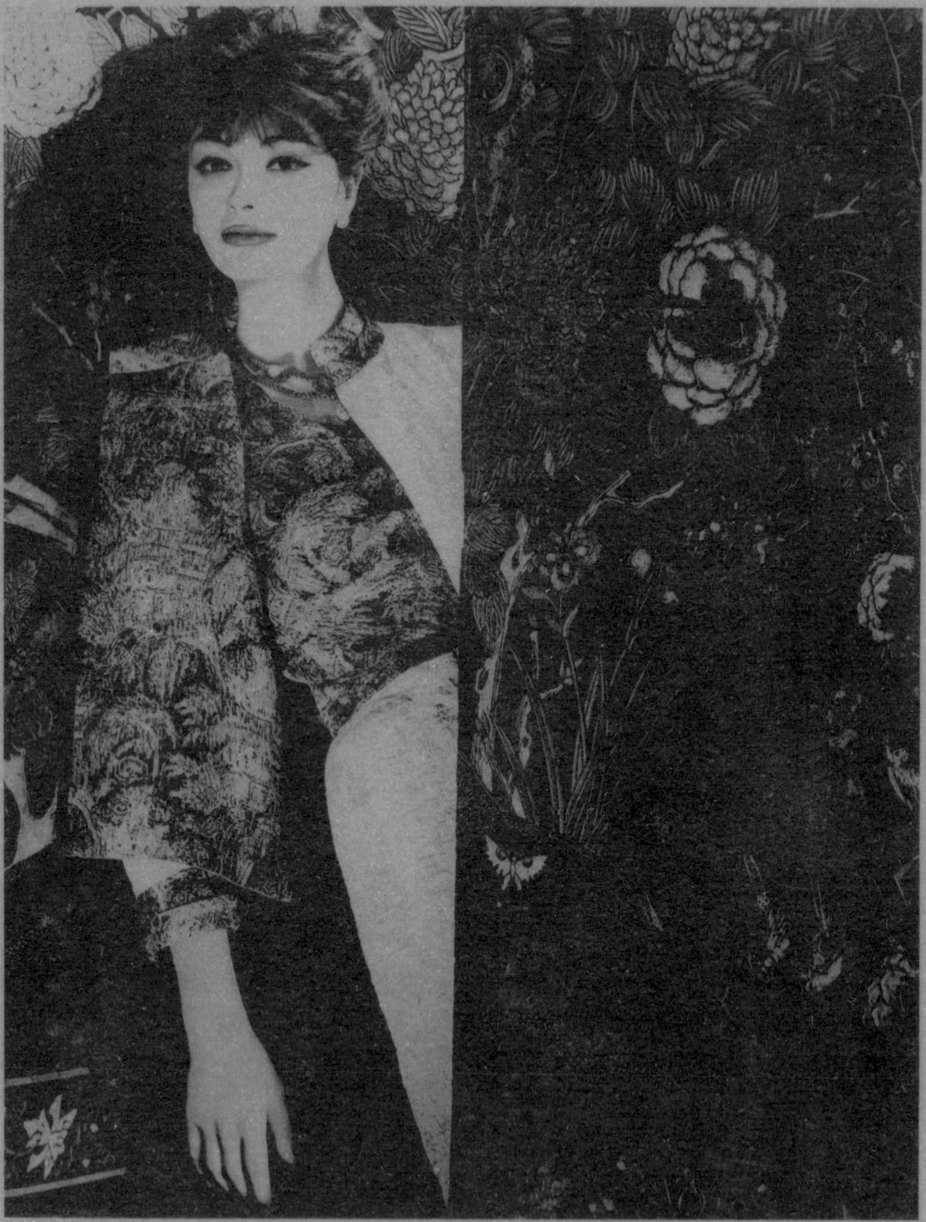

神秘的物品

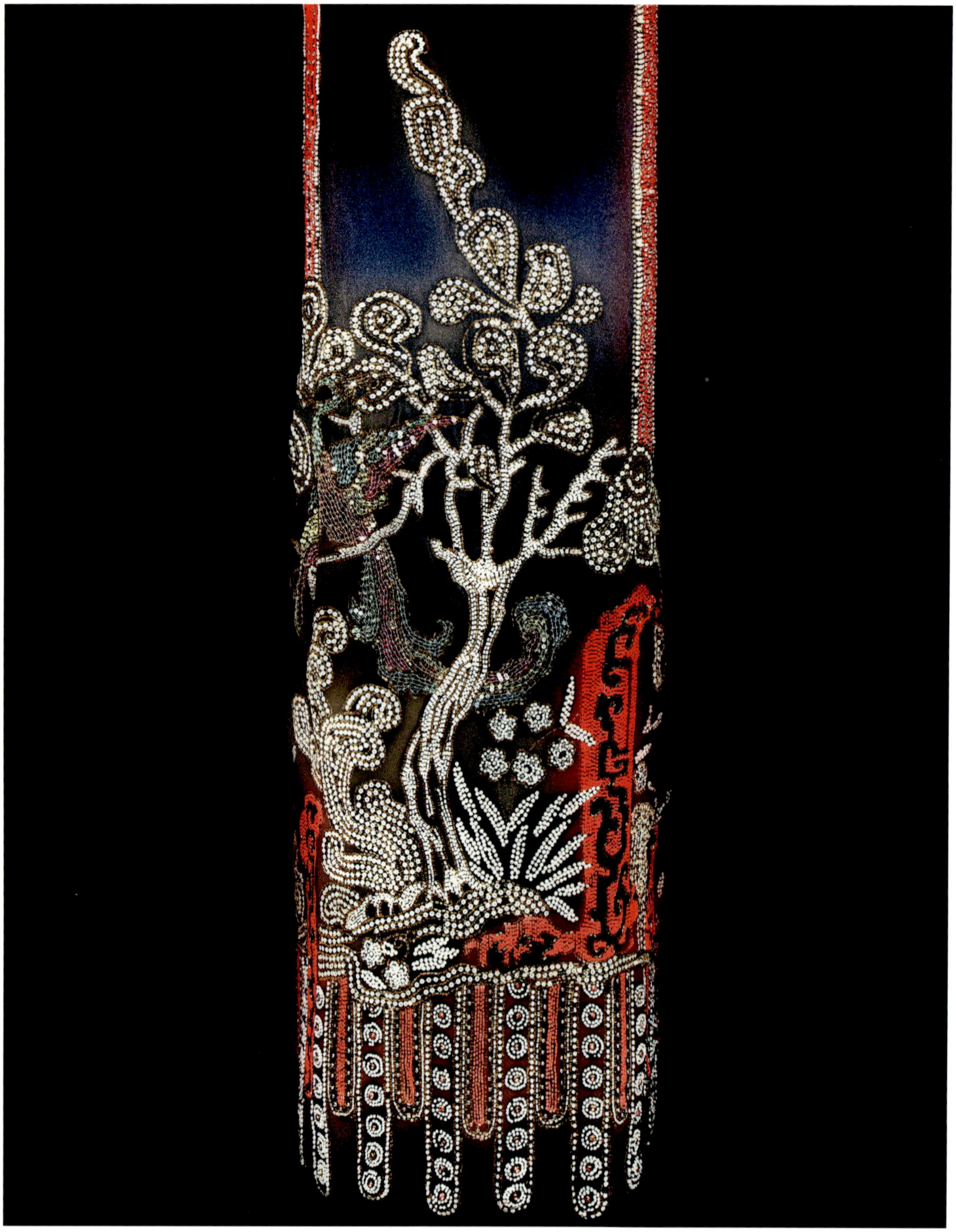

神秘的物品

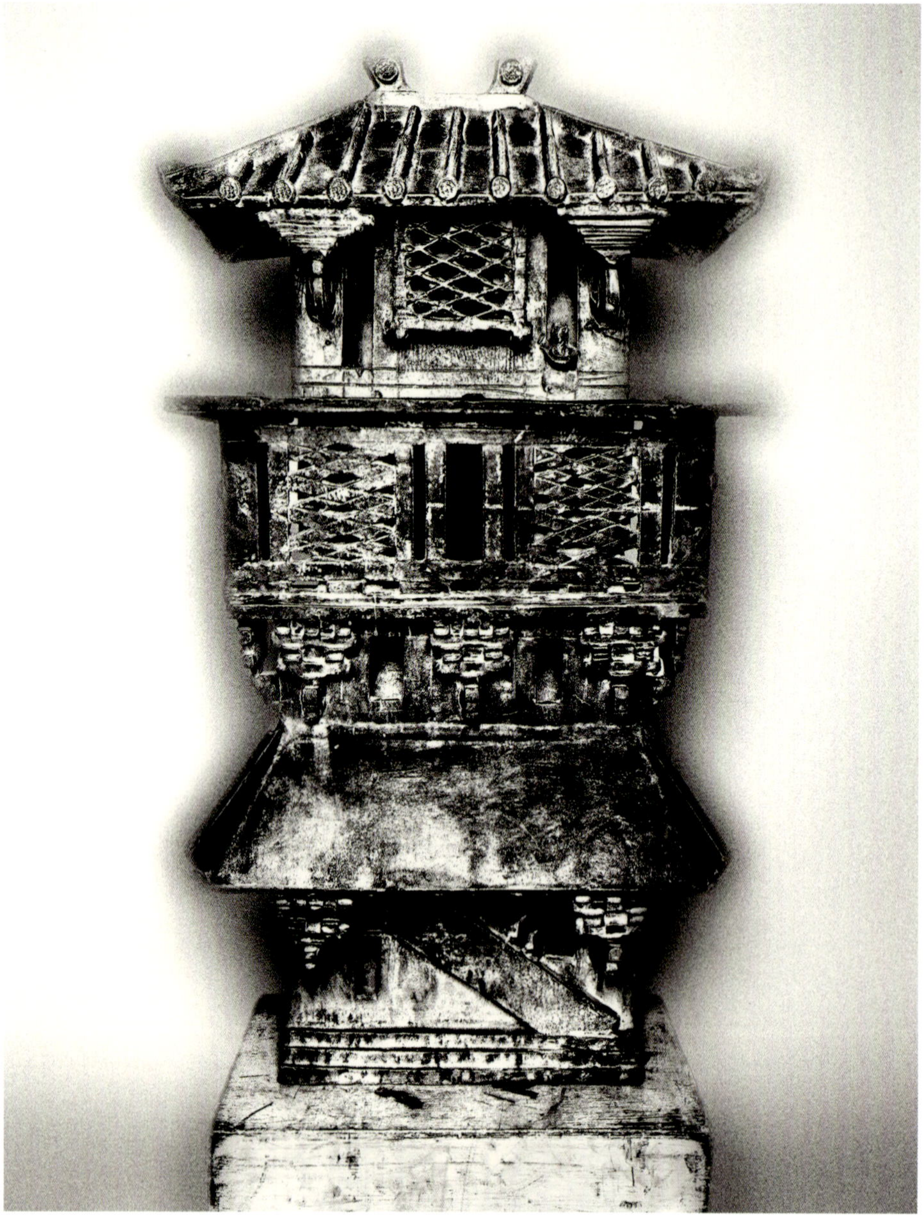

神秘的物品

镜花水月：西方时尚里的中国风

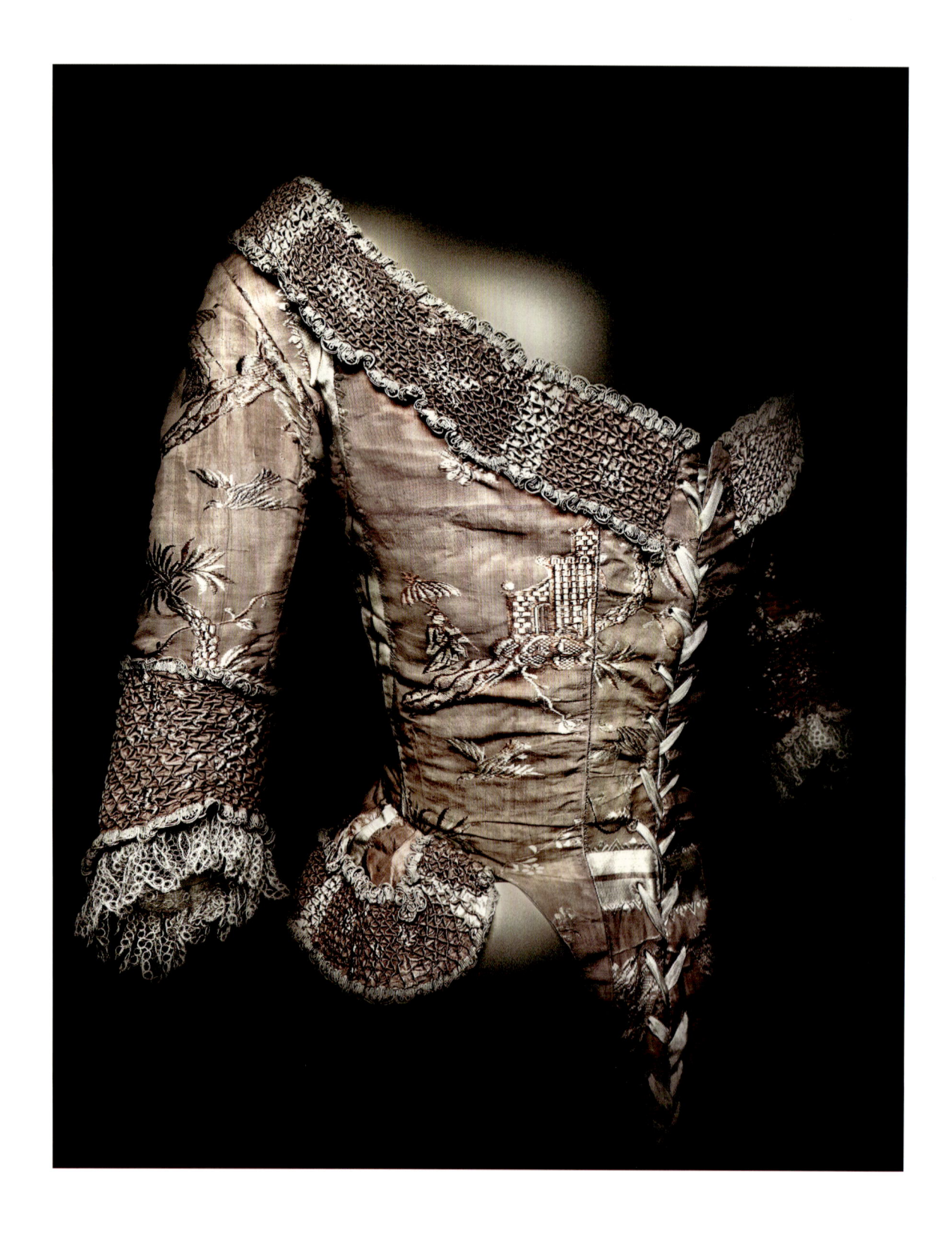

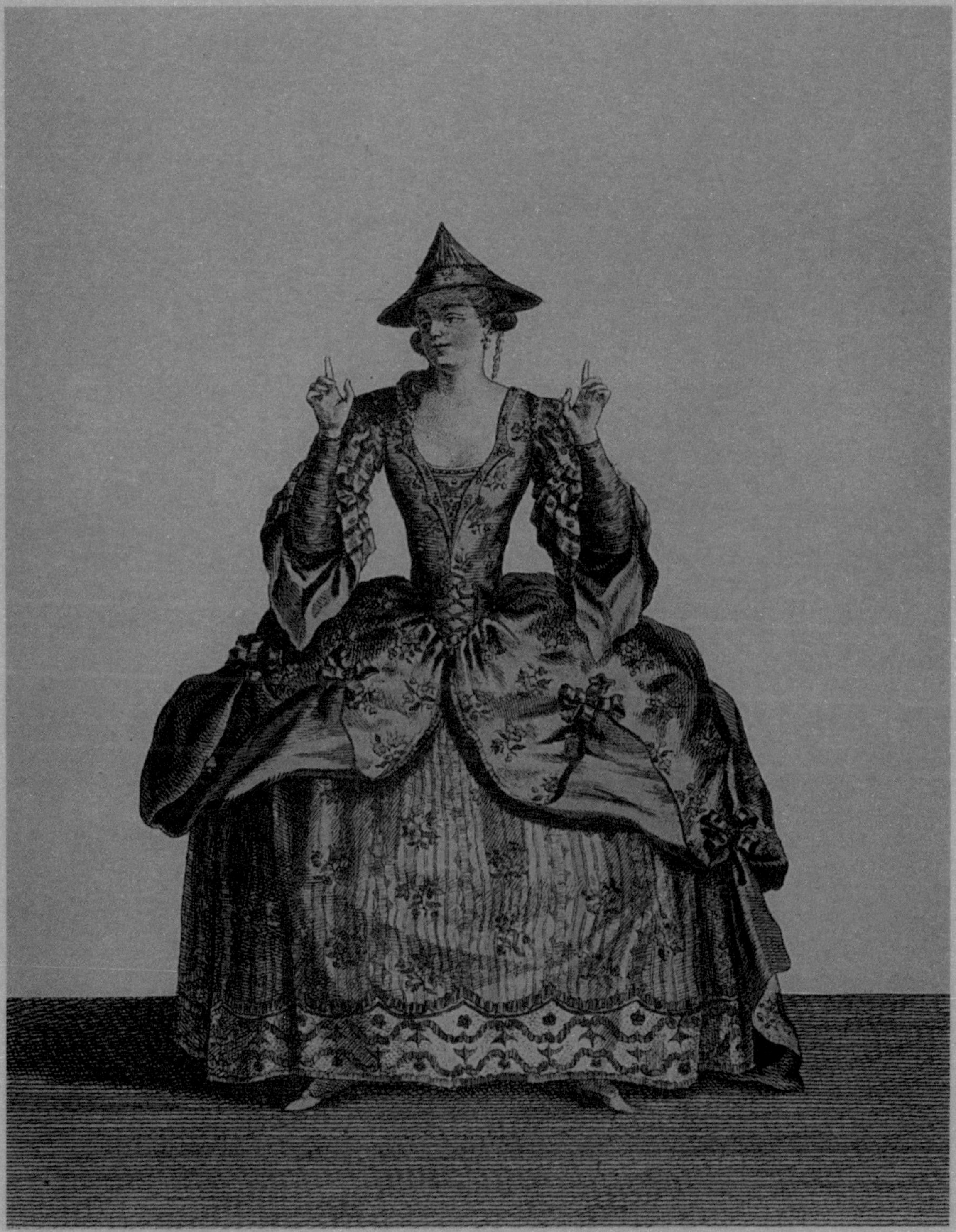

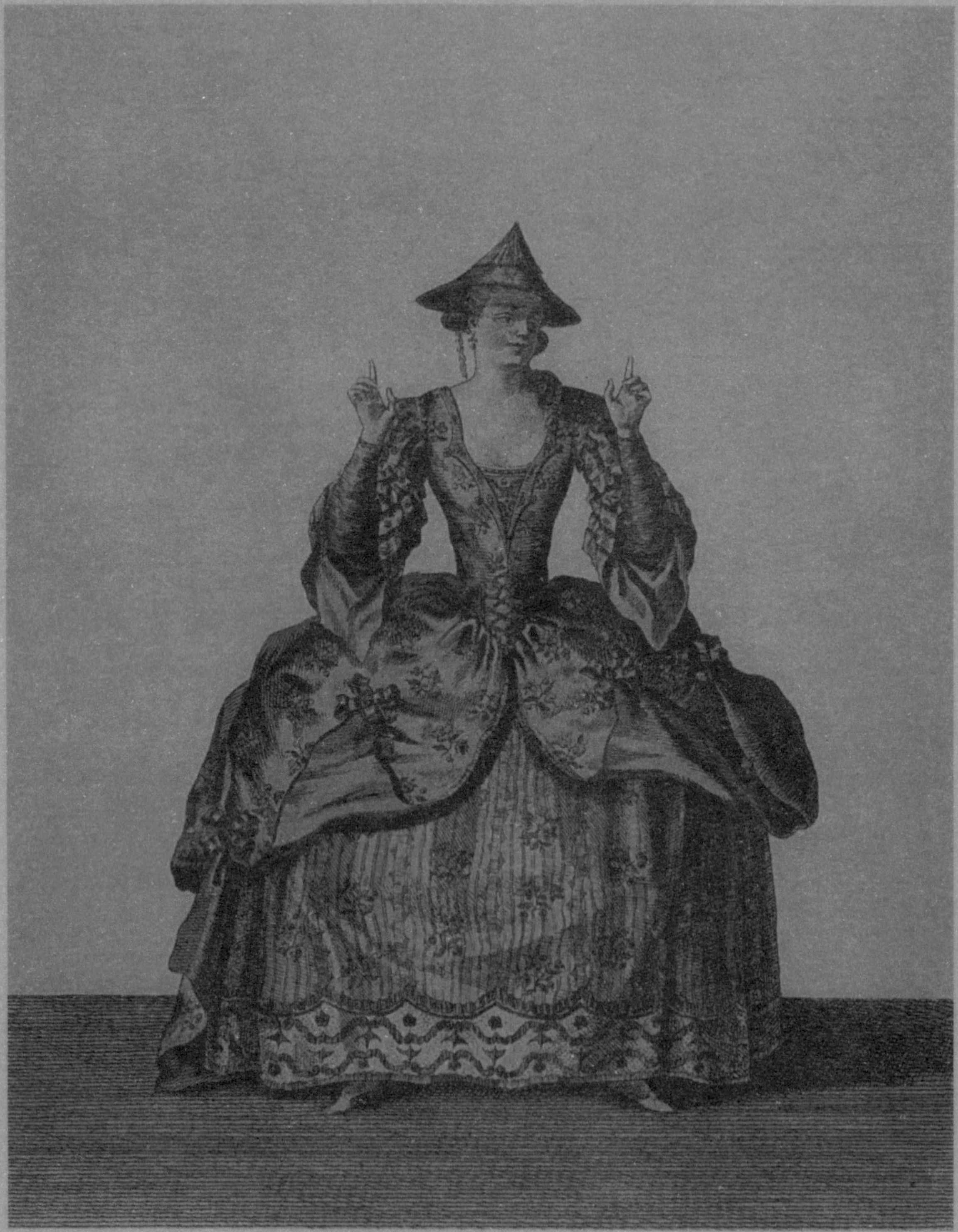

神秘的物品

镜花水月：西方时尚里的中国风

1914 — Costumes Parisiens — 148

Pagode

Pagode

神秘的物品

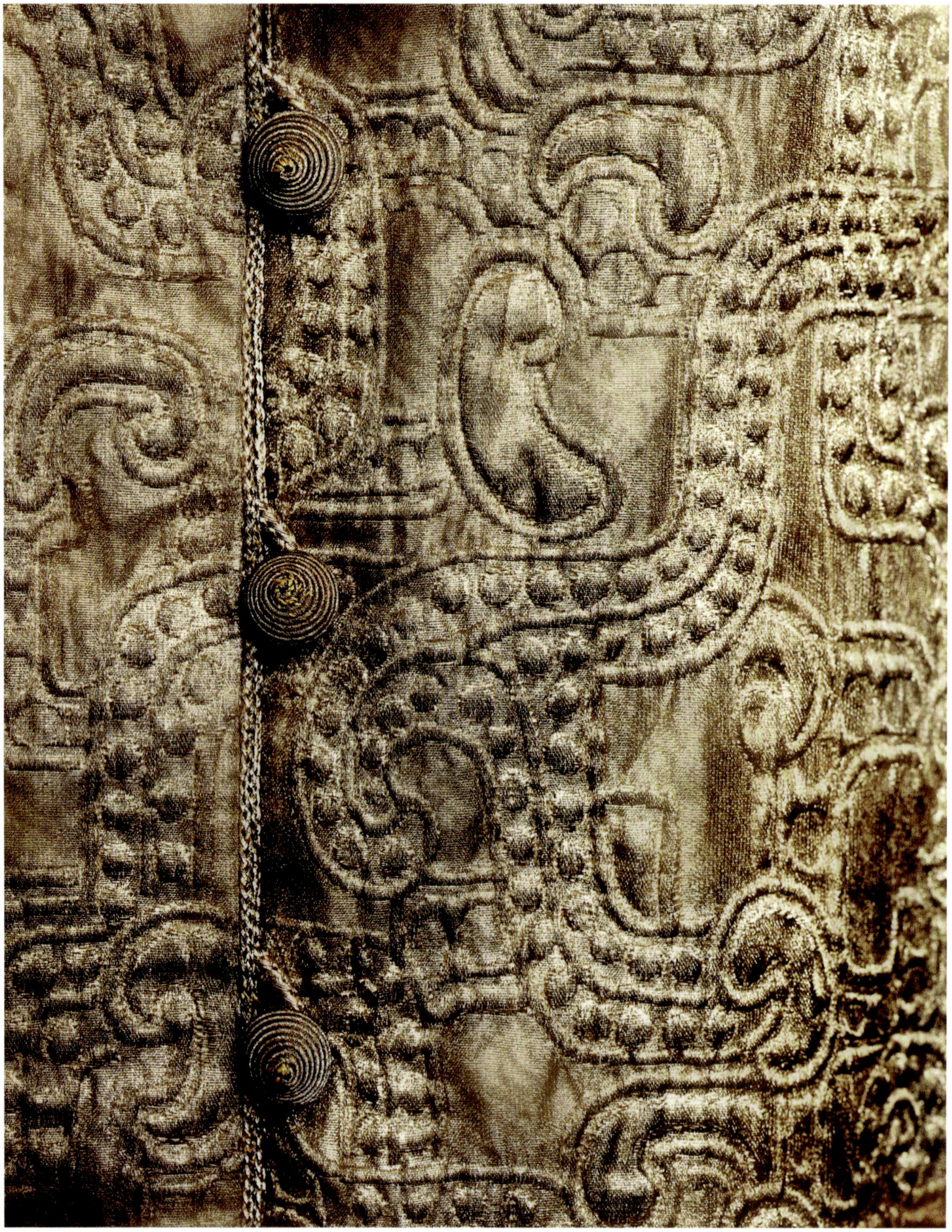

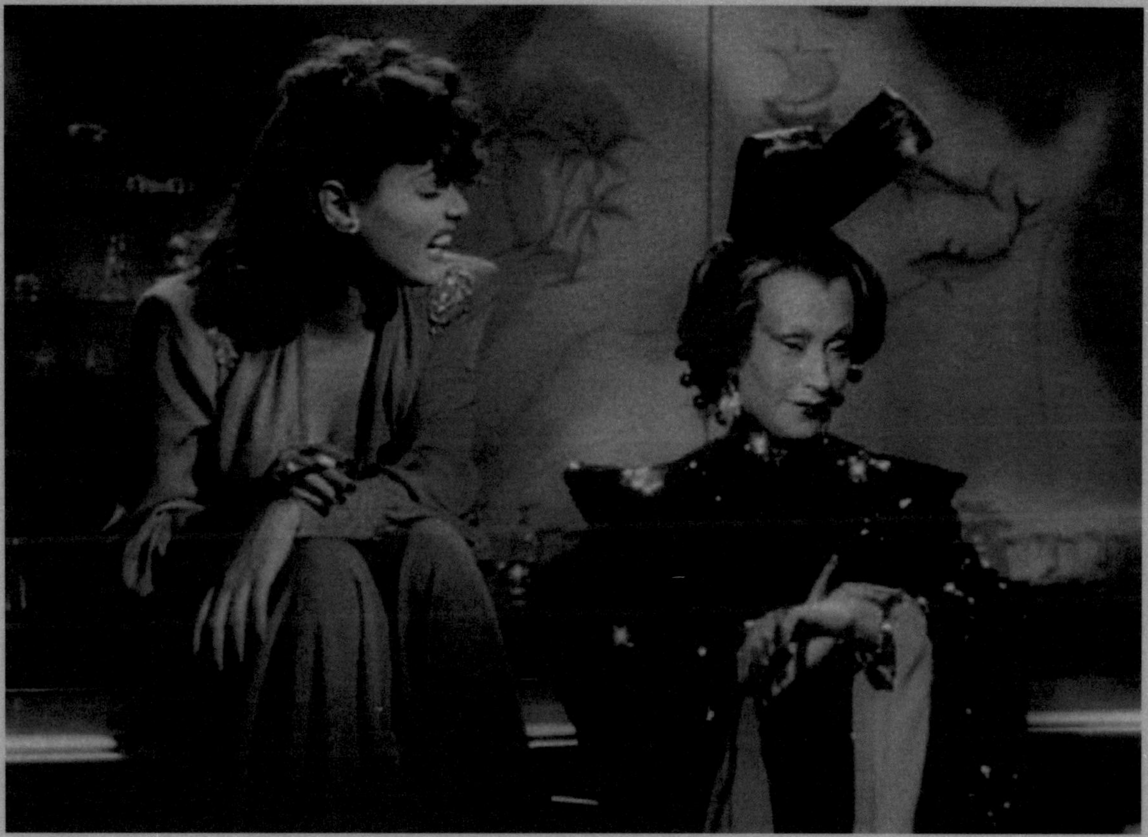

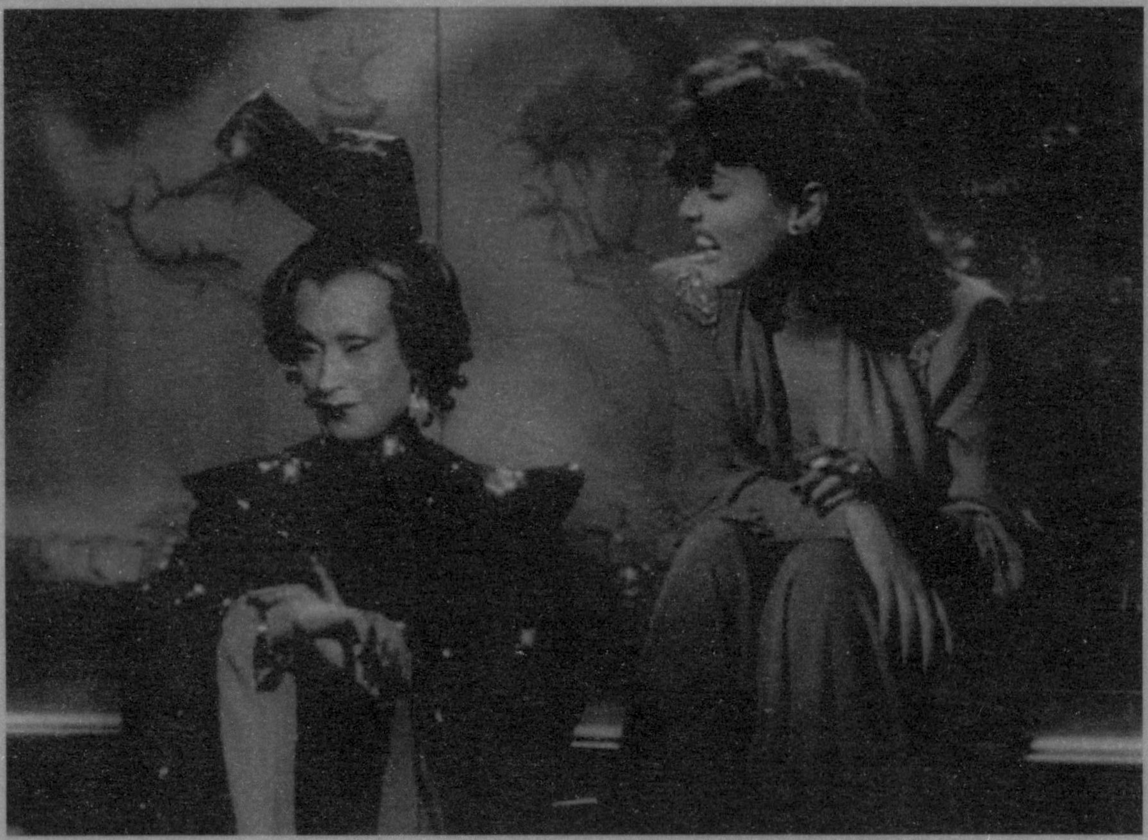

神秘的物品

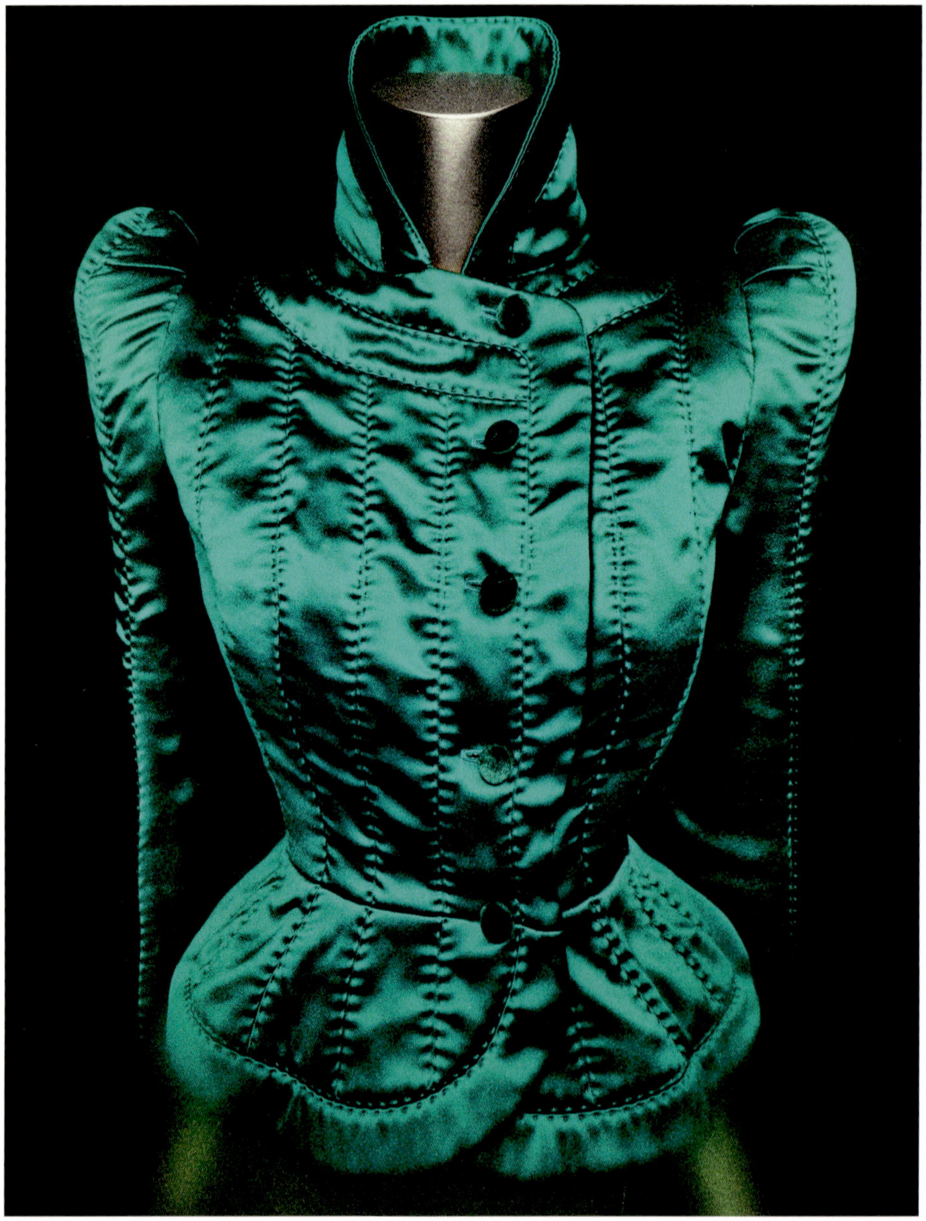

神秘的物品

镜花水月：西方时尚里的中国风

神秘的物品

镜花水月：西方时尚里的中国风

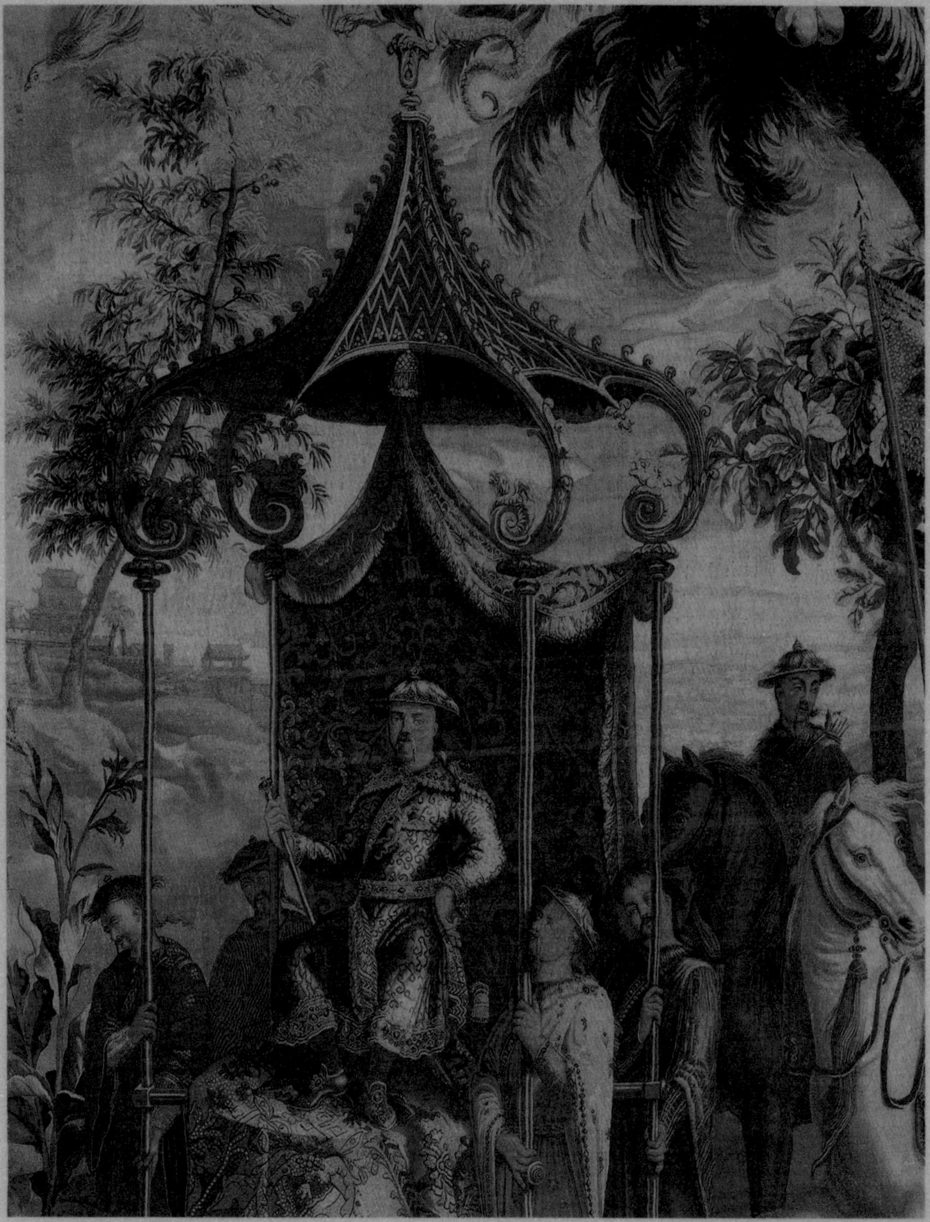

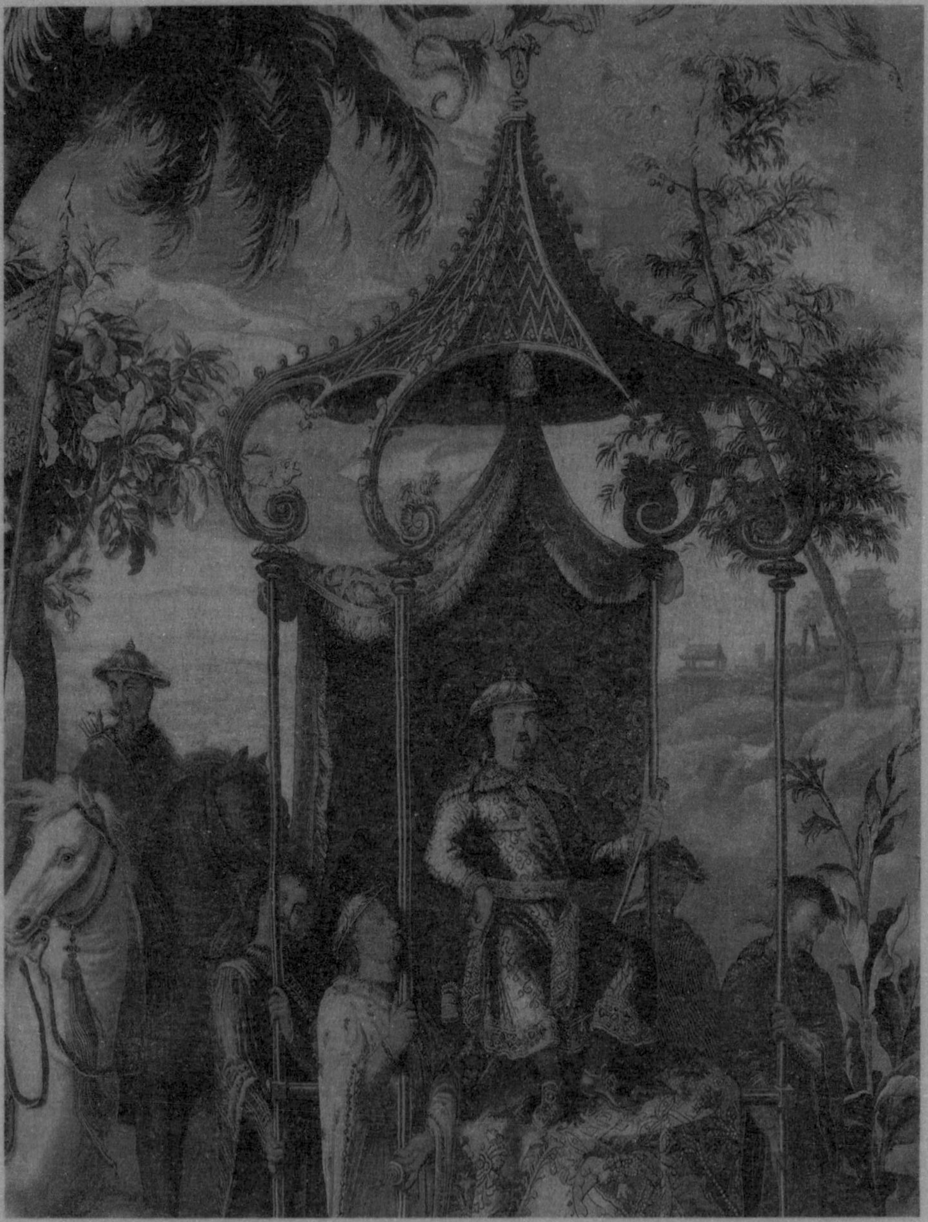

神秘的物品

采访、资料来源与版权

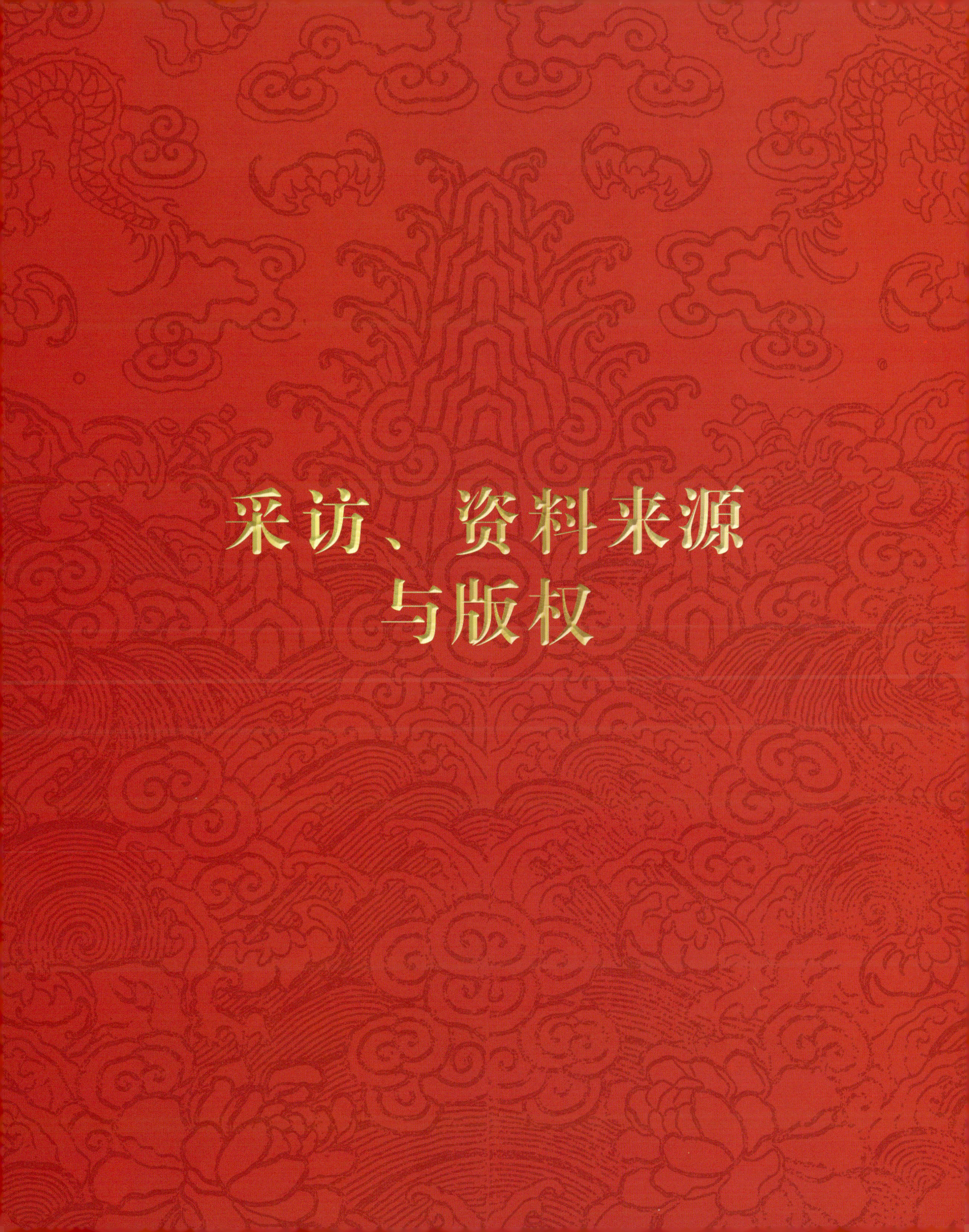

约翰·加利亚诺
与安德鲁·博尔顿的对话

英国时尚设计师约翰·加利亚诺以他叙事性的设计手法闻名。作为纪梵希（1995—1996年）、克里斯汀·迪奥（1996—2011年）、马吉拉时装屋（自2014年10月起），以及他的同名品牌（1988—2011年）的创意总监，加利亚诺通过其设计中看似矛盾的对文化与历史的引用，为时尚界带来了活力和生气。从古埃及到法国大革命，从宝嘉康蒂（Pocahontas）到温莎公爵夫人，他的灵感来源十分广泛，但没有哪一个能像中国一样始终贯穿其职业生涯并影响着他的作品。

安德鲁·博尔顿（以下简称"B"）：相对于这本图录中收录的，以及参与此次展览的其他设计师来说，你更频繁地将中国作为灵感来源反复地运用在你的作品中。是什么最初把你吸引到中国这个主题的？

约翰·加利亚诺（以下简称"G"）：我对于中国的文化十分着迷。现在回过头来想，大概是因为我原先对它知之甚少。在游访中国之前，是关于中国的幻想、那种在好莱坞电影中所表现出来的危险感与神秘感吸引着我。很久之后，我逐渐了解了真正的中国——通过研究她的绘画、文学以及建筑。我的设计过程通常都涉及深度的调查研究，每一个时装系列背后都有我特地制作的一本剪贴簿，里面收藏着能够反映我当时想法的图像。不过，确实，我对于中国的兴趣最初起源于电影中对其幻想化、浪漫化的描绘。

B：设计师们通常通过电影的镜头来观察中国，这也是《镜花水月：西方时尚里的中国风》的主命题之一。20世纪30年代和40年代的好莱坞电影——尤其是那些由黄柳霜出演的——一直都是一个特别的灵感来源。

G：黄柳霜的形象一直频繁地出现在我的那些剪贴簿中。她所投射出的那种吸引力和神秘感极其有力和诱惑。

B：她好像是你的1993年春夏系列"海盗奥利维亚"（Olivia the Filibuster）的灵感来源之一，我记得那个系列中有几件基于旗袍设计的服装。有的裙子上绣有盘旋的龙纹图案，让我想起黄柳霜在《莱姆豪斯蓝调》中穿的那件旗袍（见136页）。

G：没错，她绝对是那几件作品的主要灵感来源。那些裙子的面料就像甘草一样——漆黑并且超级闪亮。龙纹图案是用金箔热转印上去的。我在有的裙子的臀部有意地设计了开叉，这样当模特们走路时，开叉部分的裙摆便会一张一合，露出裙下的身体。这就好像一眨一眨的眼睛一样。

B：你为克里斯汀·迪奥设计的第一套高级定制系列（1997年春夏系列）中有两条连衣裙的灵感来源于中国的出口披肩，一件粉色的，还有一件浅黄绿色的（见170—171页）。粉色的那条让我想起了黄柳霜曾经在

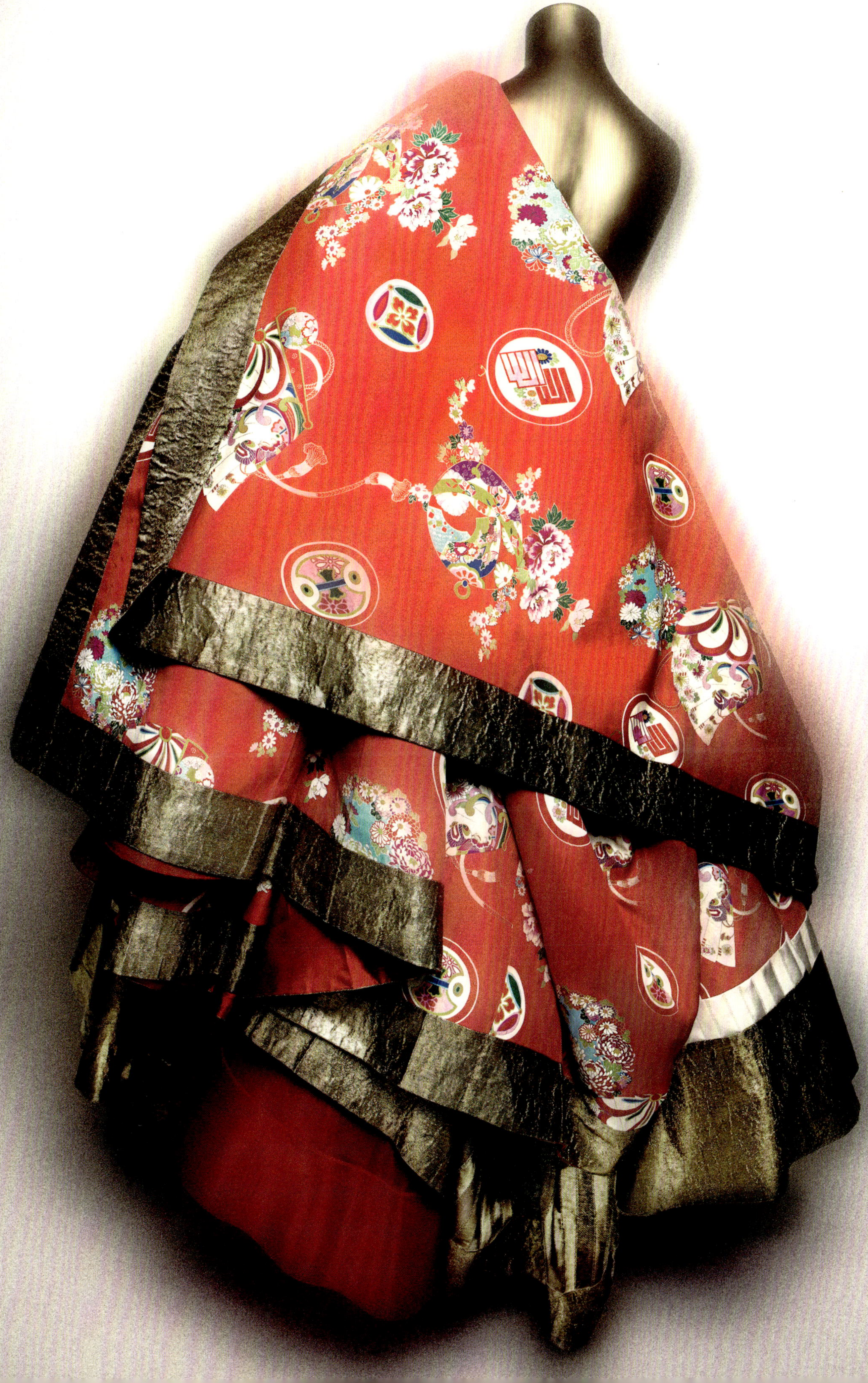

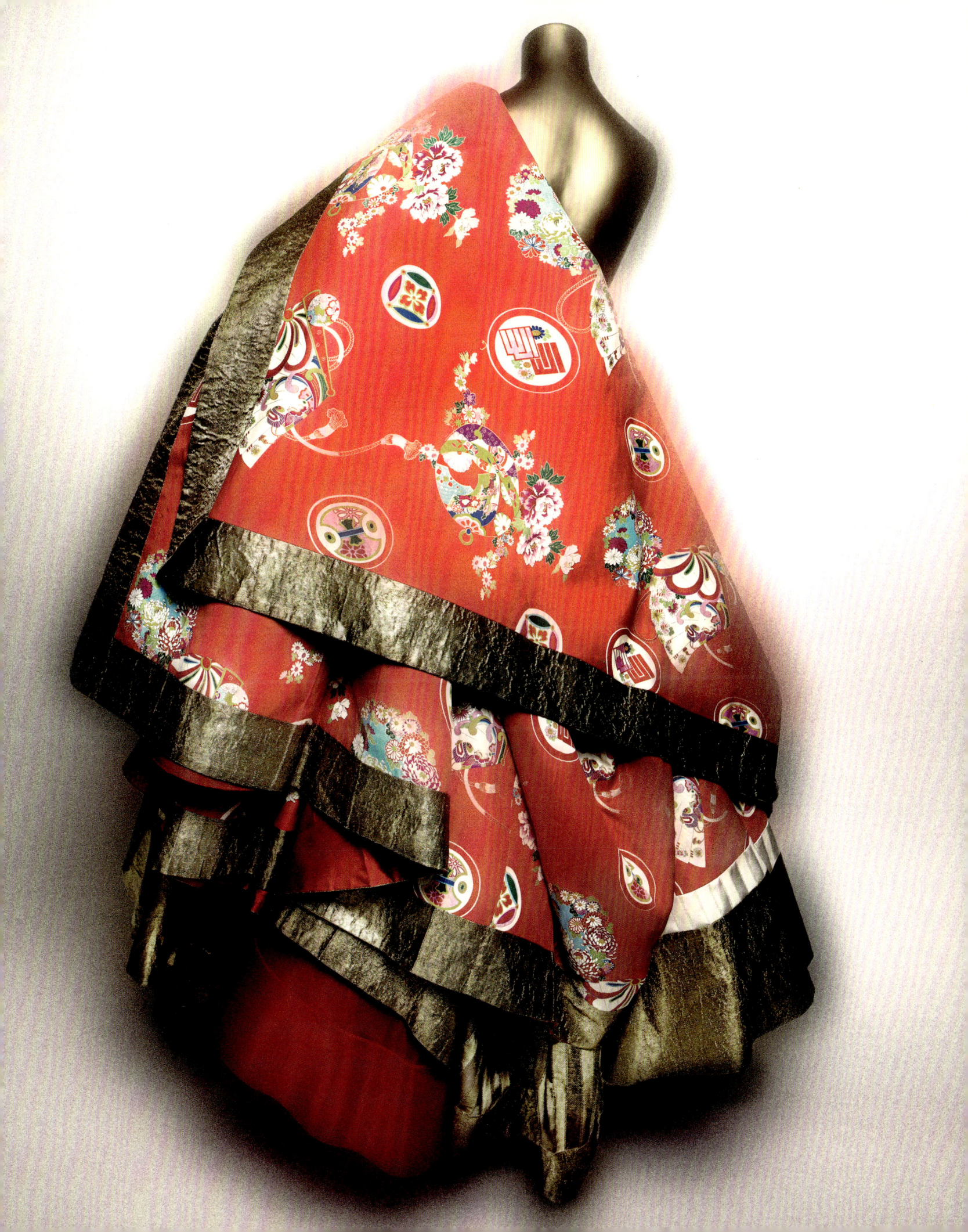

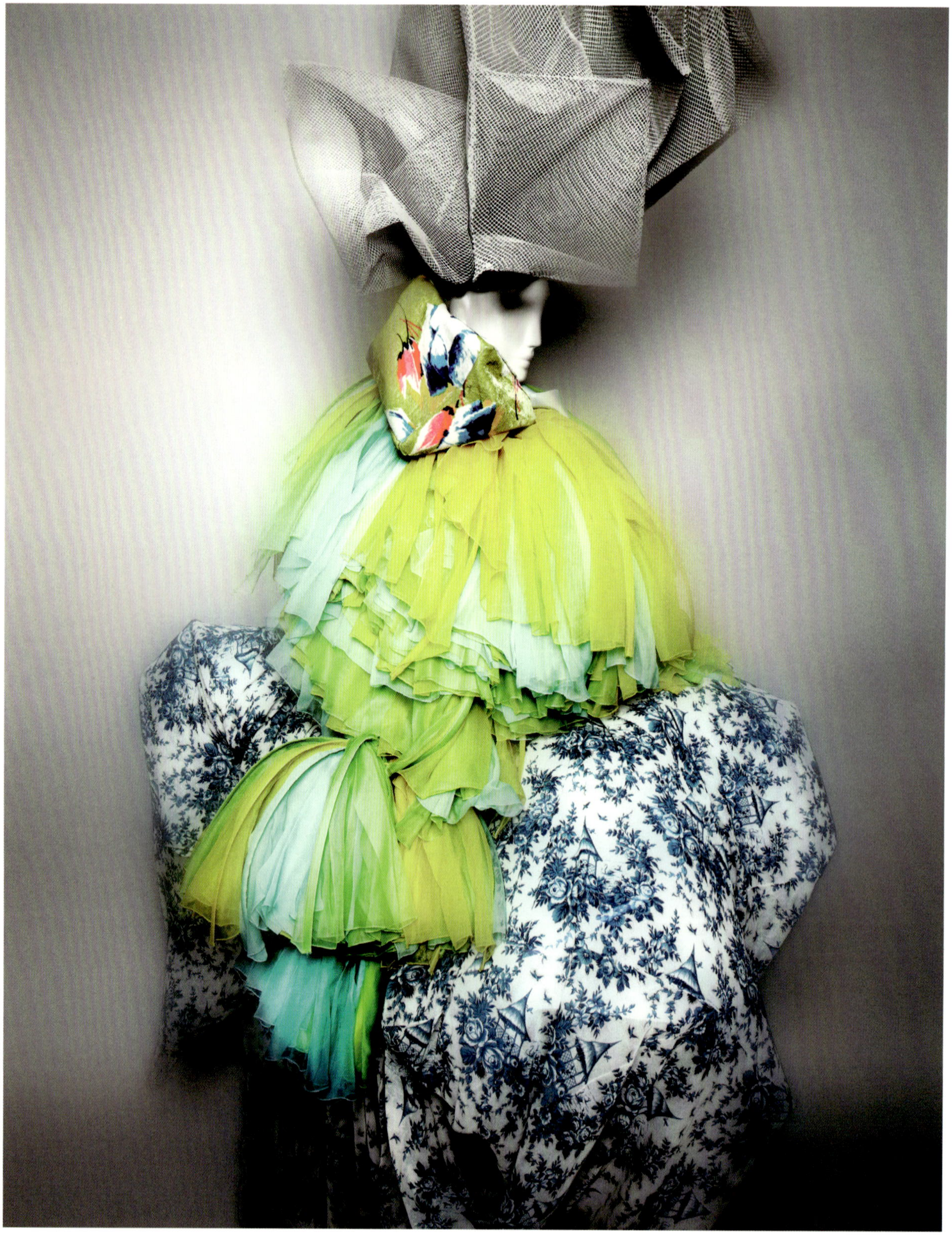

一张稀有的手工上色宣传照中所穿的一条裙子（见170页后的插页）。

G：是的，那张照片是我的参考点之一。我一直都很喜欢中国披肩，那上面有长长的流苏，还有精美的刺绣。妮可·基德曼在1997年的奥斯卡颁奖典礼上穿的就是那条浅黄绿色的裙子，那也是奥斯卡史上第一次有一名女演员穿着大牌晚礼服参加典礼。那条浅黄绿色的裙子在当时可算是相当大胆的一种声明。

B：你在迪奥的首秀在一定程度上也是受到了中国的启发，迪奥先生自己也深受中国影响。他在1948年便发布了名为"中国"（Chine）、"北京"（Pékin）和"上海"（Shanghai）的造型设计，之后他又在秀上推出了名为"中国之夜"（Nuit de Chine）、"中国蓝"（Bleu de Chine）、"香港"（Hong Kong）和"中国风"（Chinoiseries）的设计。你在迪奥任职期间，这些中国风格有没有对你的设计系列起到催化作用呢？

G：我在迪奥的设计会频繁地参照迪奥先生的作品，所以是的，的确是这样，它们对于我的作品有着催化的作用。不过这可能并不是最主要的影响因素，它们只是会被编进我的设计里的故事情节中。

B：你就好像是时尚界的汉斯·克里斯蒂安·安徒生。你为1997—1998年的迪奥秋冬成衣系列打造的角色看上去都像穿越到了20世纪30年代的上海（见120—121页）。

G：那个系列的灵感来自中国的美人海报，就是那些20世纪30年代挂历上的上海女郎。我当时发现了那些精美的香烟、花露水还有其他美容产品的广告，它们全都由身穿紧身旗袍的漂亮女郎来展示。她们给予了我无限的灵感。

B：当时那个系列包含了几条以旗袍为灵感设计的裙子。传统上的旗袍都是直裁的，而你的则是斜裁的。

G：旗袍本身就是非常性感的，但我想通过这种斜裁方式夸张地突出女性的身材轮廓，从而更进一步地加强旗袍的感官魅力。这样裁剪让旗袍在膝盖部分自然下垂，在某些裙子中我还增强了这样的效果。我使用的面料也非常的精美：织锦、饰有蕾丝的轻薄丝绸以及传统上用来做男士领带和领结的重磅真丝。

B：这个系列的展出与香港回归中国是同年。它们之间有联系吗？

G：我当然是知道这件事的，嗯。

B：我之所以这么问是因为你的时装系列所讲述的故事好像更多地反映出个人兴趣，而不是政治因素。拿你为迪奥设计的1998—1999年秋冬高级定制系列"乘着迪奥快车的旅行"（A Voyage on the Diorient Express）举例，那就是你关于自我揭露的一个尝试。其中有一条裙子让我想起了黄柳霜在一张照片中所穿的一件由传统中式长裙改成的衬衣（见102页及其后的插页）。

G：那条裙子其实是受到德国文艺复兴画家老卢卡斯·克拉纳赫（Lucas Cranach the Elder）的肖像画的影响，你可以看到相似的廓形和刺绣的位置。但是，我确实在那套造型中还用了受到中国苗族启发而设计的首饰。

B：这个系列将对历史主义和"东方主义"的引用完美结合在了一起。不过显然，在当时中国只是你的灵感来源的一小部分，而当你于1999年在迪奥推出春夏成衣系列时，中国似乎已经成了激励你的最主要的因素（见131页）。

G：是的，至少对于前半部分来说是这样。我那时对于中国的军事制服——它们的颜色以及金色的点缀装饰——很感兴趣。在这个系列中我所用到的红色元素、细小的红色珠子还有丝质的臂章，便是从毛泽东年轻的追随者"红卫兵"的制服中获取了灵感。

B：这些参照都非常具有辨识度，但百褶裙的灵感又是从何而来的呢？

G：百褶裙的灵感来自马里亚诺·福图尼（Mariano Fortuny），它们由最轻巧精细的真丝制成。

B：我觉得如果毛泽东看到你对于"红卫兵"制服的改造大概是不会表示赞同的。不过，他倒是可能会喜欢你的受蒙古风格启发的时装系列（2002年迪奥春夏高级定制系列，见232页）。

G：那是一次在俄罗斯的神奇之旅的结果，我们花了十天进行研究调查。

B：你们是坐着跨西伯利亚快车去的吗？

G：不是，我们徒步去的，我们想体验一个原汁原味的俄罗斯。而那次旅行也的确让我大开眼界。我们去了剧院、芭蕾学校还有民族博物馆。我们在他们的档案馆里看到了许多精美绝伦的服装，其中层叠繁复、刺绣精美的蒙古族服装极为出众，有些服装是由七层织物叠搭而成的。是它们为我当时的高级定制系列中的几件设计赋予了灵感。

B：你在做那些时装系列的时候就好像一名民族志学者一样。你总是说旅行是你创作过程中关键的一部分，那么你第一次去中国是什么时候呢？你对那里的第一印象又是什么？

G：我是在2002年第一次拜访的中国。当我旅行的时候，我都会尽量通过当地的日常街头生活来获取第一手的文化体验。那次特别的旅行长达三个星期之久，所以我能够有这个机会将自己沉浸在中国的文化中。我被席卷而来的新奇体验所包围：所有的一切都是那么的新鲜，激发着我想要不断了解更多。尤其是中国丰富的色彩，给我留下了特别的印象。上海的夜晚被红色灯笼所笼罩，而北京……灰色天空中一轮橙黄色的太阳，照耀在红色的寺庙和其上的蓝绿相间的砖瓦之上，简直美极了。

在中国，新与旧之间的对比也非常的惊人。上海是一座非常现代化的国际大都市，但二十分钟车程之外可能就是乡下。我们坐在我的货车里一路颠簸，听着民国时期的音乐，行驶在一片看上去好像几百年来都不曾变化的风景中。农妇们穿着最令人惊叹的衣服在田中耕地——那个场景极度真实，同时又极度的不真实。这样的旅行会震撼到你，以至于你都不知道当你回家之后会有什么浮现在你的脑海中。

B：那么当你回来之后，你的脑海中浮现出了什么呢？

G：如果用具体的例子来说的话，那就是我在2003年为迪奥设计的春夏高级定制系列了。从某种程度上来说，它起源于我与宋女士的会面。你知道宋女士吗？她是皮尔·卡丹的生意伙伴。（卡丹在1981年收购了巴黎的高级餐厅马克西姆，而宋女士则在1983年开设了其北京分店。）宋女士在我们的中国之旅中给予了很多照顾。她还把我们介绍给少林寺的僧侣们，他们的清规戒律让我十分有感触。我当时对他们说："我也很想达到冥想状态。我曾经尝试了这样那样的方法，但我始终不能清空我的思绪。"他们则询问了我的设计创作过程，我如实向他们解释了一切。他们回答道："你其实并不需要再寻找什么途径了，事实上你从十三岁开始就已经在实践冥想了。"我这才明白，我的创作过程就是我的冥想过程。我的注意力在创作的时候会高度集中在我的作品上，就算房子烧着了我可能都全然不知。

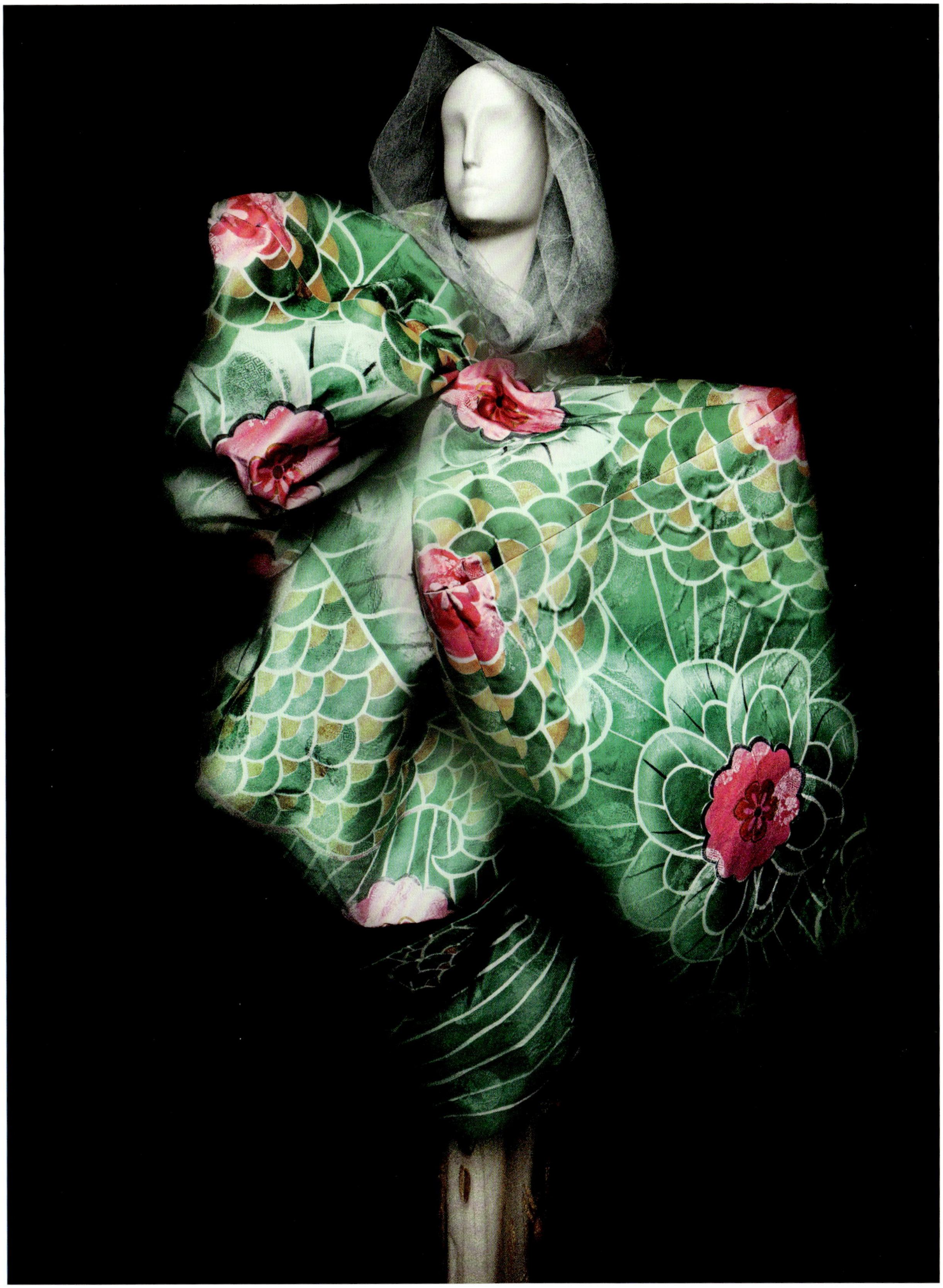

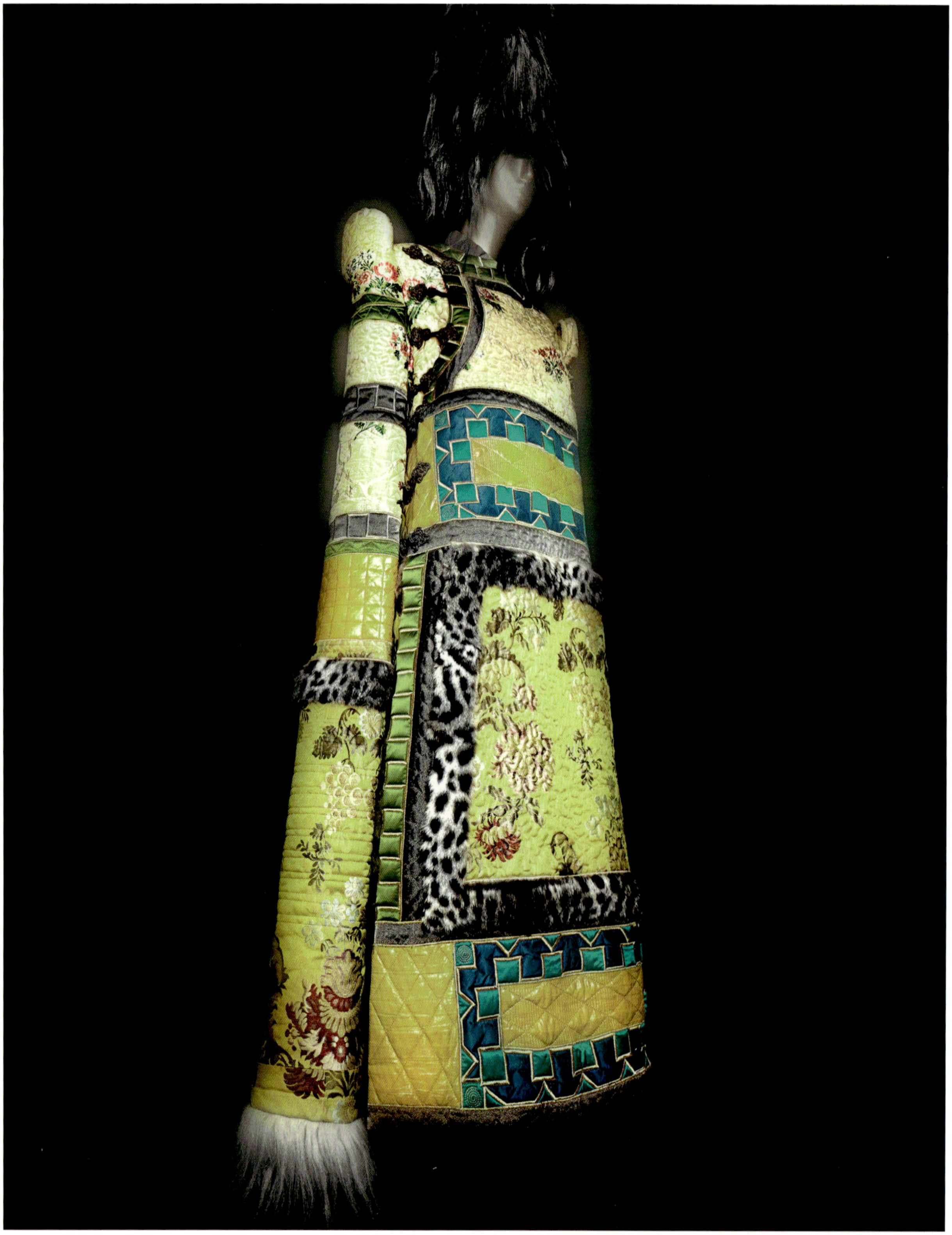

B：创作绝对可以说是冥想的一种方式。不过说到你的2003年的春夏系列，它好像有一些让人难以解读。我能看到来自中国的影响，但同时也看到了许多日本元素（见16、21、227、228、231页）。

G：没错，当时我的中国之旅延伸到了日本，所以这个系列可以说是两种文化的结合体。但最终来说，它只是一种幻想。我从来没有意欲去按原样复制或者严格谨慎地重塑某种东西。事实上，同时拜访了这两个国家让我完全解放了思维。我想你可以从这个系列中看到这种自由——不管是在材质上，还是在服装的廓形和体积上。

B：这个系列的面料看上去很日式，但廓形和体积又像是中式的。

G：是的，这个系列的廓形和颜色都受到了中国戏曲服装的影响。在中国旅行时我也欣赏了京剧，并被邀请到后台参观他们的备演过程。京剧的传统、仪式，还有堆叠并用线交错缝起的层层戏服面料都让人惊叹，我们用相机记录了所有细节。尽管我完全听不懂京剧，但它展现出来的视觉效果极具吸引力。

B：迈松·马丁·马吉拉的2013—2014年秋冬系列"匠心"（Artisanal）也有两套服装是以中国戏曲服饰作为灵感的，而随后工作室在2014年的春夏系列"匠心"中又秀出了一件对19世纪中国外套的再利用的作品。

G：没错，是这样的。循环利用、创造性拼接（bricolage）、解构或者去语境化，不管你怎么去定义它，它都是马吉拉这个品牌的DNA的一部分。它同样也是我的DNA的一部分，是我赖以创作的养分、推动我产生创意的动力。它也是让我创造出某些款式和某些裁剪方式的原因。

B：你为迪奥设计的2005—2006年秋冬高级定制系列的几套作品初看像是在探究极度解构服装，但事实上它们是在探究如何塑造高级定制服装——它们是处于成型过程中的时装。

G：是手工艺人的手艺技巧和对于细节的精益求精，使高级定制服装得以区别于普通的成衣。一切皆有可能，甚至可能比想象中的更加美好。我希望能够通过这些作品，展现出塑造廓形的魅力，展现出面料如何成为精美礼服，以及之间所有的创作过程。我们当时用到了很多薄纱这样的"透视"面料，这样观众就可以看到并且了解每条裙子在层次上的构造。这些裙子就好像是一幅幅定格的画面，展现了一件高级定制时装是如何从一块面料变身为舞会上的焦点的。回过头来看，这个系列反而非常有马吉拉的风格。

B：是的，你和马吉拉享有相似的设计理念。当你被任命为马吉拉时装屋的创意总监时，我就感觉这在某种程度上来说是一种回归。不过有一点不同的是，马吉拉总让我觉得他是一位非叙事性的设计师，而你又是时尚界最会讲故事的设计师。

G：马吉拉设计的时装系列绝对都是有故事的。尽管我们可能无法轻易解读，但它的确暗中存在。我一直都在仔细研究那些呈现了他的时装设计的宝丽来相片，它们充满了各种各样的情感。他用自己的作品诠释了自己的情感，他所创作的时装系列就好像是情感的对话一样。

B：这很有意思，因为马吉拉常常被定义为一位纯理性的设计师。

G：是啊，但其实他的作品是极具诗意的。正因为他的许多创新都已经成了时尚界、时尚语言的一部分，大家才会忘记他的设计风格是多么的激进和具有革命性。他秉持的很多概念都改变了时尚的前行轨迹——在一些情况下，这种改变甚至是永久性的。

B：在这之后你对于在马吉拉时装屋的设想是什么呢？

G：我想我会继续从其他文化中获取灵感，比如中国，同时也会在其他历史时期中进行探索。创造性拼接定义了我的作品，同时也定义了马吉拉这个品牌。这对于我和马吉拉时装屋来说都是一个全新的旅程，我把它看作一种重生、发现和回归的过程。我想在我的作品中会出现一种新的坦诚和真实，以及一种新的情感。

图片列表

以下是本书中按顺序出现的所有图片的信息（第 30—70 页文章中的插图均配有说明文字，不包括在内）。页码后带 "v" 的代表相应页码后的插页。

第 2 页
伊夫·圣罗兰（Yves Saint Laurent，法国，1936—2008 年）。套装，1977—1978 年秋冬高级定制系列（以下简称"高定系列"）。黑色与红色蜡光绸外套，黑色丝绒长裤；饰有绿色羽毛的红色蜡光绸与黑色丝绒帽子。皮埃尔·贝尔热-伊夫·圣罗兰基金会（Fondation Pierre Bergé-Yves Saint Laurent）惠允，巴黎

第 4 页
拉尔夫·劳伦（Ralph Lauren，美国，生于 1939 年）。套装，2011—2012 年秋冬系列。黑色带毛领双面羊绒外套；红色山东绸与黑色真丝缎夹克，彩色丝线与金色金属线刺绣；白色棉制绒面呢衬衣；黑白相间细直条纹人造羊毛斜纹布长裤。拉尔夫·劳伦收藏（Ralph Lauren Collection）惠允

第 7 页
华伦天奴股份有限公司（Valentino S.p.A.，意大利，1959 年成立）。晚礼服，2013 年"上海"（Shanghai）系列。红与黑色真丝，合成人造网布，红色真丝雪纺贴花，红色串珠。华伦天奴股份有限公司惠允

第 9 页
巴尔曼时装屋（House of Balmain，法国，1945 年成立）。奥斯卡·德拉伦塔（Oscar de la Renta，美国，出生于多米尼加共和国，1932—2014 年）。套装，1999—2000 年秋冬系列。橙色真丝缎，橙色丝线与金色、银色金属线刺绣。大都会艺术博物馆，查尔斯·赖茨曼夫人（Mrs. Charles Wrightsman）赠，2001 年（2001.712.2a-b）

第 11 页
迪奥时装屋（House of Dior，法国，1947 年成立）。约翰·加利亚诺（John Galliano，英国，1960 年出生于直布罗陀）。连衣裙，1997—1998 年秋冬系列。红色真丝提花，金色串珠刺绣。克里斯汀·迪奥高级定制（Christian Dior Couture）惠允

第 12 页
青花龙纹罐。中国，15 世纪早期。青花瓷，釉下蓝彩，透明釉，48.3cm × 48.3cm。大都会艺术博物馆，罗伯特·E·托德（Robert E. Tod）赠，1937 年（37.191.1）

第 15 页
罗伯特·卡沃利（Roberto Cavalli，意大利，生于 1940 年）。晚礼服，2005—2006 年秋冬系列。蓝色与白色真丝缎。罗伯特·卡沃利惠允

第 16 页
迪奥时装屋（法国，1947 年成立）。约翰·加利亚诺（英国，1960 年出生于直布罗陀）。套装，2003 年春夏高定系列。粉色真丝提花外套，绿色、蓝色丝线与金色金属线刺绣；粉色真丝欧根纱连衣裙。克里斯汀·迪奥高级定制惠允

第 21 页
迪奥时装屋（法国，1947 年成立）。约翰·加利亚诺（英国，1960 年出生于直布罗陀）。套装，2003 年春夏高定系列。粉色塔夫绸外套，粉色与绿色丝线绣花；黑色真丝蜡光绸连衣裙与轮状皱领。克里斯汀·迪奥高级定制惠允

第 22 页
克里斯托瓦尔·巴伦西亚加（Cristobal Balenciaga，西班牙，1895—1972 年）。套装，1955—1956 年。白色塔夫绸，手绘彩色花朵图案。亨利·福特博物馆（The Henry Ford）惠允，密歇根州迪尔伯恩市

第 74–75 页
《末代皇帝》（The Last Emperor），1987 年

第 76 页
黄色缎彩绣平金云龙纹吉服袍。中国，18 世纪下半叶。黄色真丝缎，彩色丝线与金属线刺绣。大都会艺术博物馆，购进，约瑟夫·普利策（Joseph Pulitzer）遗赠，1935 年（35.84.8）

第 77 页
伊夫·圣罗兰（法国，1961 年成立）。汤姆·福特（Tom Ford，美国，生于 1961 年）。晚礼服，2004—2005 年秋冬系列。黄色真丝缎，彩色塑料亮片刺绣。伊夫·圣罗兰惠允，巴黎

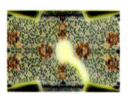

第 78—79 页
黄色妆花缎彩绣平金云龙纹十二章吉服布片。中国，19 世纪晚期。黄色织锦，织入彩色丝线与金属线。大都会艺术博物馆，威利斯·伍德夫人（Mrs. Willis Wood）赠，1957 年（57.28.2a-e）

第 78v 页
一件吉服袍的插画。中国，清朝（1644—1911 年）。纸上作品，40cm × 48cm。故宫博物院，北京

第 80 页
德赖斯·范诺顿（Dries Van Noten，比利时，生于 1958 年）。套装，2012—2013 年秋冬系列。黑色丝毛混纺锤花缎夹克，彩色龙纹图案印花；黑色羊毛斜纹布长裤。德赖斯·范诺顿档案馆（Dries Van Noten Archive）惠允

第 80v 页
塞夫尔制造厂（Sèvres Manufactory，法国，1740 年成立）。《中国皇帝乾隆的肖像》（Portrait de l'empereur de Chine Qianlong，局部），1776 年。瓷盘，整体尺寸 23.7cm × 17.4cm × 0.5cm。卢浮宫，巴黎

第 81 页
德赖斯·范诺顿（比利时，生于 1958 年）。套装，2012—2013 年秋冬系列。黄色狐狸皮毛大衣；彩色印花丝毛混纺锤花缎夹克；彩色印花真丝缎衬衣；黑色羊毛斜纹布长裤。德赖斯·范诺顿档案馆惠允

236

第 82 页
红色缎彩绣平金云龙纹女朝袍（细节）。中国，18 世纪。红色真丝缎，彩色丝线与金属线刺绣。大都会艺术博物馆，购进，约瑟夫·普利策遗赠，1935 年（35.84.4）

第 83 页
谭燕玉（Vivienne Tam，美国，出生于广州）。"龙袍"（Dragon Robe）连衣裙，1998 年春夏系列。彩色印花尼龙网丝。大都会艺术博物馆，谭燕玉赠，2005 年（2005.72.1）

第 84 页
出自卡洛姐妹（Callot Soeurs，法国，1895—1937 年）。连衣裙，1922—1924 年。粉色真丝雪纺，粉色、绿色丝线与紫铜色金属线刺绣。哈米什·鲍尔斯（Hamish Bowles）惠允

第 85 页
卡洛姐妹（法国，1895—1937 年）。连衣裙（细节），20 世纪 20 年代。粉色真丝雪纺，紫铜色金属线与珍珠刺绣；粉色真丝绸。巴黎市立时尚博物馆加列拉宫（Palais Galliera，Musée de la Mode de la Ville de Paris）惠允

第 86 页
伊夫·圣罗兰（法国，1961 年成立）。汤姆·福特（美国，生于 1961 年）。晚礼服，2004—2005 年秋冬系列。彩色印花真丝雪纺，雪纺贴花；深红色丝绒缎带，棕色貂皮。大都会艺术博物馆，购进，艾琳·路易森信托（Irene Lewisohn Trust）赠，2013 年（2013.900a, b）

第 87 页
伊夫·圣罗兰（法国，1961 年成立）。汤姆·福特（美国，生于 1961 年）。晚礼服，2004—2005 年秋冬系列。彩色印花黑色真丝缎与雪纺。汤姆·福特档案馆（Tom Ford Archive）惠允

第 88 页
拉尔夫·劳伦（美国，生于 1939 年）。晚礼服大衣，2011—2012 年秋冬系列。黑色三醋酸纤维制绉纱，彩色丝线与金色金属线刺绣。拉尔夫·劳伦收藏惠允

第 88v 页
《末代皇帝》，1987 年

第 89 页
拉尔夫·劳伦（美国，生于 1939 年）。夹克，2011—2012 年秋冬系列。红色山东绸，黑色真丝缎，彩色丝线与金色金属线刺绣。拉尔夫·劳伦收藏惠允

第 90 页
大红缂丝八团彩云金龙纹女吉服袍。中国，19 世纪。丝线与金属线织锦，彩绘细节图案。大都会艺术博物馆，艾伦·佩卡姆（Ellen Peckham）赠，2011 年（2011.433.2）

第 91 页
伊夫·圣罗兰（法国，1961 年成立）。汤姆·福特（美国，生于 1961 年）。晚礼服，2004—2005 年秋冬系列。红色真丝缎，彩色塑料亮片刺绣；灰色狐狸毛。大都会艺术博物馆，伊夫·圣罗兰赠，2005 年（2005.325.1）

第 92 页
大红实地纱盘金绣云龙纹吉服袍（细节）。中国，19 世纪。红色真丝绡，金线刺绣。大都会艺术博物馆，匿名者赠，1944 年（44.122.2）

第 93 页
晚礼服大衣。法国，约 1925 年。双面粉色与蓝色丝绒，绗缝并嵌入金色金属丝混纺面料（lamé）；棕色貂皮。大都会艺术博物馆藏布鲁克林博物馆时装收藏（Brooklyn Museum Costume Collection），布鲁克林博物馆赠，2009 年；罗伯特·S·基尔伯恩夫人（Mrs. Robert S. Kilborne）赠，1958 年（2009.300.259）

第 94 页
伊夫·圣罗兰（法国，1936—2008 年）。套装，1977—1978 年秋冬高定系列。黑色丝绒晚礼服夹克，金线刺绣；黑色丝绒长裤。皮埃尔·贝尔热 - 伊夫·圣罗兰基金会惠允，巴黎

第 95 页
伊夫·圣罗兰（法国，1936—2008 年）。套装，1977—1978 年秋冬高定系列。红色与金色绗缝真丝缎晚礼服夹克；紫色真丝缎长裤。皮埃尔·贝尔热 - 伊夫·圣罗兰基金会惠允，巴黎

第 96 页
男式孔雀翎朝帽（夏季）。中国，19 世纪晚期—20 世纪早期。红色编织物，粉色与绿色玻璃装饰物，孔雀翎。大都会艺术博物馆，爱丽丝·庞耐（Alice Boney）赠，1962 年（62.30.3a, b）

第 96v 页
《末代皇帝》，1987 年

第 97 页
吴季刚（Jason Wu，美国，1982 年出生于台湾）。帽子，2012—2013 年秋冬系列。黑色丝绒，红丝穗，金色金属尖顶装饰与人造珍珠。吴季刚惠允

第 98—99 页
皮埃尔 - 路易·皮尔逊（Pierre-Louis Pierson，法国，1822—1913 年）。卡斯蒂廖内伯爵夫人（Countess de Castiglione）的肖像，19 世纪 60 年代。玻璃底片冲印的蛋白银盐相片，7.6cm × 12.1cm。大都会艺术博物馆，大卫·亨特·麦卡尔平基金（David Hunter McAlpin Fund），1975 年（1975.548.265）

第 100 页
斗篷。中国，1917—1920 年。黑色真丝缎，彩色丝线刺绣，红色公鸡羽毛与粉色花朵缀饰。装饰艺术博物馆（Les Arts Décoratifs）UFAC 收藏（UFAC collection）下属时尚与纺织品博物馆（Musée de la Mode et du Textile）惠允，巴黎

第 100v 页
古斯塔夫·克里姆特（Gustav Klimt，奥地利，1862—1918 年）。《男爵夫人伊丽莎白·巴霍芬-埃希特的肖像》（Portrait of Baroness Elisabeth Bachofen-Echt），1914—1916 年。布面油画，180cm × 128cm。艺术博物馆（Kunstmuseum），巴塞尔

第 101 页
加布丽埃勒·"可可"·香奈儿（Gabrielle "Coco" Chanel，法国，1883—1971 年）。晚礼服夹克，约 1930 年。经裁改的中式礼服，蓝色真丝绸，彩色丝线与金色金属线刺绣。大都会艺术博物馆藏布鲁克林博物馆时装收藏，布鲁克林博物馆赠，2009 年；史密森学会（Smithsonian Institution）赠，1984 年（2009.300.8101）

第 102 页
迪奥时装屋（法国，1947 年成立）。约翰·加利亚诺（英国，1960 年出生于直布罗陀）。连衣裙，1998—1999 年秋冬高定系列。粉色真丝提花与黑色真丝缎，彩色丝线刺绣。克里斯汀·迪奥高级定制惠允

第 102v 页
尼古拉斯·穆雷（Nickolas Muray，美国，出生于匈牙利，1892—1965 年）。黄柳霜宣传照，1931 年

第 103 页
维塔尔第·巴巴尼（Vitaldi Babani，法国，出生于中东，活跃于 1895—1940 年）。夹克（细节），约 1925 年。红色真丝提花与金色金属线刺绣，黑色真丝缎带与蓝色丝线刺绣。巴黎市立时尚博物馆加列拉宫惠允

第 104 页
迪奥时装屋（法国，1947 年成立）。约翰·加利亚诺（英国，1960 年出生于直布罗陀）。晚礼服大衣，1998—1999 年秋冬高定系列。橙红色真丝提花，彩色丝线刺绣，搭配橙红色貂皮。克里斯汀·迪奥高级定制惠允

第 105 页
迪奥时装屋（法国，1947 年成立）。约翰·加利亚诺（英国，1960 年出生于直布罗陀）。连衣裙，1998—1999 年秋冬高定系列。黄色真丝提花，彩色丝线与金色金属纱线刺绣。克里斯汀·迪奥高级定制惠允

第 106 页
梅因布彻（Mainbocher，美国，1890—1976 年）。连衣裙，20 世纪 50 年代。金色、绿色与蓝色真丝提花，彩色丝线刺绣。大都会艺术博物馆，温斯顿·格斯特夫人（Mrs. Winston Guest）赠，1973 年（1973.143.2a, b）

第 107 页
梅因布彻（美国，1890—1976 年）。连衣裙，1950 年。淡粉色与绿色真丝提花，粉色、蓝色相间真丝缎饰片，彩色丝线刺绣。大都会艺术博物馆，温斯顿·格斯特夫人赠，1973 年（1973.143.1a, b）

第 108—109 页
同第 110v 页

第 110 页
旗袍。中国，20 世纪 30 年代晚期。粉色真丝缎，彩色丝线刺绣与金色金属线滚边。顾菊珍女士（Patricia Koo Tsien）惠允

第 110v 页
奥利弗·比奇洛·佩尔（Olive Bigelow Pell，美国，1886—1980 年）。黄蕙兰肖像（前顾维钧夫人），1944 年。摘自《没有不散的筵席》[No Feast Lasts Forever (New York: Quadrangle/The New York Times Book Co., 1975)]，186 页之后的图版

第 111 页
旗袍。中国，1932 年。蓝绿色、粉色与蓝色真丝缎，彩色丝线与金色金属线刺绣。大都会艺术博物馆，顾维钧夫人赠，1976 年（1976.303.1）

第 112 页
旗袍。中国，1932 年。黑色真丝缎，银色金属线刺绣与水钻缀饰。大都会艺术博物馆，顾维钧夫人赠，1976 年（1976.303.2）

第 112v 页
黄柳霜宣传照，约 1933 年

第 113 页
路易威登公司（Louis Vuitton Co.，法国，1854 年成立）。马克·雅可布（Marc Jacobs，美国，生于 1964 年）。套装，2011 年春夏系列。黑色真丝硬缎，黑色塑料串珠与黑色、琥珀色与闪耀的水晶组成的穗子。路易威登系列时装 © 2011 惠允

第 114 页
伊夫·圣罗兰（法国，1961 年成立）。汤姆·福特（美国，生于 1961 年）。晚礼服，2004—2005 年秋冬系列。黑色与蓝绿色真丝缎，彩色塑料亮片刺绣。汤姆·福特档案馆惠允

第 115 页
伊夫·圣罗兰（法国，1961 年成立）。汤姆·福特（美国，生于 1961 年）。晚礼服，2004—2005 年秋冬系列。黑色与蓝绿色真丝缎，彩色塑料亮片刺绣。汤姆·福特档案馆惠允

第 116 页
让·保罗·高缇耶（Jean Paul Gaultier，法国，生于 1952 年）。晚礼服，2001—2002 年秋冬高定系列。黑色橡皮真丝缎，裸色真丝薄纱，黑色合成丝线刺绣。让·保罗·高缇耶惠允

第 116v 页
《上海快车》（Shanghai Express），1932 年

第 117 页
让·保罗·高缇耶（法国，生于 1952 年）。连衣裙，2001—2002 年秋冬高定系列。金色金属丝混纺面料与蓝色真丝薄绸。让·保罗·高缇耶惠允

第 118 页
迪奥时装屋（法国，1947 年成立）。约翰·加利亚诺（英国，1960 年出生于直布罗陀）。套装，1997—1998 年秋冬系列。金色与蓝色真丝提花，人造珍珠刺绣。克里斯汀·迪奥高级定制惠允

第 119 页
迪奥时装屋（法国，1947 年成立）。约翰·加利亚诺（英国，1960 年出生于直布罗陀）。套装，1997—1998 年秋冬系列。蓝色、白色与红色真丝提花，人造珍珠刺绣。亚历克西斯·罗奇（Alexis Roche）惠允

第 120 页
迪奥时装屋（法国，1947 年成立）。约翰·加利亚诺（英国，1960 年出生于直布罗陀）。连衣裙，1997—1998 年秋冬系列。黄色真丝提花，灰点印花；蓝灰色合成丝制蕾丝。应用艺术与科学博物馆（Museum of Applied Arts and Sciences），澳大利亚悉尼；克里斯汀·迪奥赠，巴黎，1997 年

第 120v 页
倪耕野（中国，活跃于 20 世纪）。哈德门香烟广告海报（局部），约 1930 年。彩色石印画，76cm × 52cm。维多利亚与艾伯特博物馆（Victoria & Albert Museum），伦敦

第 121 页
迪奥时装屋（法国，1947 年成立）。约翰·加利亚诺（英国，1960 年出生于直布罗陀）。连衣裙，1997—1998 年秋冬系列。金色真丝提花，人造珍珠串珠刺绣；绿色、蓝色、白色与红色真丝提花。克里斯汀·迪奥高级定制惠允

第 122—123 页
依照芭蕾舞剧《红色娘子军》明信片复制的海报，约 1971 年

第 124 页
套装。中国，20 世纪 70 年代。蓝色棉制斜纹布夹克；红色印字平纹合成布袖标。应用艺术与科学博物馆惠允，澳大利亚悉尼；购进，1998 年

第 125 页
套装。中国，20 世纪 80 年代。灰色棉制斜纹布。曾筱竹（Muna Tseng）惠允

第 126 页
维维安·韦斯特伍德（Vivienne Westwood，英国，生于 1941 年）。套装，2012 年春夏系列。灰色棉府绸。维维安·韦斯特伍德惠允

第 126v 页
《中国人》（La Chinoise），1967 年

第 127 页
维维安·韦斯特伍德（英国，生于 1941 年）。套装，2012 年春夏系列。灰色、棕色与浅棕色真丝波纹提花夹克，红色、黑色与棕色印花图案；红色、紫色与浅棕色亚麻棉短裤。维维安·韦斯特伍德惠允

第 128 页
红卫兵制服。中国，1966—1976 年。绿色斜纹棉布套装；红色印字合成缎袖标。应用艺术与科学博物馆惠允，澳大利亚悉尼；购进，1998 年

第 128v 页
《霸王别姬》，1993 年

第 129 页
香奈儿时装屋（House of CHANEL，法国，1913 年成立）。卡尔·拉格菲尔德（Karl Lagerfeld，法国，1938 年出生于汉堡）。套装，1996—1997 年秋冬系列。绿色羊毛斜纹布。大都会艺术博物馆，购进，为纪念乔·科普兰（Jo Copeland），古尔德家族基金会（Gould Family Foundation）赠，2015 年（2015.19a-c）

第 130 页
香奈儿时装屋（法国，1913 年成立）。卡尔·拉格菲尔德（法国，1938 年出生于汉堡）。套装，2010 年早秋系列。绿色羊毛与金色花呢，银色、青铜色金属质感真皮贴花与亮片，金色金属包芯绳。香奈儿系列时装惠允，巴黎

第 131 页
迪奥时装屋（法国，1947 年成立）。约翰·加利亚诺（英国，1960 年出生于直布罗陀）。套装，1999 年秋冬系列。绿色山东绸夹克，红色真丝缎滚边，金色金属盘扣；绿色真丝提花百褶裙。克里斯汀·迪奥高级定制惠允

第 134—135 页
《莱姆豪斯蓝调》（Limehouse Blues），1934 年

第 136 页
特拉维斯·班通（Travis Banton，美国，1894—1958 年）。晚礼服，1934 年。黑色真丝查米尤斯绸缎，金银亮片刺绣。大都会艺术博物馆藏布鲁克林博物馆时装收藏，布鲁克林博物馆赠，2009 年；黄柳霜赠，1956 年（2009.300.1507）

第 136v 页
乔治·巴尔比耶（George Barbier，法国，1882—1932 年）。《淑女与龙》（Lady with a Dragon），约 1922 年。彩色石印画。私人收藏

239

镜花水月：西方时尚里的中国风

第 137 页
亚历山大·麦昆（Alexander McQueen，英国，1969—2010 年）。连衣裙，2006—2007 年秋冬系列。蓝绿色查米尤斯绸缎，紫铜色亮片与透明水晶刺绣，外罩紫铜色真丝网丝。亚历山大·麦昆惠允

第 138 页
维塔尔第·巴巴尼（法国，出生于中东，活跃于 1895—1940 年）。睡袍，1925—1927 年。深蓝色真丝缎，金色金属与橙色丝线刺绣。巴黎市立时尚博物馆加列拉宫惠允

第 138v 页
奥托·戴尔（Otto Dyar，美国，1892—1988 年）。黄柳霜照片，1932 年

第 139 页
安娜苏（Anna Sui，美国，生于 1955 年）。套装，2014—2015 年秋冬系列。彩色合成丝制烂花绒夹克，渐变色真丝边；黑色人造绉缎与天鹅绒上衣，水晶、金色亮片与串珠刺绣。安娜苏惠允

第 140 页
纪梵希时装屋（House of Givenchy，法国，1952 年成立）。亚历山大·麦昆（英国，1969—2010 年）。连衣裙，1997—1998 年秋冬高定系列。黑色真丝塔夫绸，黑色玻璃串珠与水晶刺绣；彩色印花黑色丝棉混纺棉缎；黑色合成丝制蕾丝。纪梵希惠允

第 140v 页
张羽材（中国，活跃于 1295—1316 年）。《霖雨图》（局部），13 世纪晚期—14 世纪早期。绢本水墨，整体尺寸 26.8cm × 271.8cm。大都会艺术博物馆，道格拉斯·狄龙（Douglas Dillon）赠，1985 年（1985.227.2）

第 141 页
纪梵希时装屋（法国，1952 年成立）。亚历山大·麦昆（英国，1969—2010 年）。软木厚底鞋，1997 年秋冬高定系列。黑色真丝缎，彩色丝线刺绣。亚历山大·麦昆惠允

第 142 页
埃米利奥·普奇（Emilio Pucci，意大利，1947 年成立）。彼得·邓达斯（Peter Dundas，挪威，生于 1969 年）。连衣裙，2013 年春夏系列。合成网丝衬裙，黑色与灰色丝线刺绣，黑色串珠与水晶缀饰；黑色真丝雪纺连衣裙。埃米利奥·普奇惠允

第 142v 页
《龙的女儿》（Daughter of the Dragon），1931 年

第 143 页
拉尔夫·劳伦（美国，生于 1939 年）。晚礼服，2011—2012 年秋冬系列。黑色双层合成乔其纱与网布，黑色丝线与串珠刺绣。拉尔夫·劳伦收藏惠允

第 144—145 页
《残花泪》（Broken Blossoms），1919 年

第 146 页
伊夫·圣罗兰（法国，1961 年成立）。"鸦片"（Opium）香水包装，20 世纪 80 年代。红色与金色压花金属箔

第 146v 页
"鸦片"香水广告海报，杰莉·霍尔（Jerry Hall）身穿伊夫·圣罗兰晚礼服套装，1977 年。摄影：赫尔穆特·牛顿（Helmut Newton，德国，1920—2004 年）。皮埃尔·贝尔热-伊夫·圣罗兰基金会，巴黎

第 147 页
伊夫·圣罗兰（法国，1936—2008 年）。套装，1977 年。黑色蜡光绸外套，金色、黑色与白色丝线与金色亮片刺绣；紫色真丝楼梯布长裤；粉色绗缝真丝缎帽，黑色丝绒，黑色真皮。皮埃尔·贝尔热-伊夫·圣罗兰基金会惠允，巴黎

第 148 页
伊夫·圣罗兰（法国，1936—2008 年）。套装，1977—1978 年秋冬高定系列。红色真丝与金色锦缎外套；金色皮帽。皮埃尔·贝尔热-伊夫·圣罗兰基金会惠允，巴黎

第 148v 页
伊夫·圣罗兰（法国，1936—2008 年）。"鸦片"香水创意速写，1977 年。牛皮纸上彩色与黑色毡头笔。皮埃尔·贝尔热-伊夫·圣罗兰基金会惠允，巴黎

第 149 页
伊夫·圣罗兰（法国，1936—2008 年）。套装，1977—1978 年秋冬高定系列。粉色真丝与金色锦缎夹克；粉色真丝缎帽。皮埃尔·贝尔热-伊夫·圣罗兰基金会惠允，巴黎

第 150 页
伊夫·圣罗兰（法国，1936—2008 年）。套装，1977—1978 年秋冬高定系列。彩色印花黑色真丝提花。皮埃尔·贝尔热-伊夫·圣罗兰基金会惠允，巴黎

第 150v 页
伊夫·圣罗兰（法国，1936—2008 年）。"鸦片"香水创意速写，1977 年。牛皮纸上彩色与黑色毡头笔、红色铅笔。皮埃尔·贝尔热-伊夫·圣罗兰基金会惠允，巴黎

第 151 页
伊夫·圣罗兰（法国，1936—2008 年）。套装，1977—1978 年秋冬高定系列。彩色印花黑色真丝提花。皮埃尔·贝尔热-伊夫·圣罗兰基金会惠允，巴黎

图片列表

第 152 页
玫瑰心（Les Parfums de Rosine，法国，1911 年成立）。保罗·普瓦雷（Paul Poiret，法国，1879—1944 年）与乔治·勒帕普（Georges Lepape，法国，1887—1971 年）。"中国之夜"（Nuit de Chine）香水瓶，1931 年。透明蓝色镀金玻璃；蓝色胶木；纸。克里斯蒂·梅尔·莱夫科魏斯（Christie Mayer Lefkowith）惠允

第 152v 页
莉莉·兰特里（Lillie Langtry）身穿保罗·普瓦雷设计的"孔子"（Révérend）外套（局部）。《费加罗时尚》（Figaro-Modes），1905 年 2 月 15 日，14 页。巴黎市立时尚博物馆加列拉宫惠允

第 153 页
保罗·普瓦雷（法国，1879—1944 年）。"孔子"外套（细节），1905 年。深红色真丝缎贴花。巴黎市立时尚博物馆加列拉宫惠允

第 154 页
保罗·普瓦雷（法国，1879—1944 年）。"小姐"（Mademoiselle）连衣裙，1923 年。黑色与红色羊毛绉纱，彩色条纹羊毛斜纹布。大都会艺术博物馆，凯瑟琳·布雷耶·范波麦尔基金会基金（Catharine Breyer Van Bomel Foundation Fund），2005 年（2005.210）

第 154v 页
保罗·普瓦雷设计的"大草原"（Steppe）外套照片，约 1923 年。摘自《保罗·普瓦雷与尼科尔·格鲁：时尚装饰艺术先锋》［Paul Poiret et Nicole Groult: Maîtres de la mode art déco (Paris: Musée de la Mode et du Costume, Palais Galliera; Tokyo: Fondation de la Mode, 1985)］，63 页

第 155 页
保罗·普瓦雷（法国，1879—1944 年）。"大草原"外套，1912 年。黑色羊毛，蓝色、白色、灰色真丝绉纱；灰色狐狸毛。大都会艺术博物馆，凯瑟琳·布雷耶·范波麦尔基金会基金，2005 年（2005.209）

第 156—157 页
菲奥娜·谭（Fiona Tan，印度尼西亚，生于 1966 年）。《迷失》（Disorient，局部），2009 年。高清录像装置

第 158 页
加布丽埃勒·"可可"·香奈儿（法国，1883—1971 年）。连衣裙，约 1956 年。白色斜纹软绸，黑色汉字图案印染。大都会艺术博物馆藏布鲁克林博物馆时装藏，布鲁克林博物馆赠，2009 年，H·格雷戈里·托马斯（H. Gregory Thomas）赠，1959 年（2009.300.261a）

第 158v 页
张旭（约 675—759 年），彦修（活跃于 911—914 年）摹写。《肚痛帖》，拓印自 10 世纪的石碑，19 世纪（局部）。纸本水墨。哈佛大学艺术图书馆特藏（Harvard Fine Arts Library, Special Collections）惠允

第 159 页
克里斯汀·迪奥（法国，1905—1957 年）。"误解"（Quiproquo）鸡尾酒裙，1951 年。白色山东绸，黑色汉字图案印花。大都会艺术博物馆，拜伦·C·福伊夫人（Mrs. Byron C. Foy）赠，1953 年（C.I.53.40.38a-d）

第 160 页
亚历山大·麦昆（英国，1969—2010 年）。连衣裙，2006—2007 年秋冬系列。奶油色与彩色真丝提花。亚历山大·麦昆惠允

第 160v 页
弗朗索瓦·休伯特·德鲁埃（François Hubert Drouais，法国，1727—1775 年）。《做刺绣的蓬巴杜夫人》（Madame de Pompadour at Her Tambour Frame，局部），1763—1764 年。布面油画，217cm × 156.8cm。国家美术馆（National Gallery），伦敦

第 161 页
波兰式女袍（Robe à la polonaise）。法国，约 1780 年。白色塔夫绸，手绘彩色花朵图案。大都会艺术博物馆，购进，阿兰·S·戴维斯夫妇（Mr. and Mrs. Alan S. Davis）赠，1976 年（1976.146a, b）

第 162 页
女式斗篷。美国或欧洲，约 1880 年。裁改自中国的出口披肩，白色平纹真丝，白色丝线刺绣。肯特州立大学博物馆（Kent State University Museum）惠允，玛莎·麦卡斯基·赛尔霍斯特收藏（Martha McCaskey Selhorst Collection）赠

第 162v 页
杰拉尔德·凯利（Gerald Kelly，英国，1879—1972 年）。《围着一条白色披肩的简的肖像》（Portrait of Jane with a White Shawl），约 1927 年。布面油画，113cm × 87cm。私人收藏，特拉华州；艺术金融有限公司（Art Finance Partners LLC）惠允，纽约

第 163 页
披肩（细节）。中国，1885—1910 年。白色真丝绉纱，白色丝线刺绣。大都会艺术博物馆藏布鲁克林博物馆时装藏，布鲁克林博物馆赠，2009 年，阿拉斯泰尔·布拉德利·马丁（Alastair Bradley Martin）赠，1965 年（2009.300.7429）

第 164 页
保罗·普瓦雷（法国，1879—1944 年）。"火焰"（Flammes）套装，1911 年。白色真丝绉纱披肩，彩色丝线刺绣，灰色、白色山羊毛；红色丝绒女士连体裤。装饰艺术博物馆下属时尚与纺织品博物馆惠允，巴黎

第 164v 页
围着卡洛姐妹披肩的阿布迪夫人（Lady Abdy）插画，1926 年。《时尚》（Vogue），1926 年 9 月 1 日，81 页。

第 165 页
让·保罗·高缇耶（法国，生于 1952 年）。披肩，2010—2011 年秋冬系列。淡桃红色真丝绉纱，彩色丝线刺绣；貂皮与狐狸毛装饰。让·保罗·高缇耶惠允

第 166 页
克里斯托瓦尔·巴伦西亚加（西班牙，1895—1972 年）。晚礼服，1962 年。白色双宫绸，花朵图案彩色丝线刺绣。哈米什·鲍尔斯惠允

第 166v 页
大卫·普罗菲特·拉姆齐（David Prophet Ramsay，英国，1888—1944 年）。《围披肩的女人（贝蒂·考特利小姐）》[A Lady with a Shawl (Miss Betty Cautley)，局部]，约 1937 年。布面油画，102cm × 76.5cm。苏格兰皇家学院（Royal Scottish Academy），爱丁堡

第 167 页
披肩。中国，20 世纪早期。白色真丝绉纱，彩色丝线刺绣。大都会艺术博物馆，马克西姆·L·埃尔曼诺斯夫人（Mrs. Maxime L. Hermanos）赠，1968 年（C.I.68.64.1）

第 168 页
米索尼（Missoni，意大利，1953 年成立）。连衣裙，20 世纪 70 年代早期。彩色印花深蓝色合成材质针织物。大都会艺术博物馆，伊夫林·D·法尔兰德（Evelyn D. Farland）赠，2008 年（2008.173.2）

第 169 页
米索尼（意大利，1953 年成立）。连衣裙，20 世纪 70 年代早期。彩色印花浅蓝色合成材质针织物。大都会艺术博物馆，伊夫林·D·法尔兰德赠，2008 年（2008.173.1）

第 170 页
迪奥时装屋（法国，1947 年成立）。约翰·加利亚诺（英国，1960 年出生于直布罗陀）。连衣裙，1997 年春夏高定系列。黄绿色查米尤斯绸缎，流苏花边，彩色丝线刺绣；棕色貂皮。克里斯汀·迪奥高级定制惠允

第 170v 页
爱德华·谢里夫·柯蒂斯（Edward Sheriff Curtis，美国，1868—1952 年）。黄柳霜宣传照，1925 年

第 171 页
迪奥时装屋（法国，1947 年成立）。约翰·加利亚诺（英国，1960 年出生于直布罗陀）。连衣裙，1997 年春夏高定系列。粉色真丝缎，彩色丝线刺绣。克里斯汀·迪奥高级定制惠允

第 172 页
青花折枝花纹六角瓶。中国，19 世纪。青花瓷，釉下蓝彩，透明釉。高 69.2cm，直径 31.1cm。大都会艺术博物馆，保罗·E·曼海姆（Paul E. Manheim）赠，1966 年（66.156.1）

第 173 页
香奈儿时装屋（法国，1913 年成立）。卡尔·拉格菲尔德（法国，1938 年出生于汉堡）。勒萨热刺绣坊（House of Lesage，法国，1922 年成立）。晚礼服，1984 年春夏高定系列。白色真丝欧根纱，薄纱，塔夫绸，蓝色、白色与水晶串珠刺绣。香奈儿系列时装惠允，巴黎

第 174—175 页
罗伯特·卡沃利（意大利，生于 1940 年）。晚礼服，2005—2006 年秋冬系列。蓝色与白色真丝缎。罗伯特·卡沃利惠允

第 176 页
青花圆盘。中国，约 1520—1540 年。青花瓷，釉下蓝彩，HIS 字母、狮滚绣球、葡萄牙军队纹章与浑天仪图案，直径 52.7cm。大都会艺术博物馆，海伦娜·伍尔沃思·麦卡恩收藏（Helena Woolworth McCann Collection），购进，温菲尔德基金会（Winfield Foundation）赠，1967 年（67.4）

第 177 页
爱德华·莫利纳（Edward Molyneux，法国，出生于英国，1891—1974 年）。晚礼服（细节），1924 年。白色真丝绉纱，银色、蓝色人造串珠与珍珠刺绣。大都会艺术博物馆，C.O. 卡尔曼夫人（Mrs. C. O. Kalman）赠，1979 年（1979.569.8a）

第 178 页
罗达特（Rodarte，美国，2004 年成立）。连衣裙，2011 年春夏系列。蓝色与白色印花锤花真丝绉纱；白色薄纱，蓝色与白色丝带。罗达特惠允

第 178v 页
威廉·麦格雷戈·帕克斯顿（William McGregor Paxton，美国，1869—1941 年）。《蓝色罐子》（The Blue Jar），1913 年。布面油画，约 76.5cm × 63.8cm

第 179 页
罗达特（美国，2004 年成立）。连衣裙，2011 年春夏系列。蓝色与白色印花真丝楼梯布；蓝色与白色印花真丝绉纱。罗达特惠允

第 180 页
青花葫芦纹葫芦瓶。中国，18 世纪早期。青花瓷，釉下蓝彩，透明釉，高 36.8cm。大都会艺术博物馆，以捐款购进，1879 年（79.2.467）

第 180v 页
李晓峰（中国，生于 1965 年）。《北京记忆之五》（局部），2009 年。清代碎瓷片，整体尺寸 110cm × 90cm × 65cm。艺术家与北京红门画廊惠允

第 181 页
亚历山大·麦昆（英国，1992 年成立）。莎拉·伯顿（Sarah Burton，英国，生于 1974 年）。晚礼服，2011—2012 年秋冬系列。奶油色真丝缎，蓝色与白色碎瓷片缀饰，白色真丝欧根纱。亚历山大·麦昆惠允

第 182 页
德·杜贝尔德·申根工坊 [De Dubbelde Schenkkan，荷兰，由路易斯·维克托（Louis Victor）领导的时期，1688—1714 年]。圆盘，17 世纪晚期—18 世纪早期。锡釉青花陶，直径 26cm。大都会艺术博物馆，凯瑟琳·范弗利特·德·威特·斯特里夫人（Mrs. Catharine Van Vliet De Witt Sterry）赠，1908 年（08.107.3）

第 183 页
詹巴蒂斯塔·瓦利（Giambattista Valli，意大利，生于 1966 年）。外套，2013 年秋冬高定系列。蓝色与白色印花真丝罗缎，深蓝色、蓝色、白色丝线刺绣，透明人造亮片与水晶缀饰，蓝色与白色真丝欧根纱贴花。詹巴蒂斯塔·瓦利惠允

第 184 页
迪奥时装屋（法国，1947 年成立）。约翰·加利亚诺（英国，1960 年出生于直布罗陀）。套装，2005 年春夏高定系列。白色真丝提花外套，蓝色与白色丝线刺绣；白色真丝欧根纱连衣裙，水晶缀饰，金色、绿色丝线与银色金属线刺绣。克里斯汀·迪奥高级定制惠允

第 185 页
迪奥时装屋（法国，1947 年成立）。约翰·加利亚诺（英国，1960 年出生于直布罗陀）。晚礼服，2009 年春夏高定系列。白色真丝欧根纱与蕾丝，白色真丝缎，蓝色丝线刺绣。克里斯汀·迪奥高级定制惠允

第 186 页
华伦天奴·加拉瓦尼（Valentino Garavani，意大利，生于 1932 年）。晚礼服，1968—1969 年秋冬高定系列。蓝色与白色印花真丝缎。华伦天奴股份有限公司惠允

第 187 页
华伦天奴股份有限公司（意大利，1959 年成立）。连衣裙，2013 年秋冬系列。蓝色与白色印花真丝欧根纱。大都会艺术博物馆，华伦天奴股份有限公司赠，2015 年（2015.49.1）

第 188 页
花瓶。中国，19 世纪晚期。景泰蓝，高 57.2cm，直径 29.2cm。大都会艺术博物馆，斯蒂芬·惠特尼·菲尼克斯（Stephen Whitney Phoenix）遗赠，1881 年（81.1.649）

第 189 页
玛丽·卡特兰佐（Mary Katrantzou，英国，1983 年出生于雅典）。套装，2011—2012 年秋冬系列。彩色印花氯丁橡胶连衣裙；彩色羊绒与银色卢勒克斯纤维（Lurex）提花针织上衣与紧身裤。玛丽·卡特兰佐惠允

第 190 页
翡翠灵芝式如意，雕刻灵芝、寿桃与水仙。中国，18 世纪。翡翠，高 35.5cm。大都会艺术博物馆，希伯·R·毕晓普（Heber R. Bishop）赠，1902 年（02.18.491）

第 191 页
迈松·阿涅丝 - 德雷科尔（Maison Agnès-Drécoll，法国，1931—1963 年）。晚礼服套装，1930 年。灰绿色羊毛绉纱连衣裙；橙色真丝绉纱短上衣，淡蓝色、奶油色丝线与金色金属线刺绣。大都会艺术博物馆，茉莉亚·P·怀特曼（Miss Julia P. Wightman）赠，1990 年（1990.104.11a-c）

第 192 页
凤鸟纹玉柄饰。中国，公元前 10—9 世纪。淡绿色软玉，长 26.1cm。大都会艺术博物馆，欧内斯特·埃里克森基金会（Ernest Erickson Foundation）赠，1985 年（1985.214.96）

第 193 页
玛德琳·维奥内（Madeleine Vionnet，法国，1876—1975 年）。连衣裙，1924 年。绿色、黄色真丝雪纺，人造珍珠与绿色水晶缀饰，金色金属线刺绣。巴黎市立时尚博物馆加列拉宫惠允

第 194 页
青铜钟。中国，公元前 5 世纪早期。青铜，38.3cm × 24.4cm × 17.8cm。大都会艺术博物馆，夏洛特·C 与约翰·C·韦伯收藏（Charlotte C. and John C. Weber Collection），夏洛特·C 与约翰·C·韦伯通过橡树基金会（Live Oak Foundation）赠，1988 年（1988.20.7）

第 195 页
华伦天奴股份有限公司（意大利，1959 年成立）。连衣裙，2013 年"上海"系列。紫红色真丝缎，合成材质网布，紫红色串珠刺绣。华伦天奴股份有限公司惠允

第 196 页
神兽纹青铜镜。中国，1—3 世纪。青铜，直径 23.5cm。大都会艺术博物馆，夏洛特·C 与约翰·C·韦伯收藏，夏洛特·C 与约翰·C·韦伯赠，1994 年（1994.605.12）

第 197 页
乔治·阿玛尼（Giorgio Armani，意大利，生于 1934 年）。套装，1994 年春夏系列。灰色、米色与白色印花真丝雪纺，塑料亮片与串珠刺绣。乔治·阿玛尼惠允

第 198 页
让娜·浪凡（Jeanne Lanvin，法国，1867—1946 年）。特色礼服（Robe de style，细节），1924 年春夏系列。黑色塔夫绸，绿色丝线与银色金属线刺绣，人造珍珠与银色、黑色与金色串珠与亮片缀饰；银色金属丝混纺面料，象牙色真丝薄纱，银色金属线刺绣。大都会艺术博物馆，艾伯特·斯波尔丁夫人（Mrs. Albert Spalding）赠，1962 年（C.I.62.58.1）

第 198v 页
浪凡品牌广告。《时尚》，1924 年 6 月 15 日，47 页

第 199 页
让娜·浪凡（法国，1867—1946 年）。特色礼服，1924 年春夏系列。黑色塔夫绸，绿色丝线与银色金属线刺绣，人造珍珠与银色、黑色与金色串珠与亮片缀饰；银色金属丝混纺面料，象牙色真丝薄纱，银色金属线刺绣。大都会艺术博物馆，艾伯特·斯波尔丁夫人赠，1962 年（C.I.62.58.1）

第 200 页
保罗·普瓦雷（法国，1879—1944 年）。"汉口"（Han Kéou）晚礼服，约 1920 年，棕色、绿色真丝缎，金银线花缎（liseré）与棕色丝绒装饰。装饰艺术博物馆 UFAC 收藏下属时尚与纺织品博物馆惠允，巴黎

第 201 页
连衣裙。英国，约 1850 年。红棕色丝绒与花缎。大都会艺术博物馆，购进，为纪念保罗·M·埃特斯沃德（Paul M. Ettesvold），朱迪思与格尔森·雷伯基金（Judith and Gerson Leiber Fund）赠，1994 年（1994.302.1）

第 202 页
朱漆雕花圆盘。中国，14 世纪晚期—15 世纪。朱漆雕刻，直径 15.2cm。大都会艺术博物馆，弗洛伦斯与赫伯特·欧文夫妇（Florence and Herbert Irving）出借（L.1996.47.13）

第 203 页
华伦天奴股份有限公司（意大利，1959 年成立）。连衣裙，2013 年"上海"系列。红色镂空真皮，红色真皮贴花，红色真丝刺绣。华伦天奴股份有限公司惠允

第 204 页
香奈儿时装屋（法国，1913 年成立）。卡尔·拉格菲尔德（法国，1938 年出生于汉堡）。勒萨热刺绣坊（法国，1922 年成立）。晚礼服，1996—1997 年秋冬高定系列。红色真丝欧根纱连衣裙，红色、金色、银色塑料亮片与金色串珠刺绣。香奈儿系列时装惠允，巴黎

第 204v 页
让·皮耶芒（Jean Pillement，法国，1728—1808 年）。中国风的景致（局部），1758 年。摘自《让·皮耶芒作品集》[L'Oeuvre de Jean Pillement (Paris: A. Guérinet, 1931)]，图版 9

第 205 页
华伦天奴·加拉瓦尼（意大利，生于 1932 年）。套装，1990—1991 年秋冬高定系列。米色真丝缎与欧根纱夹克与半身裙，棕色、金色绢丝与金属线刺绣，橙红色、金色、青铜色与银色塑料亮片与串珠与水晶缀饰。华伦天奴股份有限公司惠允

第 206 页
香奈儿时装屋（法国，1913 年成立）。卡尔·拉格菲尔德（法国，1938 年出生于汉堡）。勒萨热刺绣坊（法国，1922 年成立）。晚礼服大衣，1996—1997 年秋冬高定系列。黑色真丝欧根纱与真丝缎，黑色、金色与珊瑚色塑料亮片与金色串珠刺绣。香奈儿系列时装惠允，巴黎

第 206v 页
马克斯-伊夫·布朗迪利（Max-Yves Brandily，法国，活跃于 20 世纪中期）。模特在加布丽埃勒·"可可"·香奈儿的科罗曼丹漆（Coromandel）乌木屏风前

第 207 页
冯朗公（中国）。《宫苑图》，1690 年。黑色漆木折叠屏风，镀金并绘有彩色图案，295.9cm × 617.2cm。大都会艺术博物馆，J·皮尔庞特·摩根（J. Pierpont Morgan）赠，1909 年（09.6a–l）

第 208 页
让·帕图（Jean Patou，法国，1887—1936 年）。晚礼服，1925 年。黑色真丝缎，彩色塑料亮片与串珠刺绣。巴黎市立时尚博物馆加列拉宫惠允

第 209 页
让·帕图（法国，1887—1936 年）。连衣裙（细节），1920 年。黑色真丝雪纺，彩色塑料串珠刺绣。迪迪埃·吕多（Didier Ludot）惠允

第 210 页
铅绿釉陶明器建筑模型。中国，1 世纪—3 世纪早期。绿色铅釉陶器，104.1cm × 57.5cm × 29.8cm。大都会艺术博物馆，购进，约翰·C·韦伯博士与夫人赠，1984 年（1984.397a, b）

第 211 页
朱迪思·雷伯高级定制有限公司（Judith Leiber Couture Ltd.，美国，1963 年成立）。手拿包，约 2012 年。银色金属与真皮，金色、琥珀与黑色水晶。朱迪思·雷伯高级定制惠允

第 212 页
紧身上衣。可能来自法国，1775—1785 年。粉色罗缎，织入白色与粉色丝线。大都会艺术博物馆，购进，艾琳·路易森遗赠，1978 年（1978.298.1）

第 212v 页
让-巴蒂斯特·马丁（Jean-Baptiste Martin，法国，活跃于 18 世纪）。《中国女人》（Chinoise，女士芭蕾服），1779 年。雕版画，41cm × 30.5cm。法国国家图书馆（Bibliothèque nationale de France）

第 213 页
连衣裙（细节）。法国，18 世纪。蓝色与白色条纹银线锦，金箔丝与彩色丝线织锦，银色棒槌花边，真丝玫瑰装饰。大都会艺术博物馆，丝绸纺织联合会（Fédération de la Soierie）赠，1950 年（50.168.2a, b）

第 214 页
查尔斯·詹姆斯（Charles James，美国，出生于英国，1906—1978 年）。套装，约 1957 年。红色丝线、金色金属线编织的麦特拉斯提花（matelassé）。大都会艺术博物馆，莫蒂默·所罗门夫人（Mrs. Mortimer Solomon）赠，1975 年（1975.301.2a,b）

第 214v 页
艾蒂安·德里昂（Etiénne Drian，法国，1885—1961 年）。《宝塔》（Pagode），1914 年。《巴黎时装》（Costumes Parisiens），第 165 期（1914 年），图版 148。伍德曼·汤普森收藏（Woodman Thompson Collection），艾琳·路易森时装参考图书馆，大都会艺术博物馆时装学院

第 215 页
伊莎贝尔·托莱多（Isabel Toledo，美国，1961 年出生于古巴）。套装，1996—1997 年秋冬系列。蓝色与白色丝毛混纺织锦；白色真丝网布。鲁文与伊莎贝尔·托莱多/托莱多档案馆（Ruben + Isabel Toledo/Toledo Archives）惠允

第 216 页
伊夫·圣罗兰（法国，1936—2008 年）。晚礼服大衣（细节），1977—1978 年秋冬高定系列。金色金属丝混纺麦特拉斯提花织物；黑色狐狸毛。皮埃尔·贝尔热-伊夫·圣罗兰基金会惠允，巴黎

第 216v 页
《上海风光》（The Shanghai Gesture），1941 年

第 217 页
伊夫·圣罗兰（法国，1936—2008 年）。晚礼服大衣，1977—1978 年秋冬高定系列。金色金属丝混纺麦特拉斯提花织物；黑色狐狸毛。皮埃尔·贝尔热-伊夫·圣罗兰基金会惠允，巴黎

图片列表

第 218 页
伊夫·圣罗兰（法国，1961 年成立）。汤姆·福特（美国，生于 1961 年）。夹克，2004—2005 年秋冬系列。蓝绿色绗缝真丝缎。汤姆·福特档案馆惠允

第 219 页
伊夫·圣罗兰（法国，1961 年成立）。汤姆·福特（美国，生于 1961 年）。夹克，2004—2005 年秋冬系列。紫红色绗缝真丝缎。汤姆·福特档案馆惠允

第 220 页
纪梵希时装屋（法国，1952 年成立）。亚历山大·麦昆（英国，1969—2010 年）。女式短上衣，1998 年春夏高定系列。带孔杉木。纪梵希惠允

第 221 页
亚历山大·麦昆（英国，1969—2010 年）与菲利普·特里西（Philip Treacy，英国，1967 年出生于爱尔兰）。"中国园林"（Chinese Garden）头饰，2005 年春夏系列。软木雕刻。大都会艺术博物馆，阿尔弗雷德·Z·所罗门 - 珍妮特·A·斯隆捐赠基金（Alfred Z. Solomon–Janet A. Sloane Endowment Fund），2007 年（2007.307）

第 222 页
华伦天奴·加拉瓦尼（意大利，生于 1932 年）。帽子，1993—1994 年秋冬系列。黑色真丝提花与罗缎。华伦天奴股份有限公司惠允

第 222v 页
博韦挂毯厂（Beauvais Tapestry Manufactory，法国，1664 年成立），根据老盖伊·路易·韦尔南索（Guy Louis Vernansal the Elder，法国，1648—1729 年）的设计制作。《旅途中的皇帝》（The Emperor on a Journey，局部），来自"中国帝王的故事"（The Story of the Emperor of China）系列，约 1690—1705 年。羊毛与真丝，415.3cm × 254cm。保罗·盖蒂博物馆（The J. Paul Getty Museum）

第 223 页
华伦天奴·加拉瓦尼（意大利，生于 1932 年）。帽子，1993—1994 年秋冬系列。黑色羽毛。华伦天奴股份有限公司惠允

第 227 页
迪奥时装屋（法国，1947 年成立）。约翰·加利亚诺（英国，1960 年出生于直布罗陀）。连衣裙，2003 年春夏高定系列。红色与彩色丝线织锦，金色金属丝混纺面料，红色合成材质衬裙。克里斯汀·迪奥高级定制惠允

第 228 页
迪奥时装屋（法国，1947 年成立）。约翰·加利亚诺（英国，1960 年出生于直布罗陀）。套装，2003 年春夏高定系列。彩色印花丝绒上衣，黄色、蓝色与绿色真丝玻璃纱，蓝色与白色印花真丝乔其纱半身裙；白色合成材质网丝帽。克里斯汀·迪奥高级定制惠允

第 231 页
迪奥时装屋（法国，1947 年成立）。约翰·加利亚诺（英国，1960 年出生于直布罗陀）。套装，2003 年春夏高定系列。真丝与合成材质提花外套，彩色印花；白色真丝针织面料与金色真丝网布连衣裙，金色金属线刺绣；白色合成材质网丝帽。克里斯汀·迪奥高级定制惠允

第 232 页
迪奥时装屋（法国，1947 年成立）。约翰·加利亚诺（英国，1960 年出生于直布罗陀）。晚礼服大衣，2002 年春夏高定系列。黄色、红色与绿色真丝提花垫纬凸纹布，蓝色真丝缎、黄色鳗鱼皮与绿色真丝贴花；棕色与金色猎豹皮；棕色与奶油色牦牛毛；黑色牦牛毛帽。克里斯汀·迪奥高级定制惠允

第 256 页
马丁·马吉拉时装屋（Maison Martin Margiela，法国，1988 年成立）。套装，2014 年春夏系列"匠心"（Artisanal）。经过裁改的黑色与奶油色真丝缎晚礼服夹克，彩色丝线与金色金属丝线刺绣；黑色真丝缎假发，彩色塑料、金属串珠、鲍鱼壳、印花铝与银色金属链缀饰。马丁·马吉拉时装屋惠允

参考文献及电影作品年表

参考文献

Abbas, Ackbar. "The Erotics of Disappointment." In *Wong Kar-wai*, edited by Jean-Marc Lalanne, pp. 39–81. Paris: Editions Dis Voir, 1997.

Barthes, Roland. *Empire of Signs*. Translated by Richard Howard. 1970. New York: Hill and Wang, 1982.

Bell, James, ed. *Electric Shadows: A Century of Chinese Cinema*. London: British Film Institute, 2014.

Bernstein, Matthew, and Gaylyn Studlar, eds. *Visions of the East: Orientalism in Film*. New Brunswick: Rutgers University Press, 1997.

Chow, Rey. *Sentimental Fabulations, Contemporary Chinese Films: Attachment in the Age of Global Visibility*. New York: Columbia University Press, 2007.

Clunas, Craig, et al. *Chinese Export Art and Design*. London: Victoria and Albert Museum, 1987.

Finnane, Antonia. *Changing Clothes in China: Fashion, History, Nation*. New York: Columbia University Press, 2008.

Geczy, Adam. *Fashion and Orientalism: Dress, Textiles and Culture from the 17th to the 21st Century*. London and New York: Bloomsbury Academic, 2013.

Hearn, Maxwell K., and Wen Fong. "The Arts of Ancient China." *The Metropolitan Museum of Art Bulletin*, n.s., 32, no. 2 (1973–74), pp. 231–80.

Honour, Hugh. *Chinoiserie: The Vision of Cathay*. London: John Murray, 1961.

Jacobson, Dawn. *Chinoiserie*. London: Phaidon Press, 1993.

King, Homay. *Lost in Translation: Orientalism, Cinema, and the Enigmatic Signifier*. Durham, N.C.: Duke University Press, 2010.

Leidy, Denise P., Wai-fong Anita Siu, and James C. Y. Watt. "Chinese Decorative Arts." *The Metropolitan Museum of Art Bulletin*, n.s., 55, no. 1 (Summer 1997), pp. 1–3, 5–71.

Leong, Karen J. *The China Mystique: Pearl S. Buck, Anna May Wong, Mayling Soong, and the Transformation of American Orientalism*. Berkeley: University of California Press, 2005.

Ma, Jean. *Melancholy Drift: Marking Time in Chinese Cinema*. Hong Kong: Hong Kong University Press, 2010.

MacKenzie, John M. *Orientalism: History, Theory, and the Arts*. Manchester: Manchester University Press, 1995.

Martin, Richard, and Harold Koda. *Orientalism: Visions of the East in Western Dress*. Exh. cat., The Metropolitan Museum of Art, New York, 1994–95. New York, 1994.

Metzger, Sean. *Chinese Looks: Fashion, Performance, Race*. Bloomington: Indiana University Press, 2014.

Murck, Alfreda, and Wen Fong. "A Chinese Garden Court: The Astor Court at The Metropolitan Museum of Art." *The Metropolitan Museum of Art Bulletin*, n.s., 38, no. 3 (Winter 1980–81), pp. 2–64.

Qiong Zhang et al. *Qing dai gong ting fu shi/Costumes and Accessories of the Qing Court: The Complete Collection of Treasures of the Palace Museum*. Hong Kong: The Commercial Press, 2005.

The Palace Museum and the Hong Kong Museum of History. *Guo cai chao zhang: Qing dai gong ting fu shi/The Splendours of Royal Costume: Qing Court Attire*. Exh. cat. and conference volume, Hong Kong Museum of History, 2013. 2 vols. Hong Kong, 2013.

Peck, Amelia, et al. *Interwoven Globe: The Worldwide Textile Trade, 1500–1800*. Exh. cat., The Metropolitan Museum of Art, New York, 2013–14. New York, 2013.

Pickowicz, Paul G. *China on Film: A Century of Exploration, Confrontation, and Controversy*. Lanham and Plymouth: Rowman & Littlefield Publishers, 2012.

Rado, Mei Mei. *Fashion at MOCA: Shanghai to New York*. Exh. cat., Museum of Chinese in America, New York, 2013. 2 vols. in 1. New York, 2013.

Roberts, Claire, ed. *Evolution & Revolution: Chinese Dress 1700s–1990s*. Sydney: Powerhouse Publishing; Museum of Applied Arts and Sciences, 1997.

Said, Edward W. *Orientalism*. New York: Pantheon Books, 1978.

Sklarew, Bruce H., et al. *Bertolucci's The Last Emperor: Multiple Takes*. Detroit: Wayne State University Press, 1998.

Steele, Valerie, and John S. Major. *China Chic: East Meets West*. New Haven and London: Yale University Press, 1999.

Valenstein, Suzanne G. "Highlights of Chinese Ceramics." *The Metropolitan Museum of Art Bulletin*, n.s., 33, no. 3 (Autumn 1975), pp. 115–64.

Watt, James C. Y. "The Arts of Ancient China." *The Metropolitan Museum of Art Bulletin*, n.s., 48, no. 1 (Summer 1990), pp. 1–2, 4–72.

Wilson, Verity. *Chinese Dress*. London: Victoria and Albert Museum, 1986.

Xiao Lijuan et al. *Li jiu chang xin: Qi pao de bian zou/The Evergreen Classic: Transformation of the Qipao*. Exh. cat., Hong Kong Museum of History, 2010. Hong Kong, 2011.

薛雁．百年时尚——20世纪中国服装．杭州：中国美术学院出版社, 2004.

薛雁等．华装风姿——中国百年旗袍．杭州, 2012.

Zhou Xun and Gao Chunming. *5000 Years of Chinese Costumes*. 1984. San Francisco: China Books & Periodicals, 1987.

电影作品年表

Adynata. Directed by Leslie Thornton. Leslie Thornton, 1983.

The Big Sleep. Directed by Howard Hawks. Warner Bros., 1946.

The Bitter Tea of General Yen. Directed by Frank Capra. Columbia Pictures Corporation, 1933.

《蓝风筝》。田壮壮导演。北京电影制片厂，Chu Eyetos & Co.，Longwick Film，1993。

Broken Blossoms or The Yellow Man and the Girl. Directed by D. W. Griffith. D. W. Griffith Productions, 1919.

《倩女幽魂》。程小东导演。新艺城影业有限公司，电影工作室有限公司，1987。

La Chinoise. Directed by Jean-Luc Godard. Anouchka Films/Les Productions de la Guéville/Athos Films/Parc Film/Simar Films, 1967.

《重庆森林》。王家卫导演。泽东电影有限公司，1994年。

Chung Quo—Cina. Directed by Michelangelo Antonioni. RAI Radiotelevisione Italiana, 1972.

The Color of Pomegranates. Directed by Sergei Parajanov. Armenfilm Studios, 1968.

《卧虎藏龙》。李安导演。Asia Union Film & Entertainment Ltd.，中国电影合作制片公司，Columbia Pictures Film Production Asia，安乐影片有限公司，Good Machine，Sony Pictures Classics，United China Vision，Zoom Hunt International Productions Company Ltd.，2000。

《满城尽带黄金甲》。张艺谋导演。北京新画面影业公司，安乐影片有限公司，精英娱乐有限公司，Film Partner International，2006。

Daughter of the Dragon. Directed by Lloyd Corrigan. Paramount Pictures, 1931.

Disorient. Directed by Fiona Tan. Video installation, Dutch Pavilion, 53rd Venice Biennale, 2009.

《爱神》（影片中的《手》部分）。王家卫导演。陈惠中，陈以靳，彭绮华，王家卫，2004。

《霸王别姬》。陈凯歌导演。北京电影制片厂，中国电影合作制片公司，Maverick Picture Company，汤臣电影事业有限公司，1993。

《海上花》。侯孝贤导演。3H Productions，Shochiku Company，1998。

《金陵十三钗》。张艺谋导演。北京新画面影业公司，安乐影片有限公司，新画面公司，2011。

《神女》。吴永刚导演。联华影业公司，1934。

《一代宗师》。王家卫导演。Block 2 Pictures，泽东电影有限公司，银都电影发行有限公司，博纳影业集团，2013。

《青蛇》。徐克导演。电影工作室有限公司，思远影业公司，1993。

《英雄》。张艺谋导演。北京新画面影业公司，中国电影合作制片公司，精英娱乐有限公司，2002。

《十面埋伏》。张艺谋导演。北京新画面影业公司，中国电影合作制片公司，安乐影片有限公司，精英娱乐有限公司，张艺谋工作室，2004。

《阳光灿烂的日子》。姜文导演。中国电影合作制片公司，Dragon Film，1994。

《花样年华》。王家卫导演。Block 2 Pictures，泽东电影有限公司，Paradis Films，2000。

Johanna D'Arc of Mongolia. Directed by Ulrike Ottinger. La Sept Cinéma/Popolar-Film/Zweites Deutsches Fernsehen (ZDF), 1989.

The Last Emperor. Directed by Bernardo Bertolucci. Recorded Picture Company (RPC)/Hemdale Film/Yanco Films Limited/TAO Film/Screenframe, 1987.

Limehouse Blues. Directed by Alexander Hall. Paramount Pictures, 1934.

Love Is a Many-Splendored Thing. Directed by Henry King and Otto Lang (uncredited). Twentieth Century Fox Film Corporation, 1955.

《色，戒》。李安导演。Haishang Films, Focus Features, River Road Entertainment，2007。

M. Butterfly. Directed by David Cronenberg. Geffen Pictures/Miranda Productions Inc., 1993.

Once Upon a Time in America. Directed by Sergio Leone. The Ladd Company/Embassy International Pictures/PSO International/Rafran Cinematografica (uncredited), 1984.

Piccadilly. Directed by Ewald André Dupont. British International Pictures (BIP), 1929.

The Product Love (Die Ware Liebe). Directed by Patty Chang. Video installation, first presented at Arratia, Beer Gallery, Berlin, and Mary Boone Gallery, New York, 2009.

《大红灯笼高高挂》。张艺谋导演。ERA International，中国电影合作制片公司，Century Communications，1991。

《红色娘子军》。谢晋导演。天马电影制片厂，1961。

《红色娘子军》。傅杰，潘文展导演。北京电影制片厂，1970。

Shanghai Express. Directed by Josef von Sternberg. Paramount Pictures, 1932.

The Shanghai Gesture. Directed by Josef von Sternberg. Arnold Pressburger Films, 1941.

《清宫秘史》。朱石麟导演。广州俏佳人文化传播有限公司，1948。

The Thief of Baghdad. Directed by Raoul Walsh. Douglas Fairbanks Pictures, 1924.

Toll of the Sea. Directed by Chester M. Franklin. Metro Pictures Corporation/Technicolor Motion Picture Corporation, 1922.

《天注定》。贾樟柯导演。西河星汇影业有限公司，上海电影（集团）有限公司，Bandai Visual Company，Bitters End，MK2，Office Kitano，山西影视（集团）有限公司，2013。

《侠女》。胡金铨导演。国际影片有限公司，联邦影业有限公司，1971。

《2046》。王家卫导演。泽东电影有限公司，上海电影（集团）有限公司，Orly Films，2004。

《投名状》。陈可辛，叶伟民导演。寰亚综艺集团，Morgan & Chan Films，中国电影集团公司，甲上娱乐有限公司等，2007。

The World of Suzie Wong. Directed by Richard Quine. World Enterprises, 1960.

致　谢

我非常感谢为此次展览"中国：镜花水月"以及这本图录提供了无私支持的朋友们。其中，我特别为能够获得这些人的指导和鼓励而深感幸运：大都会艺术博物馆馆长 Thomas P. Campbell，主席 Emily Kernan Rafferty，展览副总监 Jennifer Russell，藏品和行政副总监 Carrie Rebora Barratt，时装学院主策展人 Harold Koda，亚洲艺术部道格拉斯·狄龙主任何慕文，组织发展项目副主席 Nina McN. Diefenbach，康泰纳仕出版集团艺术总监、美国版《时尚》杂志主编 Anna Wintour，时装学院慈善舞会联合主席 Jennifer Lawrence，巩俐，Marissa Mayer 与 Wendi Murdoch，慷慨赞助了此次展览和这本图录的雅虎公司，对于这两个项目提供了额外支持的康泰纳仕出版集团，还有许多慷慨的中国捐赠人。

我将我最真挚的感谢致以王家卫和 Nathan Crowley，他们分别作为此次展览的艺术总监和艺术指导。我同样要特别感谢 Kristine Chan，William Chang，Winnie Lau，Stephen Jones，Jackie Pang，Norman Wang 和 Charlotte Yu。

在此，我同样要将我最真挚的感谢致以大都会艺术博物馆的特别展览和展厅布置主管 Linda Sylling，展览部建筑副主管 Taylor Miller，设计部主任 Susan Sellers，设计部的 David Hollely，Daniel Kershaw，Daniel Koppich，Aubrey L. Knox 和 Emile Molin，还有数字媒体部的 Paul Caro，Christopher A. Noey，Lisa Rifkind 和 Robin Schwalb。

在出版人兼主编 Mark Polizzotti 的带领下，大都会艺术博物馆编辑部在这本书的编写过程中提供了专业意见。特别要感谢的是监督时装学院所有书籍的出版流程的 Gwen Roginsky，还有我们的编辑 Nancy E. Cohen，Crystal A. Dombrow，Kamilah Foreman，Marcie M. Muscat，Jane S. Tai，Christopher Zichello 和 Tony Mullin。我还要感谢 Homay King，Mei Mei Rado 和 Adam Geczy 为本书撰写的博学且深刻的文章，还有 John Galliano，本书收录了对他的专访，内容翔实、发人深省。在此还要特别感谢 Natasha Jen 和 Belinda Chen 为本书做的美妙的设计。同样，我诚挚地感谢 Platon 提供的充满诗意、令人难忘的摄影作品，感谢他的团队 Bob Serpe，Gabrielle Sirkin 和 Cory VanderPloeg，以及他的代理人 Howard Bernstein。

我在时装学院的同事们在这些项目的实现过程中的每一步，都付出了不可估量的贡献。我在此向他们表达最深的谢意：Elizabeth D. Arenaro，Rebecca Bacheller，Anna Barden，Tonya Blazio-Licorish，Elizabeth Q. Bryan，Michael Downer，Joyce Fung，Amanda B. Garfinkel，Cassandra Gero，Jessica L. Glasscock，Lauren Helliwell，Mellissa J. Huber，Tracy Jenkins，Mark Joseph，Emma Kadar-Penner，Julie Tran Lê，Emily McGoldrick，Megan Martinelli，Bethany L. Matia，Laura Mina，Marci K. Morimoto，Miriam G. Murphy，Rebecca Perry，Glenn O. Petersen，Jan Glier Reeder，Jessica Regan，Anne Reilly，Sarah Scaturro，Danielle Swanson 以及 Anna Yanofsky。

我还想对时装学院的讲解员、实习生和志愿者们表达真诚的谢意，他们是：Marie Arnold，Kitty Benton，Patricia Corbin，Ronnie Grosbard，Ruth Henderson，Betsy Kahan，Susan Klein，Rena Lustberg，Ellen Needham，Wendy Nolan，Patricia Peterson，Eleanore Schloss 和 Nancy Silbert；Alexandra Barlow，Sarah Jean Culbreth，Linden Hill, Christine Hopkins，Katie Kupferberg 和 Laura Matina；Mary Collymore-

Bey、Rena Schklowsky 和 Judith Sommer。我特别要感谢由 Lizzie Tisch 担任主席的时装学院之友与时装学院视察委员会对我们一直以来的支持。

我在亚洲艺术部的同事们一直都占据着不可替代的位置，我向他们表示最深的感谢。他们是：Imtikar Ally、Alison Clark、JoAnn Kim、Denise Leidy、Pengliang Lu、Luis Nuñez、Joseph Scheier-Dolberg、Zhixin Jason Sun、Xin Wang 和 Hwai-ling Yeh-Lewis。

我还想感谢大都会艺术博物馆其他各部门的同事们的协助，包括 John Barelli、Allison E. Barone、Pamela T. Barr、Mechthild Baumeister、Jessica S. Bell、Warren L. Bennett、Barbara J. Bridgers、Joel Chatfield、Maanik Chauhan、Kimberly Chey、Nancy Chilton、Jennie Choi、Aileen Chuk、Meryl Cohen、Clint Ross Coller、Willa Cox、Matthew Cumbie、Eva H. DeAngelis-Glasser、Martha Deese、Cristina Del Valle、Michael D. Dominick、Maria E. Fillas、Giovanna P. Fiorino-Iannace、Elizabeth Katherine Fitzgerald、Patricia Gilkison、Vanessa Hagerbaumer、Michelle M. Hagewood、Doug Harrison、Sarah Higby、Harold Holzer、Min Sun Hwang、Tom A. Javits、Kristine Kamiya、Bronwyn Keenan、Isabel Kim、Daniëlle O. Kisluk-Grosheide、Eva L. Labson、Amy Desmond Lamberti、Richard Lichte、Joseph Loh、Kristin MacDonald、Melanie Malkin、Shaaron Marrero、Ann Matson、Kieran D. McCulloch、Rebecca McGinnis、Missy McHugh、Jennifer Mock、Susan Mouncey、Kathy Mucciolo Savas、Jeffrey Munger、Joanna M. Prosser、Shayda Rahgozar、Luisa Ricardo-Herrera、Yael Rosenfield、Samantha Safer、Frederick J. Sager、Eugenia Santaella、Tom Scally、Catherine Scrivo、Jessica M. Sewell、Soo Hee H. Song、Juan Stacey、Denny Stone、Elizabeth Stoneman、Jacqueline Terrassa、Erin Thompson、Limor Tomer、Elyse Topalian、Donna Williams、Eileen M. Willis、Karin L. Willis、Stephanie R. Wuertz 和 Florica Zaharia。

我非常感谢慷慨的出借方们，他们是：乔治·阿玛尼（Paula Decato、Laetitia Loffredo、Rod Manley、Alessandra Paini）；艺术金融有限公司（Andrew C. Rose）；西澳美术馆，珀斯，澳大利亚（Tanja Coleman）；Hamish Bowles（Jennifer Park、Lilah Ramzi、Molly Sorkin）；卡地亚（Gregory Bishop、Pierre Rainero、Vivian Thatos）；Susan Casden；罗伯特·卡沃利（Cristiano Mancini）；香奈儿（Emmanuel Coquery、Marie Hamelin、Odile Premel）；中国丝绸博物馆，杭州；周佳纳；佳士得南肯辛顿分公司（Pat Frost）；辛辛那提艺术博物馆（Cynthia Amnéus、Carola Bell）；Kendra Daniel；Dominique Deroche；克里斯汀·迪奥（Olivier Bialobos、Justine Lasgi、Soïzic Pfaff）；杜嘉班纳（Valerio D'Ambrosio）；时尚设计商业学院，洛杉矶（Kevin Jones）；Winnie and Michael Feng；皮埃尔·贝尔热-伊夫·圣罗兰基金会，巴黎（Olivier Flaviano、Philippe Mugnier、Laurence Neveu、Joséphine Théry、Sandrine Tinturier、Leslie Veyrat、Catherine Zeitoun）；汤姆·福特（Cliff Fleiser、Jarrett Olivo、Julie Ann Orsini）；克里斯托瓦尔·巴伦西亚加基金会；吉塔里亚，西班牙（Igor Uria）；Fundación Museo de la Moda，圣地亚哥，智利（Jorge Yarur Bascuñán、Acacia Echazarreta、Jessica Meza）；黛安·冯芙丝汀宝（Romy Chan、Franca Dantes、Brenda Greving）；Galerie St. Etienne，纽约（Elizabeth Marcus）；让·保罗·高缇耶（Jelka Music、Morgane Raterron）；

Cora Ginsberg（Titi Halle）；纪梵希（Laure Aillagon，Guillemette Duzan，Sofia Alexandra Nebiolo）；克雷格·格林（Sarah Barnes，Becky Child，Justin Padgett，Helen Price，Francesca Shuck，Angelos Tsourapas）；Ground-Zero（Frankie Yung）；Daphne Guinness（Isobel Gorst，Emma Prideaux）；郭培（Jack Cao，Serenity Hu）；Adrian Hailwood；瀚艺HANART（周朱光）；亨利·福特博物馆，密歇根州（Fran Faile，Jeanine Head Miller，Leslie Mio）；香港历史博物馆（Osmond S. H. Chan，Carol S. W. Lau，Susanna L. K. Siu）；张宏图；玛丽·卡特兰佐（Emma Clayton，Sandra Siljestedt）；Niris Katusa；肯特州立大学博物馆，肯特，俄亥俄州（Joanne Fenn，Sara Hume）；Marianna Klaiman；顾菊珍（Elizabeth Clark，Richard Koo，Patty Pei Tang，Catherine Shih Ying-Ying Yuan）；LACOSTE（Austin Smedstad）；拉尔夫·劳伦（Alyson Carluccio，Bette-Ann Gwathmey，Allison Johnson）；朱迪思·雷伯（Karen Handley）；Didier Ludot（François Hurteau-Flamand，Sarah Wolfe）；马丁·马吉拉时装屋（Axel Arrès，Emilie Boireaux，Giada Bufalini，Marianne Vandenbroucque）；Christie Mayer Lefkowith；马可；亚历山大·麦昆（Hongyi Huang，Justine Wilkie）；梅兰芳纪念馆，北京（刘祯，秦华生）；克里斯汀·迪奥博物馆（Barbara Jeauffroy-Mairet，Marie-Pierre Osmont）；时尚与纺织品博物馆，装饰艺术博物馆，卢浮宫，巴黎（Marie-Sophie Carron de la Carrière，Olivier Gabet，Marie-Pierre Ribère，Myriam Teissier，Jennifer Walheim）；纽约州立大学时装技术学院博物馆，纽约（Sonia Dingilian，Valerie Steele）；波士顿美术馆（Pamela A. Parmal）；国家美术馆，伦敦（Sarah Hardy）；国家美术馆，华盛顿哥伦比亚特区（Lisa MacDougall，Melissa Stegeman）；新加坡国家博物馆（Chloe Ang，Sarah Jane Benson，May Khuen Chung，Angelita Teo）；维多利亚国家美术馆（Tony Ellwood，Ted Gott，Sarah Nixon）；故宫博物院，北京（Li Shaoyi，Liu Yufeng，Dora Yuan）；巴黎时尚博物馆加列拉宫（Sophie Grossiord，Charlotte Piot，Olivier Saillard，Alexandre Samson）；皮博迪埃塞克斯博物馆，塞勒姆，马萨诸塞州（Christine Bertoni）；费城艺术博物馆（Dilys Blum，Kristina Haugland）；动力博物馆，乌尔蒂莫，澳大利亚（Katrina Hogan）；埃米利奥·普奇（Cinzia Bernasconi，Chelsea Lake，Christina Newman）；红门画廊，北京（Brian Wallace）；Robischon Gallery，丹佛；Alexis Roche；罗达特（Kate Mulleavy，Laura Mulleavy）；苏格兰皇家学院，爱丁堡（Sandy Wood）；阿瑟·M·赛克勒美术馆，史密森学会，华盛顿哥伦比亚特区（Rebecca Gregson，David Hogge）；Sandy Schreier；圣罗兰（Lilian Bard，Brant Cryder，Barbara Nguyen，Stephanie Tran）；保罗·史密斯（Paul Rousseas，Cindy Vieira）；安娜苏（Sara Bezler，Allie Lynch，Thomas Miller，Kristina Niolu，Anita Pandian）；谭燕玉（Wendi Li，Alan Wang）；Isabel and Ruben Toledo；曾筱竹；华伦天奴（Giancarlo Giammetti，Mona Sharf Swanson，Violante Valdettaro）；詹巴蒂斯塔·瓦利（Matthew Gebbert）；德赖斯·范诺顿（Jan Vanhoof）；维多利亚与艾伯特博物馆，伦敦（Oriole Cullen，Hannah Kauffman）；路易威登（Maggie Jenks-Daly，Tania Metti）；吴季刚（Gina Pepe）；维维安·韦斯特伍德（Murray Blewett，Sharon Donnelly，Frances Knight-Jacobs）；劳伦斯·许（Yiyi Jing）。

我还想感谢为本书提供照片的个人和机构：布鲁姆斯伯里出版社（Emily Ardizzone），康泰纳仕（Leigh Montville），皮埃尔·贝尔热基金会（Pierre Bergé，Olivier Flaviano，Philippe Mugnier），帝家丽（Anneke

Gilkes），霍斯特杂志集团（Wendy Israel），Kobal Collection（Jamie Vuignier），纽约州立大学时装技术学院博物馆（Melissa Marra），以及彼得·林德伯格工作室（Benjamin Lindbergh，Peter Lindbergh）。

我在此要将特别感谢致以 Raul Àvila，包铭新博士（东华大学，上海），Lauren Bellamy，卞向阳博士（东华大学，上海），Hamish Bowles，Juliana Cairone，曹颖惠，蔡伟志，Grace Coddington，Andrew Coffman，Grazia D'Annunzio，Fiona DaRin，Sylvana Ward Durrett，Anne Feng（芝加哥大学），Baroness Jacqueline von Hammerstein-Loxten（巴黎红楼），Lizzy Harris，Thomas P. Kelly（芝加哥大学），Eaddy Kiernan，Hildy Kuryk，Jade Lau，Li Meng 博士（东华大学，上海），Shannon Price，蔡琴（中国丝绸博物馆，杭州），Neal Rosenberg，Andrew Rossi，Bryan Sarkinen，单霁翔博士（故宫博物院，北京），Schuyler Weiss，Xu Zhen 博士（梅兰芳纪念馆，北京），Xu Zheng 博士（中国丝绸博物馆，杭州），薛雁（中国丝绸博物馆，杭州），Yan Yong 博士（故宫博物院，北京），Yixin Zhang（格林内尔学院，爱荷华州），赵丰博士（中国丝绸博物馆，杭州），以及周朱光（瀚艺 HANART）。

我想衷心感谢以下各位一直以来的支持：Paul Austin，Alex Barlow，Harry and Marion Bolton，Ben and Miranda Carr，Christine Coulson，Brooke Cundiff，Alice Fleet，Michael Hainey，Kim Kassel，Dodie Kazanjian，Teresa W. Lai，Alex Lewis，Calvin Tomkins，Trino Verkade，Rebecca Ward，Sarah Jane Wilde，并特别感谢 Thom Browne。

安德鲁·博尔顿

图片版权

页码后带"v"的代表相应页码后的插页。
除非另有说明，图片版权归普拉顿（Platon）所有。
其他图片版权：

© 2015 Artists Rights Society (ARS), New York / ADAGP, Paris: p. 214v

Beijing New Picture / Elite Group / The Kobal Collection: pp. 60, 61

Photograph Max-Yves Brandily / CHANEL: p. 206v

© Trustees of the British Museum: pp. 33, 43

Era International / The Kobal Collection: p. 64

Courtesy of Frith Street Gallery and the artist: pp. 156–57

Helmsdale Film Corp. / The Kobal Collection: p. 68, pp. 74–75

Photo by Horst P. Horst / Horst / Vogue © Condé Nast: pp. 36, 37

Hulton Archive / Stringer: pp. 134–35

The Kobal Collection / Otto Dyar: p. 138v

The Kobal Collection / Ray Jones: p. 56

Photograph © 2014 Museum of Fine Arts, Boston: p. 49

Muséum national d'histoire naturelle, Paris, Direction des bibliothèques et de la documentation: p. 42

© National Gallery, London / Art Resource, New York: p. 160v

© Estate of Helmut Newton / Maconochie Photography: p. 146v

Paramount / The Kobal Collection: pp. 59, 102v, 142v

Courtesy of Photofest, New York: p. 66

REX USA: p. 65

© RMN-Grand Palais / Art Resource, New York: p. 80v

Royal Collection Trust / © Her Majesty Queen Elizabeth II, 2015: p. 45

Royal Scottish Academy of Art & Architecture: p. 166v

Scala / Art Resource, New York: p. 100v

Snap Stills / Rex / REX USA: pp. 62, 63

The Stapleton Collection / Bridgeman Images: p. 136v

Steichen / Vanity Fair © Condé Nast: p. 67

© 2015 The Estate of Edward Steichen / Artists Rights Society (ARS), New York: p. 67

© Tate, London, 2015: p. 40

Courtesy of Thayaht & Ram Archive: p. 30

© Victoria and Albert Museum, London: pp. 46, 47, 120v

Vogue © Condé Nast: pp. 164v, 198v

Warner Bros. / The Kobal Collection: p. 58

撰稿人名单

安德鲁·博尔顿，纽约大都会艺术博物馆时装学院策展人。

约翰·加利亚诺，时装设计师。

亚当·盖齐（Adam Geczy），澳大利亚悉尼大学悉尼艺术学院（Sydney Collge of the Arts, University of Sydney）高级讲师。

何慕文，纽约大都会艺术博物馆亚洲艺术部道格拉斯·狄龙主任。

金和美（Homay King），宾夕法尼亚州布林莫尔学院（Bryn Mawr College）艺术史副教授。

哈罗德·科达（Harold Koda），纽约大都会艺术博物馆时装学院主策展人。

普拉顿，摄影师，人权行动者。

梅玫（Mei Mei Rado），纽约巴德装饰艺术研究院（Bard Graduate Center）博士生。

王家卫，电影导演。

图书在版编目（CIP）数据

镜花水月：西方时尚里的中国风 /（英）安德鲁·博尔顿(Andrew Bolton) 编著；胡杨译. -- 长沙：湖南美术出版社，2017.10
书名原文：CHINA THROUGH THE LOOKING GLASS
ISBN 978-7-5356-8019-8

Ⅰ. ①镜… Ⅱ. ①安… ②胡… Ⅲ. ①美学 - 中国 - 影响 - 服装设计师 - 世界 Ⅳ. ① B83-092 ② TS941.2

中国版本图书馆 CIP 数据核字（2017）第 090904 号

Copyright © 2015 The Metropolitan Museum of Art, New York. This edition published by arrangement with The Metropolitan Museum of Art, New York
Photography © Platon
著作权合同登记号：图字18-2017-59

镜花水月：西方时尚里的中国风
JINGHUA-SHUIYUE XIFANG SHISHANG LI DE ZHONGGUOFENG

出 版 人：	李小山
编　 著：	［英］安德鲁·博尔顿（Andrew Bolton）
译　 者：	胡　杨
选题策划：	后浪出版公司
出版统筹：	吴兴元
编辑统筹：	蒋天飞
责任编辑：	贺澧沙
特约编辑：	迟安妮
营销推广：	ONEBOOK
装帧制造：	墨白空间·李渔
出版发行：	湖南美术出版社　后浪出版公司
印　 刷：	北京汇瑞嘉合文化发展有限公司
	（北京大兴亦庄开发区荣华南路 10 号院荣华鑫泰 5 号楼 1501）
开　 本：	965×1194　1/16
印　 张：	16
版　 次：	2017 年 10 月第 1 版
印　 次：	2017 年 10 月第 1 次印刷
书　 号：	ISBN 978-7-5356-8019-8
定　 价：	360.00 元

读者服务：reader@hinabook.com 188-1142-1266
投稿服务：onebook@hinabook.com 133-6631-2326
直销服务：buy@hinabook.com 133-6657-3072
网上订购：www.hinabook.com（后浪官网）

后浪出版咨询(北京)有限责任公司常年法律顾问：北京大成律师事务所　周天晖 copyright@hinabook.com
未经许可，不得以任何方式复制或抄袭本书部分或全部内容
版权所有，侵权必究

本书若有质量问题，请与本公司图书销售中心联系调换。电话：010-64010019

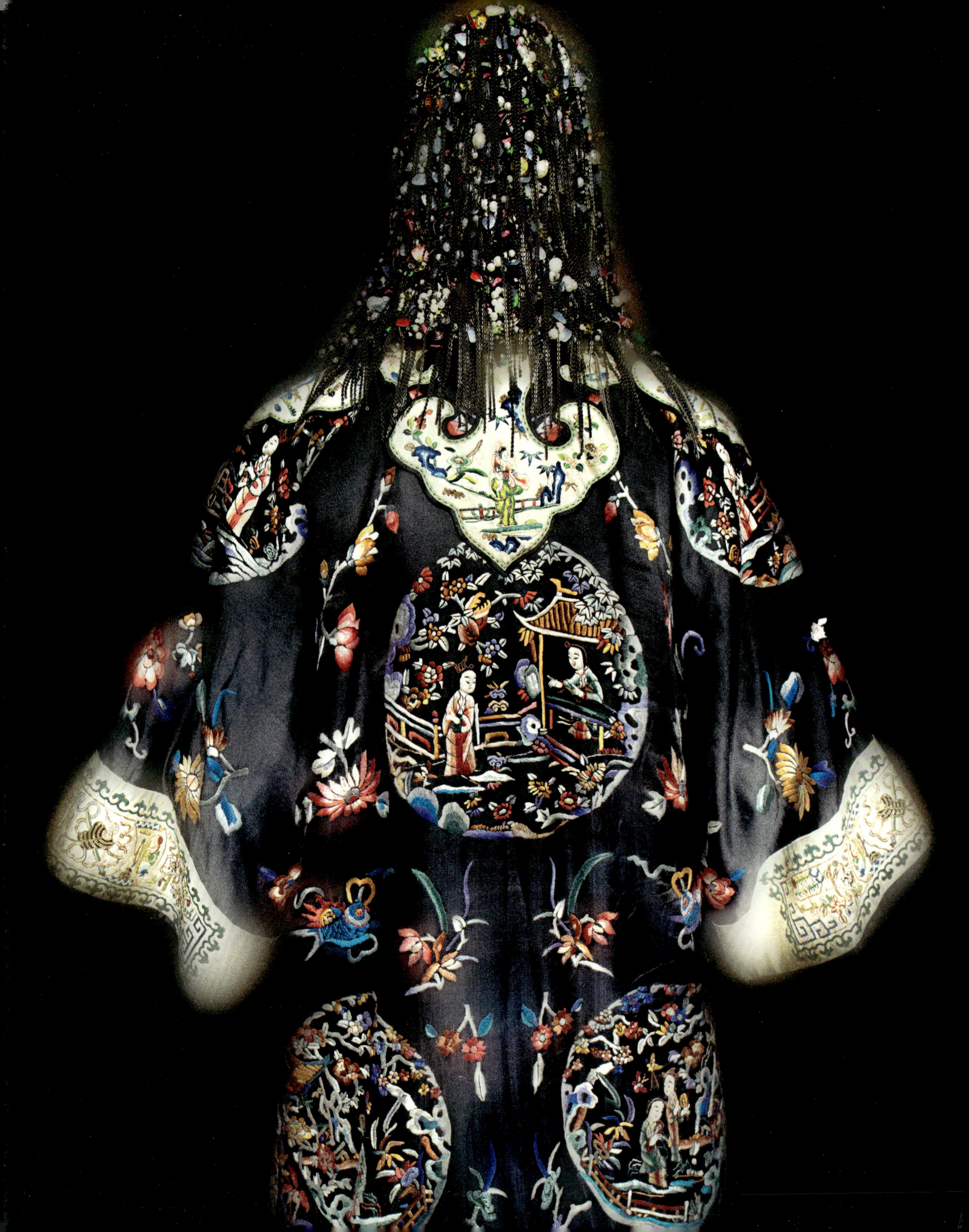